U0151796

普通高等教育"十四五"土建类专业系列教材

给水排水工程施工技术

主编　张建锋　王社平　李　飞
主审　王和平

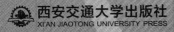

西安交通大学出版社
XI'AN JIAOTONG UNIVERSITY PRESS

国家一级出版社
全国百佳图书出版单位

图书在版编目(CIP)数据

给水排水工程施工技术 / 张建锋,王社平,李飞主编
. — 西安：西安交通大学出版社，2022.6
ISBN 978 - 7 - 5693 - 2584 - 3

Ⅰ. ①给… Ⅱ. ①张…②王…③李… Ⅲ. ①给水工程-
工程施工②排水工程-工程施工 Ⅳ. ①TU991.05

中国版本图书馆 CIP 数据核字(2022)第 072728 号

书　　名	给水排水工程施工技术
	JISHUI PAISHUI GONGCHENG SHIGONG JISHU
主　　编	张建锋　王社平　李　飞
责任编辑	李逢国
责任校对	郭　剑
封面设计	任加盟
出版发行	西安交通大学出版社
	(西安市兴庆南路 1 号　邮政编码 710048)
网　　址	http://www.xjtupress.com
电　　话	(029)82668357　82667874(市场营销中心)
	(029)82668315(总编办)
传　　真	(029)82668280
印　　刷	陕西金德佳印务有限公司
开　　本	787mm×1092mm　1/16　印张　18.5　字数　464 千字
版次印次	2022 年 6 月第 1 版　　2022 年 6 月第 1 次印刷
书　　号	ISBN 978 - 7 - 5693 - 2584 - 3
定　　价	59.80 元

前　言

给水排水工程施工是市政基础设施建设的重要内容之一,施工过程与土木工程、管理工程交叉融合。基于给排水科学与工程专业施工人才的从业特征,本书按照城镇给排水系统的构成特点,对相关的施工技术原理和质量控制要点进行了介绍。全书共分为9章,依次为:土石方工程,施工降(排)水,结构工程,取水及配水构筑物施工,水处理构筑物施工,室外地下管道开槽施工,室外地下管道非开槽施工,室内管道及常用设备安装,施工准备、组织与验收。本书编写过程中引用了张勤、李俊奇主编的《水工程施工》和尹士君主编的《水工程施工手册》中大量的资料,在内容方面体现了"以规范为依据,重技术原理"的编写原则,并适当增加了新技术应用的介绍,以期在满足给排水科学与工程本科生教学需求的同时,也满足相关专业工程技术人员自学需求。

本书由西安建筑科技大学张建锋、西安市政设计研究院有限公司王社平、西安市政集团公司李飞担任主编,西安建筑科技大学王旭冕、王同悦、刘茵、解岳,西安市政道桥建设有限公司刘卫军、赵维,青岛理工大学尹志轩和长安大学杨利伟共同编写。具体分工为:张建锋编写第1章、第7章;李飞编写第2章;尹志轩编写第3章;杨利伟、王同悦编写第4章;王社平编写第5章;刘卫军、赵维编写第6章;王旭冕、刘茵编写第8章;解岳编写第9章。全书由王和平先生主审。

在编写过程中,西安科信市政工程监理有限公司闫永辉、西安市第二市政工程公司张宽峰、西安众和市政工程监理咨询有限公司王学选等行业专家提出了许多宝贵意见和建议,在此表示衷心的感谢!

由于编者的理论经验与实践水平有限,书中难免有不妥之处,恳请读者批评指正。

编者

2022 年 6 月

目　录

第1章 土石方工程

工程施工一般从土石方工程开始。相对于整个工程而言,土石方工程施工具有影响因素多、施工条件复杂、量大面广且劳动繁重、安全风险高等特点。按照工程施工时序,一般土石方作业需要在其他分项工程施工之前完成,且处在整个工程的关键节点上。在土石方工程中选用合理的施工机具和施工方法,可以有效降低整个工程费用,保证工程质量并缩短工期。

土石方施工前应做好调查研究,搜集必要的资料,充分了解施工区域地形、地貌、水文地质和气象资料;掌握土的种类和工程性质;明确土石方施工质量要求、工程性质、工期等条件,并据此拟订施工方案,计算土石方工程量,选择土壁边坡和支撑,进行排水或降水设计,选择土方机械,确定运输工具及施工方法,等等。

在给水排水管道和构筑物工程施工中,常会遇到天然地基的承载力不能满足要求的情况,因此需要针对现场地基条件,采用合理、有效和经济的地基加固或处理方案。

1.1 土的组成及工程性质

1.1.1 土的组成

土岩石风化生成的松散沉积物,是由颗粒(固相)、水(液相)和气(气相)所组成的三相体系,土的固体颗粒构成土的骨架,空气与水填充骨架间的孔隙。

土的固体颗粒(简称土粒)主要包括原生矿物、次生矿物颗粒和有机质。在自然界中存在的土由大小不同的土粒组成。土粒的大小和形状、矿物成分及其组成情况是决定土的物理力学性质的重要因素。粗大土粒的形状呈块状或粒状,而细小土粒的形状主要呈片状或针状。

土中水可以处于液态、固态和气态。当土温度在 0 ℃ 以下时,土中水冻结成冰,形成冻土,其强度增大,但冻土融化后,其强度急剧降低。土中气态水对土的性质影响不大。

土中存在与大气相连通的和封闭的气体。在粗粒土中常见到与大气相连通的空气,它对土的力学性质影响不大。在细粒土中则常存在与大气隔绝的封闭气泡,它在外力作用下具有弹性,并使土的透水性减小。

1.1.2 土的三相比例指标

土由固体颗粒、液体和气体三部分组成,各部分含量的比例关系直接影响土的物理性质和土的状态。例如,同样一种土,松散时强度较低,经过外力压密后强度会提高。对于黏性土,含水量不同,其性质也有明显差别,含水量多则软,含水量少则硬。

土的三相组成部分的质量和体积之间的比例关系,随着各种条件的变化而改变。在土力学中,为进一步描述土的物理力学性质,将土的三相成分比例关系量化,可用一些具体的物理量表示,这些物理量就是土的三相比例指标,如含水量、密度、土粒比重、孔隙比、孔隙率和饱和度等。

1. 土指标的定义

为了便于说明和计算,用图 1-1 示意土的三相组成。

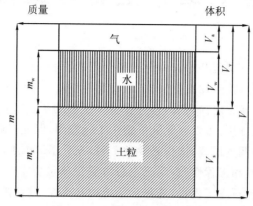

图 1-1 土的三相组成示意图

图中符号的意义如下:

m_s ——土粒的质量;

m_w ——土中水的质量;

m ——土的总质量,$m = m_s + m_w$(气体质量忽略)

V_s ——土粒体积;

V_w ——土中水的体积;

V_a ——土中气的体积;

V_v ——土中孔隙的体积,$V_v = V_w + V_a$;

V ——土的总体积,$V = V_s + V_w + V_a$。

土的三相比例指标有多个,其中,土粒比重、含水量和密度三个指标通过试验测定,其他指标根据这三个指标换算得到。

1)土粒比重(土粒相对密度)d_s

单位体积土粒质量与 4 ℃时单位体积纯水质量之比,称为土粒比重(无量纲),即

$$d_s = \frac{m_s}{V_s} \cdot \frac{1}{\rho_{w1}} = \frac{\rho_s}{\rho_{w1}} \tag{1-1}$$

式中 ρ_s ——土粒密度(g/cm³);

ρ_{w1} ——纯水在 4 ℃时的密度(单位体积的质量),等于 1 g/cm³ 或 1 t/m³。

实际上,土粒比重在数值上等于土粒密度,但前者无因次。土粒比重决定于土的矿物成分,它的数值一般为 2.6~2.8;有机质土为 2.4~2.5;泥炭土为 1.5~1.8。同一种类的土,其比重变化幅度很小。

土粒比重可在试验室内用比重瓶法测定。由于比重变化的幅度不大,通常可按经验数值选用,一般土粒比重参考值见表 1-1。

表 1-1 土粒比重参考值

土的名称	砂 土	粉 土	黏 性 土	
			粉质黏土	黏 土
土粒比重	2.65~2.69	2.70~2.71	2.72~2.73	2.74~2.76

2）土的含水量 w

土中水的质量与土粒质量之比，称为土的含水量，以百分数计，即

$$w = \frac{m_w}{m_s} \times 100\% \tag{1-2}$$

含水量 w 是标志土的湿度的一个重要物理指标。天然土层的含水量变化范围很大，它与土的种类、埋藏条件及其所处的自然地理环境等有关。一般干的粗砂土，其值接近于零，而饱和砂土，其含水量可达 40%；坚硬的黏性土，其含水量一般小于 30%，而饱和状态的软黏性土（如淤泥），其含水量可达 60% 或更大。一般来说，同一类土，当其含水量增大时，则其强度就降低。

土的含水量一般用"烘干法"测定。取一定量的土试样（15~30 g），先称其湿质量，然后置于烘箱内维持 100~105 ℃烘干至恒重，再称干土质量，湿、干土质量之差与干土质量之比值，就是土的含水量。

测定土体含水量还有烧干法、炒干法等其他方法。

3）土的密度 ρ

天然土体单位体积的质量，称为土的天然密度或土的密度（单位为 g/cm³ 或 t/m³），即

$$\rho = \frac{m}{V} \tag{1-3}$$

天然状态下土的密度变化范围较大。一般黏性土 $\rho = 1.8~2.0$ g/cm³，砂土 $\rho = 1.6~2.0$ g/cm³，腐殖土 $\rho = 1.5~1.7$ g/cm³。

对于具有黏聚力的土体，其密度一般用"环刀法"测定。用一个圆环刀放在削平的原状土样上面，徐徐削去环刀外围的土，边削边压，使保持天然状态的土样压满环刀内，称得环刀内土样质量，求得它与环刀容积之比值即为其密度。

对于散体状的土体，其密度一般用"灌砂法"测定。在散粒体的土体中，按规定挖一直径 150~250 mm、深度 200~300 mm 的试坑，将挖出的土全部收集并称其质量；用标准砂将试坑填满，称标准砂质量，计算得出试坑体积；试坑挖出全部土质量与其体积之比值即为散粒土密度。

4）土的干密度 ρ_d、饱和密度 ρ_{sat} 和有效密度 ρ'

完全干燥情况下单位体积土体的质量，亦即单位体积土中固体颗粒部分的质量，称为土的干密度 ρ_d，即

$$\rho_d = \frac{m_s}{V} \tag{1-4}$$

在工程上常把干密度作为评定土紧密程度的标准，以控制填土工程的施工质量。

土体孔隙中充满水时的单位体积质量，称为土的饱和密度 ρ_{sat}，即

$$\rho_{sat} = \frac{m_s + V_v \rho_w}{V} \tag{1-5}$$

式中：ρ_w 为水的密度，近似等于 1 g/cm³。

在地下水位以下,单位土体积中土粒的质量扣除同体积水的质量后,即单位土体积中土粒在水下的质量,称为土的有效密度 ρ',即

$$\rho' = \frac{m_s - V_s \rho_w}{V} \tag{1-6}$$

土的天然重度 γ、干重度 γ_d、饱和重度 γ_{sat}、有效重度 γ' 分别按下列公式计算:

$$\gamma = \rho \cdot g$$

$$\gamma_d = \rho_d \cdot g$$

$$\gamma_{sat} = \rho_{sat} \cdot g$$

$$\gamma' = \rho' \cdot g$$

式中:g 为重力加速度,各指标的单位为 kN/m^3。

5)土的孔隙比 e 和孔隙率 n

土的孔隙比是土中孔隙体积与土粒体积之比,即

$$e = \frac{V_v}{V_s} \tag{1-7}$$

孔隙比用小数表示。它是土重要的物理指标,可以用来评价天然土层的密实程度。一般 $e < 0.6$ 的土是密实的低压缩性土,$e > 1.0$ 的土是疏松的高压缩性土。

土的孔隙率是土中孔隙所占体积与总体积之比,以百分数表示,即

$$n = \frac{V_v}{V} \times 100\% \tag{1-8}$$

6)土的饱和度 S_r

土孔隙中水的体积与孔隙总体积之比,称为土的饱和度,以百分数表示,即

$$S_r = \frac{V_w}{V_v} \times 100\% \tag{1-9}$$

砂土根据饱和度 S_r 指标值分为稍湿、很湿与饱和三种湿度状态,划分标准见表 1-2。

表 1-2　砂类土湿度状态的划分

砂土湿度状态	稍湿	很湿	饱和
饱和度 S_r/%	$S_r \leqslant 50$	$50 < S_r \leqslant 80$	$S_r > 80$

2. 土指标的换算

如前所述,土的三相比例指标中,土粒比重 d_s、含水量 ω 和密度 ρ 三个指标是通过试验测定的,在测定这三个基本指标后,可以换算求得其余各指标。

常用图 1-2 所示三相图进行各指标间关系的推导,令 $\rho_{w1} = \rho_w$,并取 $V_s = 1$,则 $V_v = e$,$V = 1 + e$,$m_s = V_s d_s \rho_w = d_s \rho_w$,$m_w = \omega m_s = \omega d_s \rho_w$,$m = d_s(1+\omega)\rho_w$,于是有

$$\rho = \frac{m}{V} = \frac{d_s(1+\omega)\rho_w}{1+e} \tag{1-10}$$

$$\rho_d = \frac{m_s}{V} = \frac{d_s \rho_w}{1+e} = \frac{\rho}{1+\omega} \tag{1-11}$$

$$e = \frac{d_s \rho_w}{\rho_d} - 1 = \frac{d_s(1+\omega)\rho_w}{\rho} - 1 \tag{1-12}$$

$$\rho_{sat} = \frac{m_s + V_v \rho_w}{V} = \frac{(d_s + e)\rho_w}{1+e} \tag{1-13}$$

$$\rho' = \frac{m_s - V_s \rho_w}{V} = \frac{(d_s - 1)\rho_w}{1+e} \tag{1-14}$$

$$= \frac{m_s + V_s \rho_w - V \rho_w}{V} = \rho_{sat} - \rho_w \tag{1-15}$$

$$n = \frac{V_v}{V} = \frac{e}{1+e} \tag{1-16}$$

$$S_r = \frac{V_w}{V_v} = \frac{m_w}{V_w \rho_w} = \frac{w d_s}{e} \tag{1-17}$$

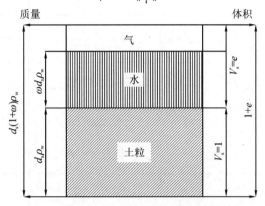

图 1-2 土三相指标换算简图

土的三相比例指标间的换算公式及各指标的常见数值范围列于表 1-3。

表 1-3 土的三相比例指标换算公式

名称	符号	三相比例表达式	常用换算公式	单位	常见的数值范围
土粒比重	d_s	$d_s = \frac{m_s}{V_s \rho_{w1}}$	$d_s = \frac{S_r e}{w}$		黏性土：2.72～2.75 粉　土：2.70～2.71 砂类土：2.65～2.69
含水量	w	$w = \frac{m_w}{m_s} \times 100\%$	$w = \frac{S_r e}{d_s}$ $w = \frac{\rho}{\rho_d} - 1$		20%～60%
密度	ρ	$\rho = \frac{m}{V}$	$\rho = \rho_d(1+w)$ $\rho = \frac{d_s(1+w)}{1+e}\rho_w$	g/cm³	1.6～2.0
干密度	ρ_d	$\rho_d = \frac{m_s}{V}$	$\rho_d = \frac{\rho}{1+w}$ $\rho_d = \frac{d_s}{1+e}\rho_w$	g/cm³	1.3～1.8
饱和密度	ρ_{sat}	$\rho_{sat} = \frac{m_s + V_v \rho_w}{V}$	$\rho_{sat} = \frac{d_s + e}{1+e}\rho_w$	g/cm³	1.8～2.3

名称	符号	三相比例表达式	常用换算公式	单位	常见的数值范围
有效密度	ρ'	$\rho' = \dfrac{m_s - V_v \rho_w}{V}$	$\rho' = \rho_{sat} - \rho_w$ $\rho' = \dfrac{d_s - 1}{1 + e} \rho_w$	g/cm³	0.8～1.3
重度	γ	$\rho = \dfrac{m}{V}$	$\gamma = \dfrac{d_s(1 + w)}{1 + e} \gamma_w$	kN/m³	16～20
干重度	γ_d	$\gamma_d = \dfrac{m_s}{V} \cdot g = \rho \cdot g$	$\gamma_d = \dfrac{d_s}{1 + e} \gamma_w$	kN/m³	13～18
饱和重度	γ_{sat}	$\gamma_{sat} = \dfrac{m_s + V_v \rho_w}{V} g = \rho_{sat} \cdot g$	$\gamma_{sat} = \dfrac{d_s + e}{1 + e} \gamma_w$	kN/m³	18～23
有效重度	γ'	$\gamma' = \dfrac{m_s - V_s \rho_w}{V} g = \rho' \cdot g$	$\gamma' = \dfrac{d_s - 1}{1 + e} \gamma_w$	kN/m³	8～13
孔隙比	e	$e = \dfrac{V_v}{V_s}$	$e = \dfrac{d_s \rho_w}{\rho_d} - 1$ $e = \dfrac{d_s(1 + w) \rho_w}{\rho} - 1$		黏性土和粉土： 0.40～1.20 砂类土：0.30～0.90
孔隙率	n	$n = \dfrac{V_v}{V} \times 100\%$	$n = \dfrac{e}{1 + e}$ $n = 1 - \dfrac{\rho_d}{d_s \rho_w}$		黏性土和粉土： 30%～60% 砂类土：25%～45%
饱和度	S_r	$S_r = \dfrac{V_w}{V_v} \times 100\%$	$S_r = \dfrac{w d_s}{e} = \dfrac{w \rho_d}{n \rho_w}$		0～100%

1.1.3 土的工程性质

1. 土的可松性

土的可松性是土经挖掘后组织破坏、体积增加的性质。在自然状态下的土经过开挖后，土的体积因松散而增加，称为最初可松性；以后经过压实，仍不能恢复原来的体积，称为最终可松性。松散土的体积与天然状态下原土的体积之比，称为土的可松性系数。

最初可松性系数用 K_1 表示，最终可松性系数用 K_2 表示，即

$$K_1 = \frac{V_2}{V_1} \qquad\qquad (1-18)$$

$$K_2 = \frac{V_3}{V_1} \qquad\qquad (1-19)$$

式中　K_1 ——最初可松性系数；

　　　K_2 ——最终可松性系数；

　　　V_1 ——开挖前土的自然体积（m³）；

　　　V_2 ——开挖后土的松散体积（m³）；

　　　V_3 ——运至填方处压实后的体积（m³）。

在土方工程中，最初可松性系数 K_1、最终可松性系数 K_2 分别是计算开挖土方装运车辆及

挖土机械、计算填方时所需挖土方量的重要参数,各种土的可松性参考数值见表1-4。

表1-4 各种土的可松性参考数值

土的类别	体积增加百分比/%		可松性系数	
	最初	最终	K_1	K_2
一类(种植土除外)	8～17	1～2.5	1.08～1.17	1.01～1.03
一类(植物性土、泥炭)	20～30	3～4	1.20～1.30	1.03～1.04
二类	14～28	1.5～5	1.14～1.28	1.02～1.05
三类	24～30	4～7	1.24～1.30	1.04～1.07
四类(泥炭岩、蛋白石除外)	26～32	6～9	1.26～1.32	1.06～1.09
四类(泥炭岩、蛋白石)	33～37	11～15	1.33～1.37	1.11～1.15
五至七类	30～45	10～20	1.30～1.45	1.10～1.20
八类	45～50	20～30	1.45～1.50	1.20～1.30

2. 土的压实性与压缩性

压实是指用机械的方法,如静力的、振动的、冲击的设备使土密实。土的压实过程时间比较短,压实的目的是使地基土密实,提高承载力,减少土的压缩性。

压缩性是指地基土在压力作用下体积减小的性质。土的压缩过程时间的长短,随土质、压力和含水量的不同而不同。压缩可引起地基变形,从而使建筑物产生一定的沉降量和沉降差,对建筑物的使用和安全造成危害。

压实与压缩都可以认为是土的孔隙减少和固体颗粒变形的结果。

1)土的压实

当所施加的能量一定时,压实效果取决于含水量。在一定的压实能量下使土最容易密实并能达到最大密实度时的含水量,称为最优含水量,用 w_{op} 表示,此时相对应的干密度称最大干密度,以 ρ_{dmax} 表示。

最优含水量可用室内击实试验确定。在标准击实方法条件下,不同含水量的土样可得到不同的干密度,从而可绘制干密度 ρ_d 和含水量 w 的关系曲线,称为击实曲线,如图1-3所示,图上最大干密度相对应的含水量即最优含水量 w_{op}。

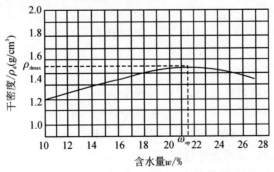

图1-3 土的干密度与含水量的关系

对同一种土,若改变击实能量,则曲线的基本形态不变,但位置却发生移动,如图1-4所示。随着击实能量的增大,曲线向斜上方移动,即加大击实能量,最大干密度增大,最优含水量却减小。

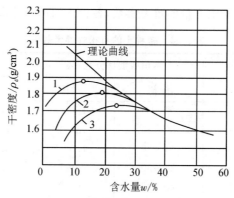

1,2—机械压实；3—人力压实

图 1-4　压实能量对压实效果的影响

当无击实试验资料时,最大干密度可按下式计算:

$$\rho_{dmax} = \eta \frac{\rho_w + d_s}{1 + 0.01\,w_{op}\,d_s} \qquad (1-20)$$

式中　ρ_{dmax}——压实填土最大干密度;

　　　　η——经验系数,黏土取 0.95,粉质黏土取 0.96,粉土取 0.97;

　　　　ρ_w——水的密度;

　　　　d_s——土粒相对密度;

　　　　w_{op}——最优含水量(%),可按当地经验或土的塑限含水量 $w_p + 2$,粉土取 14~18。

当压实填土为碎石或卵石时,其最大干密度可取 2.0~2.2 t/m³。

施工时所控制的土的干密度 ρ_d 与最大干密度 ρ_{dmax} 之比称为压实系数 λ。在地基主要受力层范围内,按不同结构类型,要求压实系数达到 0.94~0.96。

2)土的压缩

在压缩性大的地基土上修建构(建)筑物或铺设管道时,由于土的压缩而发生地基沉降会破坏构(建)筑物结构或管道接口。因此,了解地基土的压缩性十分必要。

土的压缩性可用土的压缩系数 $a(\text{MPa}^{-1})$ 表示。a 可用如下压缩试验来计算:

$$a = \frac{e_1 - e_2}{p_2 - p_1} \qquad (1-21)$$

式中　e_1——压力 p_1 下土的孔隙比;

　　　　e_2——压力 p_2 下土的孔隙比;

　　　　p_1——e_1 下土的压缩试验压力,工程实践中取 100 kPa;

　　　　p_2——e_2 下土的压缩试验压力,工程实践中取 200 kPa。

当 $a_{1-2} < 0.1\ \text{MPa}^{-1}$ 时,属低压缩性土;当 $0.1\ \text{MPa}^{-1} \leqslant a_{1-2} < 0.5\ \text{MPa}^{-1}$ 时,属中压缩性土;当 $0.5\ \text{MPa}^{-1} \leqslant a_{1-2}$ 时,属高压缩性土。

土的压缩性还可用土的压缩模量 $E_s(\text{MPa})$ 表示。E_s 可用如下压缩试验来计算:

$$E_s = \frac{1 + e_1}{a} \qquad (1-22)$$

E_s 值越小,土的压缩性越高。为便于应用,工程上用压力 100 kPa 至 200 kPa 的压缩模量区分土的压缩性:$E_{s1-2} < 4\ \text{MPa}$,属高压缩性土;$4\ \text{MPa} \leqslant E_{s1-2} < 15\ \text{MPa}$,属中压缩性土;

$15 \text{ MPa} \leqslant E_{s1-2} < 40 \text{ MPa}$,属低压缩性土。

3. 土的渗透性

土的渗透性是指土渗透水的性能,它与土的密实程度有关,土的孔隙比越大,则土的渗透系数越大,渗透系数一般用 K 表示。

法国学者达西根据砂土渗透实验,发现如下关系(达西定律):

$$V = K \cdot I \tag{1-23}$$

式中 V——渗透水流的速度(m/d);

K——渗透系数(m/d);

I——水力坡度。

渗透水流在碎石土、砂土和粉土中多呈层流状况,其运动速度服从达西定律。一般用渗透系数 K 作为衡量土的透水性指标,渗透系数 K 就是在水 $I = 1$ 的土中的渗透速度。

1.1.4 土的状态指标

土的状态指标主要是描述土的松密程度和软硬程度的指标。

1. 无黏性土的密实度

砂土、碎石土统称为无黏性土,标准贯入试验锤击数是非黏性土的松散程度指标。砂土密实度标准见表 1-5。

表 1-5 砂土的密实度

密实度	松散	稍密	中密	密实
标准贯入试验锤击数	$N \leqslant 10$	$10 < N \leqslant 15$	$15 < N \leqslant 30$	$N > 30$

这种分类方法简便,但是没有考虑砂土颗粒级配对砂土分类可能产生的影响。实践证明,有时较疏松的级配良好的砂土孔隙比,比较密的颗粒均匀的砂土孔隙比还小。因此,国内也采用砂土的相对密度 D_r 作为砂土密实状态指标。

$$D_r = \frac{e_{\max} - e}{e_{\max} - e_{\min}} \tag{1-24}$$

式中 D_r——砂土的相对密度;

e——砂土的天然孔隙比;

$e_{\max}$——砂土的最大孔隙比;

$e_{\min}$——砂土的最小孔隙比。

砂土密实与相对密度 D_r 见表 1-6。

表 1-6 砂土密实与相对密度 D_r

砂土密度	松散	中密	密实
相对密度 D_r	$0.33 \geqslant D_r > 0$	$0.67 \geqslant D_r > 0.33$	$1 \geqslant D_r > 0.67$

碎石土可以根据野外鉴别方法分为密实、中密、稍密三种。

2. 黏性土的软硬程度指标

天然状态下黏性土的软硬程度取决于含水量的多少:干燥时呈密实固体状态;在一定含水

量时具有塑性,称为可塑状态,在外力作用下能沿力的作用方向变形,但不断裂也不改变体积;含水量继续增加,大多数土颗粒被自由水隔开,颗粒间摩擦力减少,土具有流动性,力的强度急剧下降,称为流动状态。按含水量的变化,黏性土可呈四种状态:流态、塑态、半固体、固态。流态、塑态、半固态和固态之间分界的含水量,分别称为流性限界(又称液限)w_L、塑性限界(又称塑限)w_P和收缩限界(又称缩限)w_S,习惯上用不带%的数值表示,见图 1-5。

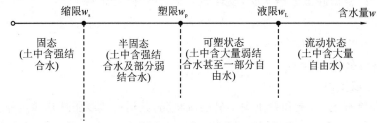

图 1-5 黏性土的物理状态与含水量的关系

土的组成不同,塑限和液限也不同。可用液性指数 I_L 表示土的软硬程度,即

$$I_L = \frac{w - w_P}{w_L - w_P} \qquad (1-25)$$

式中 I_L——土的液性指数;

w——土的天然含水量;

w_P——土的塑限含水量;

w_L——土的液限含水量。

当 $I_L \leqslant 0$ 时,土处于固体或半固体;当 $0 < I_L \leqslant 1$ 时,土处于塑态;当 $I_L \geqslant 1$ 时,土处于流态。根据液性指数值,可将黏性土划分为坚硬、硬塑、可塑、软塑及流塑五种状态,其划分标准见表 1-7。

表 1-7 黏性土状态划分

状态	坚硬	硬塑	可塑	软塑	流塑
液性指数	$I_L \leqslant 0$	$0 < I_L \leqslant 0.25$	$0.25 < I_L \leqslant 0.75$	$0.75 < I_L \leqslant 1.0$	$I_L > 1.0$

在土的流限和塑限之间,土呈塑态。流限与塑限之差称为塑性指数 I_P,即

$$I_P = w_L - w_P \qquad (1-26)$$

式中 I_P——土的塑性指数;

w_P——土的塑限含水量;

w_L——土的液限含水量。

塑性指数是反映土的粒径级配、矿物成分和溶解于水中盐分等土的组成情况的一个指标。黏性土可按塑性指数值来分类,见表 1-8。

表 1-8 黏性土分类

黏性土分类	轻亚黏土	亚黏土	黏土
塑性指数 I_P	$3 < I_P \leqslant 10$	$10 < I_P < 17$	$I_P \geqslant 17$

1.1.5 土的力学特征

1. 土体应力

土体中的应力分为由土体本身质量引起的自重应力和由外荷载引起的附加应力。作为附加应力,除构(建)筑物等荷载外,还有因地震等引起的惯性力。除此两种应力外,渗流引起的渗透力也是土中的一种应力。

如果地面下土质均匀,土自重应力沿水平面均匀分布,与深度成正比,即随深度按直线规律分布。地基通常为成层土,各层土具有不同的重度,在自然地面下 z 深度处的自重应力 σ_{cz} 可按下式计算。

$$\sigma_{cz} = \gamma_1 h_1 + \gamma_2 h_2 + \cdots = \sum_{i=1}^{n} \gamma_i h_i \qquad (1-27)$$

式中 n——从天然地面起到深度 z 处的土层数;

γ_i, h_i——第 i 层土的厚度及重度。

从公式(1-27)可知,成层土的自重应力分布是折线型的,如图 1-6 所示。

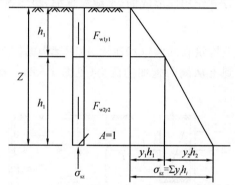

图 1-6 成层土的自重应力分布图

附加应力是引起地基沉降的主要因素,附加应力分布计算比较复杂,应力分布与荷载的形状有关,应力分布一般为轴对称空间分布。

2. 土的抗剪强度

土的抗剪强度是土抵抗剪切破坏的性能。确定地基承载力、评价地基稳定性、分析边坡稳定性以及计算挡土墙的土压力,都需要研究土的抗剪强度,其大小由剪切试验求得。砂土和黏土的抗剪强度示意如图 1-7 所示。

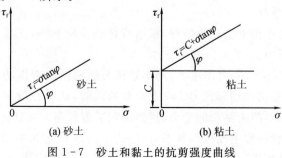

图 1-7 砂土和黏土的抗剪强度曲线

砂土的抗剪强度计算公式为

$$\tau = \sigma \cdot \tan\varphi \qquad (1-28)$$

式中　τ——剪切面上产生的剪应力(MPa)；

　　　σ——剪切试验中土的法向应力值(MPa)；

　　　φ——土的内摩擦角。

砂是散粒体,颗粒间没有相互的黏聚作用,砂的抗剪强度来源于颗粒间的摩擦力。由于摩擦力来源于土内部,称为内摩擦力。

黏性土的抗剪强度计算公式为

$$\tau = \sigma \cdot \tan\varphi + c \qquad (1-29)$$

式中　c——黏性土的黏聚力(MPa)。

黏性土的抗剪强度由颗粒间内摩擦力和土的黏聚力两部分组成。

内摩擦力 $\sigma \cdot \tan\varphi$ 来源于两个方面:一是土剪切面上颗粒与颗粒粗糙面产生的滑动摩擦阻力,二是颗粒间的相互嵌入和连锁作用而产生的咬合力。黏聚力 c 是由于土颗粒之间的胶结作用、结合水膜以及分子引力等作用而形成的,土颗粒越细,塑性愈大,其黏聚力也愈大。

3. 土压力

各种用途的挡土墙、地下构筑物的墙壁和池壁、地下管沟的侧壁、工程施工中沟槽的支撑、顶管工作坑的后背等,都受到土从侧向施加的压力(见图1-8)。这种压力称为土压力,又称挡土墙土压力,或称侧土压力。

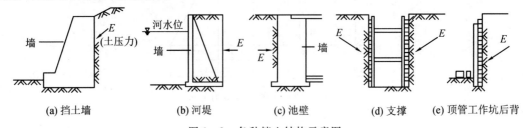

| (a) 挡土墙 | (b) 河堤 | (c) 池壁 | (d) 支撑 | (e) 顶管工作坑后背 |

图1-8　各种挡土结构示意图

土压力 E 可由下式确定:

$$E = \frac{1}{2}\gamma h^2 k \,(\text{kN/m}) \qquad (1-30)$$

式中　γ——土的重度(kN/m³)；

　　　h——挡土墙高度(m)；

　　　k——土的压力系数。

挡土结构在土压力作用下会产生位移,根据位移的性质不同,土压力可分为主动土压力、被动土压力和静止土压力。

如图1-9(a)所示,在土推力作用下,挡土结构可能稍微向前移动,并绕墙角 C 转动。位移量导致土体 ABC 有沿潜在滑移面 BC 向下滑移的趋势,此时在滑移面上产生抗剪强度,抗剪强度有助于减弱土体对挡土结构的推力,达到极限平衡状态。在这种情况下,产生的位移称正位移,此时极限平衡状态称主动极限状态,产生的土压力 E_a 称为主动土压力。

若挡土结构在荷载作用下推向土体 ABC,会使土体产生负位移,如图1-9(b)所示。挡土结构稍微向土体移动,当位移量导致土体 ABC 有沿潜在滑移面 BC 向上滑移的趋势,在滑移面上产生抗剪强度。此时,土体对挡土结构的作用方向和 BC 面上剪应力的方向一致,抗剪强度有助于土体对挡土结构的推力增加,并达到极限平衡状态。在这种情况下,土压力 E_p 称为被动土压力。

当挡土墙在墙后填土的推力作用下不产生任何移动或转动时,墙后土体没有破坏,处于弹性平衡状态,此时作用在墙背上的土压力称为静止土压力,如图 1-9(c)所示。

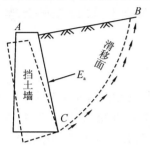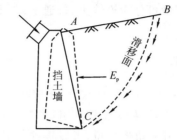

(a) 挡土墙位移导致的主动土压力   (b) 挡土墙位移导致的被动土压力   (c) 挡土墙没有位移的静止土压力

图 1-9 挡土墙位移和侧土压力作用

1.2 土的工程分类

1.2.1 土的工程分类方法

地基土分类的任务是根据分类用途和土的各种性质的差异将其划分为一定的类别,同一类别的土在工程性质方面具有很大的共性,在有效的工程措施方面也具有较大的一致性。根据分类可以大致判断土体的工程特性,评价土体作为建筑材料的适宜性,以及结合其他指标来确定地基的承载力等。

土的分类方法很多,不同专业领域根据土的功能采用各自的分类方法。在建筑工程中,土是作为地基以承受建筑物的荷载,因此着眼于土的工程性质(特别是强度与变形特性)及其与地质成因的关系来进行分类。工程用土的分类方法若按所需划分的对象,即土类种属层次的不同,可分为全面分类和局部分类。全面分类又称一般分类或统一分类,分类对象是特定的较大区域范围内工程建设所涉及的全部工程用土。该方法是根据土的各种主要工程地质特征和工程特性所采用的一种综合性分类,分类结果包括所有种类的土。这种分类方法应用的工程范围较广,是土的工程分类的基础。局部分类又称个别分类,分类对象是特定的一部分土。该方法是根据土的某一个或几个特征指标对部分土进行详细的专门划分,如按土的压缩性、密实度或状态、灵敏度等指标对土进行的分类。在实际应用中,局部分类通常作为全面分类的补充。

1.2.2 土的工程分类原则

作为建筑场地和建筑物地基的土的分类,一般遵循下列原则:

(1)根据沉积(堆积)年代可分为老沉积土(第四纪晚更新世 Q3 及其以前沉积的土)、一般

沉积土(第四纪全新世 Q4 文化期以前沉积的土)和新近沉积土(Q4 文化期以来新近沉积的土);

(2)根据地质成因可分为残积土、坡积土、洪积土、冲积土等;

(3)根据有机质含量可分为无机土、有机土、泥炭质土和泥炭;

(4)根据颗粒级配或塑性指数可分为碎石类土、砂类土、粉土和黏性土;

(5)根据土的工程特性的特殊性质可分为一般土和各种特殊土;

(6)按照土的开挖难易程度可分为松软土、普通土、坚土、砂砾坚土、软土、次坚土、坚石和特坚石。

1.2.3 土的工程分类

《土的工程分类标准》(GB/T 50145)中规定:土按其不同粒组的相对含量可划分为巨粒类土、粗粒类土和细粒类土。其中,巨粒类土按粒组,粗粒类土按粒组、级配、细粒土含量,细粒类土按塑性指数、所含粗粒类别及有机质含量,可以再进一步分类划分。在土力学中,岩石可当作非常坚硬的土体看待,碎石类土和砂类土属于粗粒土,粉土和黏性土属于细粒土,其中,粗粒土按粒径级配、细粒土按塑性指数进一步分类。

1. 土的粒组划分

天然土是由无数大小不同的土粒所组成的,通常是把大小相近的土粒合并为一组,称为粒组,不同的粒组具有不同的性质。土的粒组可以根据土粒粒径范围划分,见表 1-9。

表 1-9 土的粒组划分

粒 组	颗粒名称		粒径 d 的范围/mm
巨粒	漂石(块石)		$d>200$
	卵石(碎石)		$60<d\leqslant200$
粗粒	砾粒	粗砾	$20<d\leqslant60$
		中砾	$5<d\leqslant20$
		细砾	$2<d\leqslant5$
	沙粒	粗砂	$0.5<d\leqslant2$
		中砂	$0.25<d\leqslant0.5$
		细砂	$0.075<d\leqslant0.25$
细粒	粉粒		$0.005<d\leqslant0.075$
	黏粒		$d\leqslant0.005$

土中某粒组的土粒含量为该粒组中土粒质量与干土总质量之比,常以百分数表示。土中各粒组相对含量百分比称为颗粒级配。为了确定土的级配,可用筛分法测定。

根据土粒分析实验结果,在半对数坐标纸上,以纵坐标表示小于某粒径的土粒含量百分比,横坐标表示粒径(用对数坐标),绘出如图 1-10 所示的颗粒级配曲线。

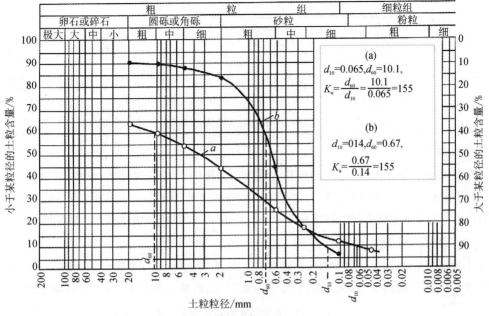

图1-10 颗粒级配曲线示例

2. 巨粒类土

巨粒类土的分类应符合表1-10的规定。

表1-10 巨粒类土的分类

土类	粒组含量		土类名称
巨粒土	巨粒含量>75%	漂石含量大于卵石含量	漂石(块石)
		漂石含量不大于卵石含量	卵石(碎石)
混合巨粒土	50%<巨粒含量d≤75%	漂石含量大于卵石含量	混合土漂石(块石)
		漂石含量不大于卵石含量	混合土卵石(块石)
巨粒混合土	15%<巨粒含量d≤50%	漂石含量大于卵石含量	漂石(块石)混合土
		漂石含量不大于卵石含量	卵石(块石)混合土

3. 粗粒类土

土中粗粒组含量大于50%的土称为粗粒类。砾粒组含量大于砂粒组含量的土称为砾类土,相反,砾粒组含量不大于砂粒组含量的土称为砂类土。砾类土和砂类土的分类符合表1-11的规定。

表1-11 砾(砂)类土的分类

土类	粒组含量		土类代号	土类名称
砾(砂)	细粒含量<5%	级配 C_u≥5,1≤C_c≤3	G(S)W	级配良好砾(砂)
		级配:不同时满足上述要求	G(S)P	级配不良(砂)砾

土类	粒组含量		土类代号	土类名称
含细粒土砾(砂)	5%细粒含量<15%		G(S)F	含细粒土砾(砂)
细粒土质砾(砂)	15%≤细粒含量<50%	细粒组中粉粒含量不大于50%	G(S)C	黏土质砾(砂)
		细粒组中粉粒含量大于50%	G(S)M	粉土质砾(砂)

4. 细粒类土

土中细粒组含量不小于50%的土称为细粒土,其中粗粒组含量不大于25%的土称细粒土,粗粒组含量25%～50%的土称为含粗粒的细粒土,有机质含量5%～10%的土称为有机质土。根据塑性指数和含水量将细粒土划分为高液限黏土、低液限黏土、高液限粉土、低液限粉土。

5. 土的其他工程分类

在工程施工中还包括人工填土,主要是指人类活动而形成的堆积物,其物质成分较杂乱、均匀性差。按堆积物的成分,人工填土又分为素填土、杂填土和冲填土,分类标准见表1-12。

表1-12 人工填土按组成物质分类

土的名称	组成物质
素填土	由碎石土、砂土、粉土、黏性土等组成的填土
杂填土	含有建筑垃圾、工业废料、生活垃圾等杂物的填土
冲填土	由水力冲填泥沙形成的填土

在土石方施工中,可按土的坚硬程度、开挖难易将土分为8类16级,见表1-13。

表1-13 土按照坚硬程度和开挖难易程度分类

土的分类	土的级别	土(岩)的名称	坚实系数	质量密度/(kg/m³)	开挖方法及工具	轻钻孔机钻进1 m耗时/min
一类土(松软土)	I	略有黏性的砂土;粉土腐殖土及疏松的种植土;泥炭(淤泥)	0.5～0.6	600～1500	用锹,少许用脚蹬或用板锄挖掘	
二类土(普通土)	II	潮湿的黏性土和黄土;软的盐土和碱土;含有建筑材料碎屑、碎钉、卵石的堆积土和种植土	0.6～0.8	1100～1600	用锹、条锄挖掘,需用脚蹬,少许用镐	
三类土(坚土)	III	中等密实的黏性土或黄土;含有碎石、卵石或建筑材料碎屑的潮湿的黏性土或黄土	0.8～1.0	1800～1900	主要用镐、条锄,少许用锹	
四类土(砂砾坚土)	IV	坚硬密实的黏性土或黄土;含有碎石、砾石(体积在10%～30%,质量在25 kg以下石块)的中等密实黏性土或黄土;硬化的重盐土;软泥灰岩	1～1.5	1900	全部用镐、条锄挖掘,少许用撬棍挖掘	

土的分类	土的级别	土(岩)的名称	坚实系数	质量密度/(kg/m³)	开挖方法及工具	轻钻孔机钻进1 m耗时/min
五类土（软石）	V～VI	坚硬的石炭纪黏土；胶结不紧的砾岩；软的、节理多的石灰岩及贝壳石灰岩；坚实的白垩岩；中等坚实的页岩、泥灰岩	1.5～4.0	1200～2700	用镐或撬棍、大锤挖掘，部分使用爆破方法	≤3.5
六类土（次坚石）	VII～IV	坚硬的泥质页岩；坚实的泥灰岩，角砾状花岗岩，泥灰质石灰岩，黏土质砂岩，云母页岩及砂质页岩。风化的花岗岩、片麻岩及正长岩，滑石质的蛇纹岩，密实的石灰岩，硅质胶结的砾岩，砂岩，砂质灰质页岩	4～10	2200～2900	用爆破方法开挖，部分用风镐	6～11.5
七类土（坚石）	X～XIII	白云岩，大理石；坚实的石灰岩、石灰质及石英质的砂岩；坚硬的砂质页岩；蛇纹岩，粗粒正长岩；有风化痕迹的安山岩及玄武岩；片麻岩、粗面岩；中粗花岗岩；坚实的片麻岩，粗面岩；辉绿岩；玢岩；中粗正长岩	10～18	2500～2900	用爆破方法开挖	15～27.5
八类土（特坚石）	XIV～XVI	坚实的细粒花岗岩，花岗片麻岩；闪长岩；坚实的玢岩，角闪岩、辉长岩、石英岩；安山岩、玄武岩；最坚实的辉绿岩；石灰岩及闪长岩；橄榄石质玄武岩；特别坚实的辉长岩、石英岩及玢岩	18～25以上	2700～3300	用爆破方法开挖	32.5～60以上

注：1. 土的级别为相当于一般16级土石分类级别；

2. 坚实系数 f 为相当于普氏岩石强度系数。

另外，在土建施工中还包括一些特殊土，包括软土、湿陷性土、红黏土、膨胀土、多年冻土、混合土、盐渍土、污染土等。特殊土是指在特定地理环境或人为条件下形成的特殊性质的土，它的分布一般具有明显的区域性。特殊土的处理这里不做赘述。

1.3　土石方开挖

1.3.1　准备工作

土石方施工前，建设单位应向施工单位提供施工影响范围内的地下管线、建（构）筑物及其他公共设施资料，施工单位应采取措施对相关设施加以保护。

　　基坑（沟槽）开挖前，应根据围堰或围护结构的类型、工程水文地质条件、施工工艺和地面荷载等因素制订施工方案。围堰、围护结构经验收合格后方可进行基坑开挖。挖至设计高程后应及时组织验收，确定合格后进入下道工序施工，应减少基坑裸露时间。基坑验收后应予保护，防止扰动。深基坑应做好上、下基坑的坡道，保证车辆行驶及施工人员通行安全。

　　土石方开挖前准备工作中的施工内容包括：拆除或搬迁施工区域内有碍施工的障碍物；修建排水防洪措施，在有地下水的区域，应有妥善的排水措施，降排水系统应经检查和试运转，一切正常后方可开始施工；修建运输道路和土方机械的运行道路；修建临时水、电、气等管线设施；做好挖土、运输车辆及各种辅助设备的维修检查、试运转和进场工作等。

　　在土石方施工方案制订中，基坑（沟槽）边坡坡度与开挖断面的选择，主要依据是：土的种类及其物理力学性质（内摩擦角、黏聚力、湿度、密度等）、地下水情况、开挖深度、断面尺寸、施工方法、晾槽时间、周边的环境条件等，并结合设计规定的基础、管道的断面尺寸、长度和埋设深度等因素。正确选定边坡坡度和开挖断面，可以为后续施工过程创造良好的条件，保证工程质量和施工安全，减少开挖土方量。土石方应随挖、随运，宜将适用于回填的土分类堆放备用。

1.3.2　沟槽施工

　　沟槽施工，首先需要进行沟槽定位，然后确定沟槽的断面形式、尺寸以及是否需要支撑，当有地下水时，还应确定沟槽排水或降低地下水位的措施。另外，还要组织好施工力量，准备好土方开挖及运输的机具和土方堆放场地。沟槽开挖完成后，应及时做好槽底地基和基础的处理。

1. 沟槽定位

　　沟槽定位就是管道铺设时沟槽位置的确定，即在施工现场确定施工图纸上的管线位置和走向。施工图纸是沟槽定位的重要依据，在沟槽定位之前，必须认真熟悉和审查施工图纸，弄清管线布置、走向、工艺设计、管线沿途高程控制点分布和施工安装要求。

　　除熟悉审查图纸外，施工单位还需组织人员到施工现场，了解现场的地形、地貌、建筑物、各种管线和其他设施的情况，了解现场地质概况、水文地质资料、气象资料（包括施工期的最高和最低气温、日温差、气温的变化、最大风力等）、现场的供水和供电情况、现场的交通运输和排水条件以及工程材料、施工机械供应条件，并根据了解的现场情况，编制合适的施工方案。

2. 沟槽开挖断面与边坡

　　给水排水管道施工中的沟槽，常用的断面形式有直槽、梯形槽、混合槽等。当有两条或多条管道共同埋设时，还需采用联合槽（见图 1-11）。

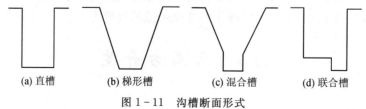

(a) 直槽　　(b) 梯形槽　　(c) 混合槽　　(d) 联合槽

图 1-11　沟槽断面形式

　　沟槽底部的开挖宽度，应符合设计要求，设计无要求时，可按下式计算确定：

$$B = D_0 + 2(b_1 + b_2 + b_3) \tag{1-31}$$

式中　B——管道沟槽底部的开挖宽度(mm)；

　　　D_0——管外径(mm)；

　　　b_1——管道一侧的工作面宽度(mm)，可按表 1-14 选取；

　　　b_2——有支撑要求时，管道一侧的支撑厚度可取 150~200 mm；

　　　b_3——现场浇筑混凝土或钢筋混凝土管渠一侧模板的厚度(mm)。

表 1-14　管道一侧的工作面宽度

管道的外径 D_0	管道一侧的工作面宽度 b_1/mm		
		混凝土类管道	金属类管道、化学建材管道
$D_0 \leqslant 500$	刚性接口	400	300
	柔性接口	300	
$500 < D_0 \leqslant 1000$	刚性接口	500	400
	柔性接口	400	
$1000 < D_0 \leqslant 1500$	刚性接口	600	500
	柔性接口	500	
$1500 < D_0 \leqslant 3000$	刚性接口	800~1000	700
	柔性接口	600	

注：1.槽底需设排水沟时，b_1 应适当增加；

　　2.管道有现场施工的外防水层时，b_1 宜取 800 mm；

　　3.采用机械回填管道侧面时，b_1 需满足机械作业的宽度要求。

沟槽开挖深度按管道设计纵断面图确定。

土方开挖的边坡常以 1：n 表示，如图 1-12 所示。

$$n = \frac{a}{h} \tag{1-32}$$

式中　n——边坡率；

　　　a——边坡水平长度(m)；

　　　h——边坡垂直高度(m)。

显然，n 值愈小，边坡愈陡，土体的下滑力愈大，一旦下滑力大于该土体的抗剪强度，土体会下滑引起边坡坍塌。

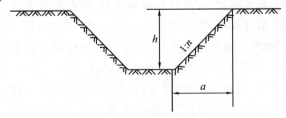

图 1-12　挖方边坡

含水量大的土，土颗粒间产生润滑作用，使土粒间的内摩擦力或黏聚力减弱，因此应留有较缓的边坡。含水量小的砂土，颗粒间内摩擦力减少，亦不宜采用陡坡。当沟槽上荷载较大时,土体会在压力下产生滑移,因此边坡应缓,或采取支撑加固。深沟槽的上层槽应为缓坡。

地质条件良好、土质均匀、地下水位低于沟槽底面高程,且开挖深度在 5 m 以内、沟槽不设支撑时,沟槽边坡最陡坡度应符合表 1-15 的规定。

表 1-15　深度在 5 m 以内的沟槽(或基坑)边坡的最陡坡度

土的类别	边坡坡度(高∶宽)		
	坡顶无荷载	坡顶有静载	坡顶有动载
中密的砂土	1∶1.00	1∶1.25	1∶1.50
中密的碎石类土(充填物为砂土)	1∶0.75	1∶1.00	1∶1.25
硬塑的粉土	1∶0.67	1∶0.75	1∶1.00
中密的碎石类土(充填物为黏性土)	1∶0.50	1∶0.67	1∶0.75
硬塑的粉质黏土、黏土	1∶0.33	1∶0.50	1∶0.67
老黄土	1∶0.10	1∶0.25	1∶0.33
软土(经井点降水后)	1∶1.25	—	—

沟槽挖深较大时,应确定分层开挖的深度,人工开挖沟槽的槽深超过 3 m 时应分层开挖,每层的深度不超过 2 m。人工开挖多层沟槽的层间留台宽度:放坡开挖时不应小于 0.8 m,直槽时不应小于 0.5 m,安装井点设备时不应小于 1.5 m。采用机械挖槽时,沟槽分层的深度按机械性能确定。沟槽 $H \geqslant 5$ m 的工程(属于超过一定规模的危险性较大工程)的施工措施和要求,按照《危险性较大的分部分项工程安全管理规定》执行。

3. 沟槽开挖方法

沟槽开挖方法有人工开挖、机械开挖和人工机械混合开挖,具体采用何种开挖方法,需要由具体情况来决定。在地下管道开槽施工中,沟槽开挖是一项工作量最大、工期最长的工作,通常采用人工机械混合开挖方法。

1)人工开挖

当施工现场狭窄、地面有障碍物使得机械设备不能到达施工现场、地下埋设物(如水管、电缆等)纵横交错、地下障碍物(如混凝土基础)甚多或管径小、土方量少时,一般采用人工开挖;机械开挖后,沟槽清底也需人工开挖。人工开挖就是利用锹和镐等工具,进行沟槽的土方挖掘工作。

人工开挖沟槽时,为了提高开挖效率,可采用分段开挖的方法。开挖之前,应合理确定开挖顺序和分层开挖深度。如有坡度,应由低向高处进行;如有地下水时,应先挖最低处土方,便于在最低处排水。沟槽开槽过程中,应控制开挖断面尺寸,沟槽边坡不陡于规定坡度,尽量保持槽壁完整,防止塌方。如果沟槽开挖完成后,不能立即进行下一道工序,应在沟底预留 15~20 cm 的土层不挖,在进行下道工序时再挖至设计标高。

不分层开挖的沟槽,挖土与沟槽出土宜同时进行;分层开挖的沟槽,利用每层间留台进行人工倒土、出土。沟槽中运出的土方,可临时堆放在沟槽边,堆土高度不宜超过 1.5 m,距离槽边不宜小于 0.8 m。

2)机械开挖

为了加快沟槽施工速度、减轻体力劳动、提高劳动生产效率,一般采用机械开挖,或人工机械混合开挖。

机械开挖为了保证槽底土壤不被扰动和破坏,一般开挖槽底高程应控制在槽底设计高程以上 20 cm 左右,待下管时,采用人工清除并按设计高程整平。

无论采用何种沟槽开挖方法,一般都在沟槽两侧临时堆土。沟槽每侧临时堆土或施加其他荷载时,应符合下列规定:

(1)不得影响建(构)筑物、各种管线和其他设施的安全;

(2)不得掩埋消火栓、管道闸阀、雨水口、测量标志以及各种地下管道的井盖,且不得妨碍其正常使用;

(3)堆土距沟槽边缘不小于 0.8 m,且高度不应超过 1.5 m;沟槽边堆置土方不得超过设计堆置高度。

另外,尽量不要堆在高压线和变压器附近,堆土坡度不陡于自然安息角。冬季堆土时,应选在干燥地面处,便于防风防冻保温。雨季堆土时,不得切断或者堵塞原有排水路线,防止外水流入沟槽,向着沟槽的一侧堆土面,应铲平、拍实,避免被雨水冲塌。

4. 冬季及雨季的沟槽开挖

寒冷地区沟槽土方开挖不宜在冬季进行,如必须在冬季施工,施工方法应经技术经济比较后确定。施工前应周密计划,做好施工准备,做到连续施工,同时应采取必要的防冻措施。常用的防冻措施有松土防冻法和覆盖保温材料法。

1)冬季沟槽开挖

开挖冻土可采用钢钎撬挖、爆破开挖、重锤击碎,或在开挖面上布撒厚约 25 cm 的锯末(或谷壳)焖火烘烤加温融化后开挖。

每天开挖沟槽工作结束前,在槽底可留有厚约 30 cm 的虚土暂不清除,作为防冻层,即采用松土防冻,第二天开挖时一边清理虚土一边开挖实土。

管道或管道基础下的基土不应是冻结的土壤(无膨胀的砂土、砾石土及岩石沟底除外)。

沟槽挖好后,用隔热材料加以覆盖,以使土基不受冻。常用的保温材料一般为干砂、锯末、草帘、树叶、虚土等,其厚度视气温而定,一般为 15~20 cm。

禁止在沟槽内烧火取暖,以防边坡冻土融化坍塌。

当冻结深度在 25 cm 以内时,可使用一般中型挖土机进行挖掘;冻结深度在 40 cm 以上时,可在推土机后面装上松土器将冻土层破开。

2)雨季沟槽开挖

雨期沟槽开挖时,应充分考虑由于挖槽和堆土会破坏原有排水系统造成排水不畅,要做好排除雨水的排水设施和系统。为防止雨水倒灌沟槽,一般在沟槽四周的堆土缺口,如运料口、下管道口、便桥桥头等位置堆叠挡土,使其闭合成一道防线。在堆土向槽的一侧,应拍实,避免雨水冲塌,并挖排水沟,将汇集的雨水引向槽外。

由于特殊需要或暴雨雨量集中时,可以有计划地将雨水引入槽内,每 30 m 左右做一泄水簸箕口,以免冲刷槽帮,同时还应采取防止塌槽、漂管等措施。

为防止沟槽槽底土壤扰动,可在槽底设计标高以上留 20 cm 的保护层,同时雨期施工尽量不要在靠近房屋、墙壁处施工。

1.3.3 基坑开挖

基坑开挖与支护施工方案应包括以下主要内容:施工平面布置图及开挖断面图;挖、运土石方的机械型号、数量;土石方开挖的施工方法;围护与支撑的结构形式,支设、拆除方法及安全措施;基坑边坡以外堆土石方的位置及数量,弃运土石方运输路线及土石方挖运平衡表;开挖机械、运输车辆的行驶线路及斜道设置;支护结构、周围环境的监控量测措施。

基坑底部为倒锥形时,坡度变换处增设控制桩,同时沿圆弧方向的控制桩也应加密。基坑的边坡应经稳定性验算确定。土质条件良好、地下水位低于基坑底面高程、周围环境条件允许,深度在 5 m 以内边坡不加支撑时,边坡最陡坡度应符合表 1-15 的规定。

基坑开挖的顺序、方法应符合设计要求,并应遵循"对称平衡、分层分段(块)、限时挖土、限时支撑"的原则。

采用明排水的基坑,当边坡岩土出现裂缝、沉降失稳等征兆时,必须立即停止开挖,进行加固、削坡等处理。雨期施工基坑边坡不稳定时,其坡度应适度放缓,并应采取保护措施。设有支撑的基坑,应遵循"开槽支撑、先撑后挖、分层开挖和严禁超挖"的原则开挖,并应按施工方案在基坑边堆置土方,基坑边堆置土方不得超过设计的堆置高度,以保证支撑结构的安全。

基坑施工中,地基不得扰动或超挖。局部扰动或超挖,并超出允许偏差时,应与设计方商定或采取下列处理措施:①排水不良发生扰动时,应全部清除扰动部分,用卵石、碎石或级配砾石回填;②岩土地基局部超挖时,应全部清除基底碎渣,回填低强度混凝土或碎石。

超固结岩土复合边坡遇水结冰冻融易产生坍滑时,应及时采取措施防止坍塌与滑坡。开挖深度大于 5 m,或地基为软弱土层,地下水渗透系数较大或受场地限制不能放坡开挖时,应采取支护措施。

1.3.4　土方开挖机具的选择

场地平整的施工过程包括土方开挖、运输、填筑与压实等,当遇有坚硬土层、岩石或障碍物时,还常需爆破。在大面积平整时,场地平整的施工方法,通常采用机械施工方法。沟槽、基坑土方的开挖,应尽量采用机械化施工,以减轻繁重的体力劳动并加快施工速度。

机械开挖使用的机械主要有推土机、单斗挖土机(包括正铲、反铲、拉铲、抓铲等)、多斗挖土机、铲运机、装载机等。机械型式的选择应根据土壤情况、沟槽断面形状、土方量和工期这几个条件来确定。首先,根据土壤和现场情况决定机械的种类;其次,根据沟槽的断面大小及形状决定机械的主要工作尺寸、最大挖土半径和最大挖深;最后,根据工程的土方量和工期确定机械的土斗容量。

推土机是土石方工程施工中的主要机械之一,由拖拉机与推土工作装置两部分组成。其行走方式有履带式和轮胎式两种,传动系统主要采用机械传动和液力机械传动,工作装置的操纵方法分液压操纵与机械传动。

铲运机在土方工程中主要用于铲土、运土、铺土、平整和卸土等作业。铲运机对运行的道路要求较低,适应性强,投入使用准备工作简单,具有操纵灵活、转移方便与行驶速度较快等优点,因此使用范围较广,如筑路、挖湖、堆山、平整场地等均可使用。铲运机按其行走方式分为拖式铲运机和自行式铲运机两种;按铲斗的操纵方式划分,有机械操纵(钢丝绳操纵)和液压操纵两种。

挖掘机按行走方式分为履带式和轮胎式两种,按传动方式分为机械传动和液压传动两种。斗容量有 0.1 m³、0.2 m³、0.4 m³、0.5 m³、0.6 m³、0.8 m³、1.0 m³、1.6 m³、2.0 m³ 等多种。根据工作装置不同,有正铲和反铲,机械传动挖掘机还有拉铲和抓铲,使用较多的为正铲,其次为反铲,拉铲和抓铲仅在特殊情况下使用。

装载机按其行走方式分为履带式和轮胎式两种,按工作方式有周期工作的单斗式装载机和连续工作的链式与轮斗式装载机,有的单斗装载机背端还带有反铲。土方工程主要使用单斗铰接式轮胎装载机,它具有操作轻便、灵活、转运方便、快速、维修较易等特点。

对于土方施工的机械选择,可参考表1-16。

表1-16 常用挖方机械的特性与适用范围

名称	机械特性	作业特点	适用范围	辅助机械
推土机	操作灵活,运转方便,工作面小,可挖土、运土,易于转移,行驶速度快	推平:运距100 m内的推土(效率最高为60 m);开挖浅基坑;推送松散的硬土、岩石;回填、压实;配合铲运机助铲;牵引;下坡坡度最大为35°,横坡最大为10°,几台同时作业时,前后距离应大于8 m	推一至四类土;找平表面,场地平整;短距离挖移作填、回填基坑(槽)、管沟并压实;开挖深不大于1.5 m的基坑(槽);填筑高1.5 m内的路基、堤坝;拖羊足碾;配合挖土机从事集中土方、清理场地、修路开道等	土方挖后运出需配备装土、运土设备;推拉三至四类土,应用松土机预先翻松
铲运机	操作简单灵活,不受地形限制,不需要特设道路,准备工作简单,能独立工作,不需要其他机械配合能完成铲土、运土、卸土、填筑、压实等工序,行驶速度快,易于转移;需用劳动力少,效率高	大面积整平;开挖大型基坑、沟渠;运距800~1500 m内的挖运土(效率最高为200~350 m);填筑路基、堤坝;回填压实土方;坡度控制在20°以内	开挖含水率27%以下的一至四类土;大面积场地平整、压实;运距800 m内的挖铲运土方;开挖大型基坑(植)、管沟,填筑路基等,但不适于砾石层、冻土地带及沼泽地区使用	开挖坚土时需用推土机助铲,开挖三、四类土宜先用松土机预先翻松20~40 cm;自行式铲运机用轮胎行驶,适合于长距离,但开挖亦需用助铲
正铲挖掘机	装车轻便灵活,回转速度快,位移方便,能挖掘坚硬土层,易控制开挖尺寸,工作效率高	开挖停机面以上土方;工作面在1.5 m以上;开挖高度超过挖土机挖掘高度时,可采取分层开挖;装车外运	开挖含水量不大于27%的一至四类土和经爆破后的岩石与冻土碎块;大型场地整平土方;工作面狭小且较深的大型管沟和基槽路堑;独立基坑;边坡开挖	土方外运按运输距离配备自卸汽车,工作面应有推土机配合平土,集中土方进行联合作业
挖掘机	操作灵活,挖土、卸土均在地面作业,不用开运输道	开挖地面以下深度不大的土方;最大挖土深度4~6 m,经济合理深度1.5~3 m;可装车和两边甩土、堆放;较大、较深基坑可用多层接力挖土	开挖含水量大的一至三类的砂土或黏土;管沟和基槽;独立基坑;边坡开挖	土方外运按运输距离配备自卸汽车,工作面应有推土机配合推到附近堆放

续表

名称	机械特性	作业特点	适用范围	辅助机械
拉铲挖掘机	可挖深坑,挖掘半径及卸载半径大,操纵灵活性差	开挖停机面以上土方;可装车或甩土;开挖掘面误差较大;可将土甩在基坑(槽)两边较远处堆放	挖掘一至三类土,开挖较深较大的基坑(槽)、管沟;大量外借土方;填筑路基、堤坝;挖掘河床;不排水挖取水中的泥	土方外运按运输距离配备自卸汽车、推土机,创造施工条件
抓铲挖掘机	钢绳牵拉灵活性较差,功效不高,不能挖掘坚硬土;可以装在简易机械上工作,使用方便	开挖直井或沉井土方;可装车或甩土;排水不良也能开挖;吊杆倾斜角度应在45°以上,距离边坡应不小于2 m	土质比较松软,施工面较狭窄的深基坑、基槽;水中挖取土,清理河床;桥基、桩孔挖土;装卸散装材料	土方外运时,按运输距离配备自卸汽车
装载机	操作灵活,回转位移方便、快捷;可装载土方和散料,行驶速度快	开挖停机面以上土方;轮胎式只能装松散土方,履带式可装较实土方;松散材料装车;吊运重物,用于铺设管道	外运多余土方;履带式改换挖斗式,可用于开挖;装卸土方和散料;松散土的表面剥离;地面平整和场地清理等工作;回填土;拔除树根	土方外运按运输距离配备自卸汽车,作业面需经常用推土机平整并推松土方

1.3.5 土方机械与运输车辆的配合

前文已经叙述了主要挖土机械的性能和适用范围,实际应用时还应根据下列条件进行比选确定:

(1)土方工程的类型及规模。不同类型的土方工程,如场地平整、基坑(槽)开挖、大型地下室土方开挖、构筑物填土等施工各有其特点,应依据开挖或填筑的断面(深度及宽度)、工程范围的大小、工程量多少来选择土方机械。

(2)地质水文及气候条件,如土的类型、地下水等条件。

(3)机械设备条件,现有土方机械的种类、数量及性能。

(4)工期要求。

有多种机械可供选择时,应当进行技术经济比较,选择效率高、费用低的机械进行施工。一般可选用土方施工单价最小的机械进行施工,但在大型建设项目中,土方工程量很大,而现有土方机械的类型及数量常受限制,此时必须将所有的机械进行最优分配,使施工总费用最少,可应用线性规划的方法来确定土方机械的最优分配方案。

当挖土机挖出的土方需要运土车辆运走时,挖土机的生产率不仅取决于本身的技术性能,还取决于所选的运输工具是否与之协调。

为了使挖土机充分发挥生产能力,应使运土车辆的载质量与挖土机的每斗土重保持一定的倍数关系,并有足够数量车辆以保证挖土机连续工作。从挖土机方面考虑,汽车的载质量越大越好,可以减少等待车辆调头的时间。从车辆方面考虑,载重小、台班费便宜但使用数量多;载重大则台班费高,但数量可减少。

1.3.6　土方开挖发生塌方与流砂的处理

在土方开挖施工中,由于地质、水文等各种因素处理不当,偶然会发生滑坡、边坡塌方,产生流砂现象。

1. 边坡塌方

沟槽、基坑边坡的稳定,主要是由土体的内摩阻力和黏结力来保持平衡的。当土地失去平衡,边坡就会塌方。边坡塌方会引起人身事故,同时也妨碍施工正常进行,严重塌方还会危及附近建筑物的安全。

根据工程实践分析,发生边坡塌方的原因主要有以下几点:

(1)基坑、沟槽边坡放坡不足,边坡过陡,使土体本身的稳定性不够。在土质较差、开挖深度较大时,常遇到这种情况。

(2)降雨、地下水或施工用水渗入边坡,使土体抗剪能力降低,这是造成塌方的主要原因。

(3)基坑、沟槽上边缘附近大量堆土或停放机具,或因不合理的开挖坡脚及受地表水、地下水冲蚀等,增加了土体负担,降低了土体的抗剪强度而引起滑坡和塌方等。

针对上述分析,为了防止滑坡和塌方,应采取的措施包括:注意地表水、地下水的排除;严格遵守放坡规定,放足边坡;当开挖深度大、施工时间长、边坡有机具或堆置材料时,边坡应平缓;当因受场地限制,或因放坡增加土方量过大,则应采用设置支撑的施工方法。

2. 流砂的防治

在沟槽、基坑开挖面低于地下水位,且采用坑(槽)内抽水时,有时会发生坑底及侧壁的土形成流动状态、随地下水涌进坑内而产生流砂现象。流砂严重时常会引起沟槽、基坑边坡塌方、滑坡,如附近有建筑物,会因地基被掏空而使建筑物下沉、倾斜,甚至倒塌。因此,在土方施工时必须重视消除地下水的影响。

流砂防治的措施有多种,如水下挖土法(此法在沉井不排水下沉施工中常用)、打钢板桩法、地下连续墙法(施工工艺复杂,成本较高)等,采用较广且可靠的方法是人工降低地下水位法。

3. 滑坡体施工中的作业方法

首先应对滑坡区的地质资料做好调查研究,据此正确选择施工程序,并拟订合理的施工方法,确定保持滑坡体稳定的边坡坡度,预防滑坡发生。

在进行开挖和填方时,应注意以下方面。

1)在靠近滑坡边沿处开挖土方

一般不应切割滑坡体的坡脚,当必须切割坡脚时,应按切割深度将坡脚随原自然坡度由上向下削坡,逐渐挖至要求的坡脚深度,如图1-13所示。

在正式开挖土方前,应先按确定保持滑坡体稳定的边坡坡度(即图1-13中的 $a-a$ 线),将应削部分由上而下进行削除。

2)在滑坡体上开挖土方

当需在滑坡内挖方时,应遵守"从滑坡体两侧向中部、自上而下进行"的开挖顺序,如滑坡土方量不大,所有滑坡体应全部挖除。

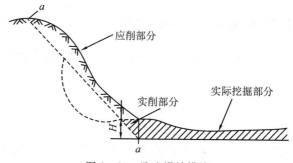

图 1-13 防止滑坡措施

1.4 沟槽支撑

支撑是防止沟槽土壁坍塌的一种临时性挡土结构,由木材、混凝土或钢材做成。支撑的荷载就是原土和地面荷载所产生的侧土压力。沟槽支撑设置与否应根据土质、地下水情况、槽深、槽宽、开挖方法、排水方法、地面荷载等因素确定。一般情况下,沟槽土质较差、深度较大而又挖成直槽时,或高地下水位砂性土质并采用表面排水措施时,均应支设支撑。支设支撑可以减少挖方量和施工占地面积,减少拆迁。但支撑增加材料消耗,有时也会影响后续工序的操作。

支撑结构应满足下列要求:

(1)牢固可靠,应进行强度和稳定性计算和校核,支撑材料要求质地和尺寸合格,保证施工安全;

(2)在保证安全的前提下,节约用料,宜采用工具式钢支撑;

(3)便于支设和拆除及后续工序的操作。

为了做到上述要求,支撑材料的选用、支设和使用过程应严格遵守施工操作规程。

1.4.1 支撑种类及其适用条件

沟槽支撑形式有横撑、竖撑和板桩撑。

横撑和竖撑由撑板(挡土板)、立柱或横木、撑杠组成。根据撑板放置方式的不同,横撑式支撑可分成水平撑板断续式和连续式两种,断续式横撑是撑板之间有间距,连续式横撑是各撑板间密接铺设。竖撑是挡土板垂直连续放置的支撑方式。

断续式横撑(见图 1-14)适用于开挖湿度小的黏性土及挖土深度小于 3 m 的沟槽,连续式横撑用于较潮湿的或散粒土及挖深不大于 5 m 的沟槽。竖撑(见图 1-15)用于松散的和湿度高的土,挖土深度可以不限。

撑板(挡土板)分木制和金属制两种,木撑板不应有纹裂等缺陷;金属板由钢板焊接于槽钢上拼成,槽钢间用型钢连接加固。金属撑板的长度分 2 m、4 m、6 m 几种类型。

立柱和横木通常采用槽钢。

在开挖深度较大的沟槽和基坑,当地下水很多且有带走土粒的危险时,如未采用降低地下水位法,可采用打设钢板桩撑法。使板桩打入坑底以下一定深度,增加地下水从坑外流入坑内的渗流路径,减少水力坡度,降低动水压力,以防止流砂发生(见图 1-16)。

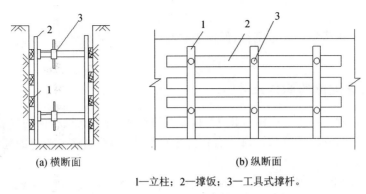

(a) 横断面   (b) 纵断面

1—立柱；2—撑饭；3—工具式撑杆。

图 1-14 断续式横撑简图

施工中常用的钢板桩多是槽钢或工字钢组成，或用特制的钢桩板（见图 1-17）。桩板与桩板之间均采用啮口连接，以便提高板桩撑的整体性和水密性。特制断面桩板惯性矩大且桩板间啮合作用高，常在重要工程上采用。

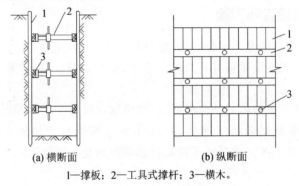

(a) 横断面   (b) 纵断面

1—撑板；2—工具式撑杆；3—横木。

图 1-15 连续式竖撑简图

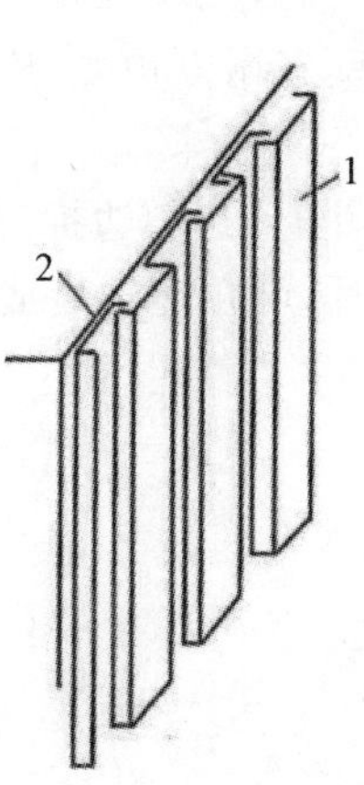

1—槽钢桩板；2—槽壁。

图 1-16 板桩撑图   图 1-17 桩板断面形式

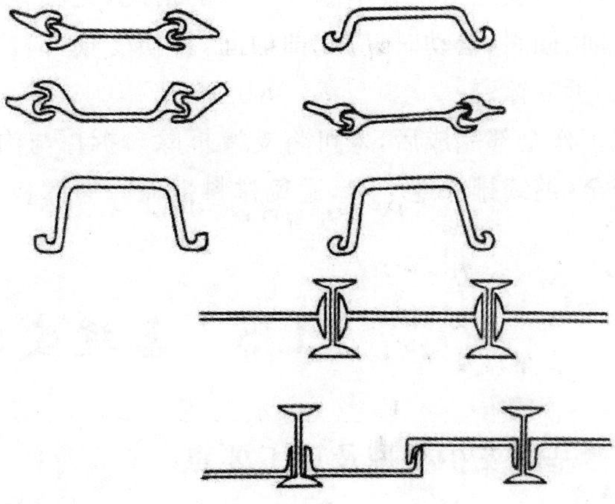

桩板在沟槽或基坑开挖前用打桩机打入土中，在开挖及其后续工序作业中，始终起着保证安全的作用。板桩撑一般可不设横板和撑杠，但当桩板入土深度不足时，仍应辅以横板与

撑杠。

使用钢板桩支撑要消耗大量钢材,但由于它在各种支撑中安全可靠度高,因此在弱饱和土层中常被采用。

1.4.2　常见支撑的构件尺寸

支撑计算包括确定撑板、立柱(或横木)和撑杠的尺寸,通常支撑构件的尺寸取决于现场已有材料的规格,因此,支撑计算只是对已有构件进行校核,调整立柱和横撑的间距,以确定支撑的形式。支撑计算详见规范及相关施工手册。

施工现场常采用的支撑构件尺寸:木撑板一般长为 2～6 m,宽度为 20～30 cm,厚度为 5 cm。横木的截面尺寸一般为 10 cm×15 cm～20 cm×20 cm(视槽宽而定);立柱的截面尺寸为 10 cm×10 cm～20 cm×20 cm(视槽深而定)。槽深在 4 m 以内时,立柱间距为 1.5 m 左右;槽深为 4～6 m,立柱间距在断续式横撑中为 1.2 m,连续式横撑为 1.5 m;槽深 6～10 m,立柱间距 1.5～1.2 m。撑杠垂直间距一般为 1.2～1.0 m。

1.4.3　支撑的设置和拆除

挖槽到一定深度或临近地下水位时,开始支设支撑,然后逐层开挖、逐层支设。

横撑支设程序:首先支设撑板并要求紧贴槽壁,而后安设立柱(或横木)和撑杠,必须横平竖直、支设牢固。

竖撑支设过程:将撑板密排立贴在槽壁,再将横木在撑板上下两端支设并加撑杠固定。然后随着挖土的进行,撑板底端高于槽底,再逐块将撑板锤打到槽底。根据土质,每次挖深 50～60 cm,将撑板下锤一次。撑板锤至槽底排水沟底为止。下锤撑板每延伸 1.2～1.5 m,再加撑杠一道。

施工过程中,更换立柱和撑杠位置称为倒撑。当原支撑妨碍下一工序进行,原支撑不稳定,一次拆撑有危险,或因其他原因必须重新安设支撑时,均应倒撑。

在施工期间,应经常检查槽壁和支撑的情况,尤其在流砂地段或雨后,更应检查。如支撑各部件有弯曲、倾斜、松动时,应立即加固,拆换受损部件。如发现槽壁有塌方预兆,应加设支撑,而不应倒拆支撑。

沟槽内工作全部完成后,才可将支撑拆除。拆撑与沟槽回填同时进行,边填边拆。拆撑时必须注意安全,继续排除地下水,避免材料损耗。遇撑板和立柱较长时,可在还土后或倒撑后拆除。

1.5　基坑支护

1.5.1　基坑支护类型及施工要点

在给排水处理构筑物施工中,经常出现开挖深度大于 5 m,或地基为软弱土层,或地下水渗透系数较大,或受场地限制不能放坡等基坑开挖的安全性问题,此时应采取支护措施。基坑支护应综合考虑基坑深度及平面尺寸、施工场地及周围环境要求、施工装备、工艺能力及施工工期等因素,根据《建筑基坑支护技术规程》(JGJ120—2012),支护的选择见表 1-17。

表 1-17　各类支护结构的适用条件

结构类型		适用条件		
	安全等级	基坑深度、环境条件、土类和地下水条件		
支挡式结构	锚拉式结构	一级二级三级	适用于较深的基坑	1. 排桩适用于可采用降水或截水帷幕的基坑2. 地下连续墙宜同时用作主体地下结构外墙,可同时用于截水3. 锚杆不宜用在软土层和高水位的碎石土、砂土层中4. 当邻近基坑有建筑物地下室、地下构筑物等,锚杆的有效锚固长度不足时,不应采用锚杆5. 当锚杆施工会造成基坑周边建(构)筑物的损害或违反城市地下空间规划等规定时,不应采用锚杆
	支撑式结构		适用于较深的基坑	
	悬臂式结构		适用于较浅的基坑	
	双排桩		当锚拉式、支撑式和悬臂式结构不适用时,可考虑采用双排桩	
	支护结构与主体结构结合的逆作法		适用于基坑周边环境条件很复杂的深基坑	
土钉墙	单一土钉墙	二级三级	适用于地下水位以上或降水的非软土基坑,且基坑深度不宜大于 12 m	当基坑潜在滑动面内有建筑物、重要地下管线时,不宜采用土钉墙
	预应力锚杆复合土钉墙		适用于地下水位以上或降水的非软土基坑,且基坑深度不宜大于 15 m	
	水泥土桩复合土钉墙		用于非软土基坑时,基坑深度不宜大于 12 m;用于淤泥质土基坑时,基坑深度不宜大于 6 m;不宜用在高水位的碎石土、砂层土中	
	微型桩复合土钉墙		适用于地下水位以上或降水的基坑,用于非软土基坑时,基坑深度不宜大于 12 m;用于淤泥质土基坑时,基坑深度不宜大于 6 m	
重力式水泥土墙		二级三级	适用于淤泥质土、淤泥基坑,且基坑深度不宜大于 7 m	
放坡		三级	1. 施工场地满足放坡条件2. 放坡与上述支护结构形式结合	

注:1. 当基坑不同部位的周边环境条件、土层性状、基坑深度等不同时,可在不同部位分别采用不同的支护形式;

2. 支护结构可采用上、下部以不同结构类型组合的形式。

在开挖较大基坑或使用机械挖土,而不能安装撑杠时,可改用锚碇式支撑(见图 1-18)。锚桩必须设置在土的破坏范围以外,挡土板水平钉在柱桩的内侧,柱桩一端打入土内,上端用拉杆与锚桩拉紧,挡土板内侧回填土。

在开挖较大基坑,当有部分地段下部放坡不足时,可以采用短桩横隔板支撑或临时挡土墙支撑,以加固土壁(见图 1-19)。

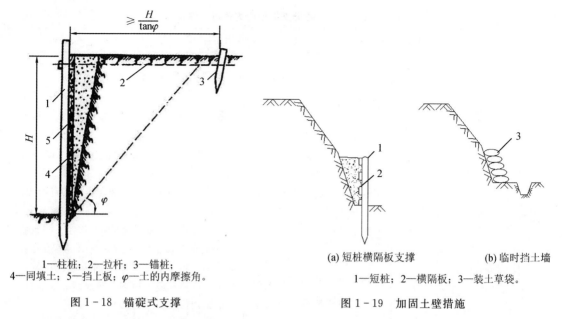

1—柱桩；2—拉杆；3—锚桩；
4—回填土；5—挡土板；φ—土的内摩擦角。

图 1-18　锚碇式支撑

(a) 短桩横隔板支撑　　(b) 临时挡土墙
1—短桩；2—横隔板；3—装土草袋。

图 1-19　加固土壁措施

基坑支护结构应具有足够的强度、刚度和稳定性，支护部件的型号、尺寸、支护点的布设位置，各类桩的入土深度及锚杆的长度和直径等应经计算确定，围护墙体、支撑围檩、支撑端头处设置传力构造，围檩及支撑不应偏心受力，围檩集中受力部位应加肋板。

支护结构破坏、土体过大变形对基坑周边环境或主体结构施工安全的影响可分为很严重、严重、不严重等三个程度，确定支护结构的安全等级分别为一级、二级、三级，据此开展支护结构设计。

支护不宜妨碍基坑开挖及构筑物的施工，支护安装和拆除应方便、安全、可靠。

在支护的设置中，应确保：开挖到规定深度时及时安装支护构件；设在基坑中下层的支撑梁及土锚杆，在挖土至规定深度后及时安装；支护的连接点牢固可靠。

支护系统的维护、加固应符合下列规定：①土方开挖和结构施工时，不得碰撞或损坏边坡、支护构件、降排水设施等；②施工机具设备、材料，应按施工方案均匀堆（停）放；③重型施工机械的行驶及停置，必须在基坑安全距离以外；④做好基坑周边地表水的排泄和地下水的疏导；⑤雨期应覆盖土边坡，防止冲刷、浸润下滑，冬期应防止冻融。

支护出现险情时，必须立即进行处理，并应符合下列规定：①支护结构变形过大、变形速率过快时，应在坑底与坑壁间增设斜撑、角撑等；②边坡土体裂缝呈现加速趋势，必须立即采取反压坡脚、减载、削坡等安全措施，保持稳定后再进行全面加固；③坑壁漏水、流砂时，应采取措施进行封堵，封堵失效时必须立即灌注速凝浆液固结土体，阻止水土流失，保护基坑的安全与稳定；④基坑周边构筑物出现沉降失稳、裂缝、倾斜等征兆时，必须及时加固处理并采取其他安全措施。

基坑从开挖至回填全程应进行量测监控，监测项目、监测控制值应根据设计要求及基坑侧壁安全等级进行选择。

1.5.2　基坑支护施作

基坑支护施作的方案分为顺作法、逆作法，也可顺逆结合。

1. 顺作法

顺作法是指先施工周边围护结构,然后由上而下开挖土方并设置支撑,挖至坑底后,再由下而上施工主体结构,并按一定顺序拆除支撑的过程。

2. 逆作法

逆作法是一种超常规的施工方法,一般在深基础、地质复杂、地下水位高等特殊情况下采用。先沿建筑物地下室轴线或周围施工地下连续墙或其他支护结构,同时建筑物内部的有关位置浇筑或打下中间支承桩和柱,作为施工期间于底板封底之前承受上部结构自重和施工荷载的支撑。然后开挖土方至第一层地下室底面标高,并完成该层的梁板楼面结构,作为地下连续墙刚度很大的支撑,随后逐层向下开挖土方和浇筑各层地下结构,直至底板封底。同时,由于地面一层的楼面结构已完成,为上部结构施工创造了条件,所以可以同时向上逐层进行地上结构的施工。如此地面上、下同时进行施工,直至工程结束。

支护类型分为放坡、重力式水泥土墙或高压旋喷围护墙、土钉墙、支挡式结构、逆作拱墙。其中支挡式结构包括型钢横挡板、钢板墙、混凝土板墙、灌注桩排桩、预制排桩(钢管、混凝土)、地下连续墙、型钢水泥土搅拌墙。支撑类型分为内支撑和拉锚(土锚)。内支撑包括钢支撑、混凝土支撑、钢支撑和混凝土支撑组合以及支撑立柱。

近年来,伴随国内全地下式净水厂、污水处理厂(设施)的建设,地下结构逆作法施工在给排水工程领域的应用日益广泛。

1.6 地基处理

地基处理一般是指用于改善支承建筑物的地基(土或岩石)的承载能力或改善其变形性质或渗透性质而采取的工程技术措施,地基处理的目的一般包括:①改善土的剪切性能,提高抗剪强度;②降低软弱土的压缩性,减少基础的沉降或不均匀沉降;③改善土的透水性,起到截水、防渗的作用;④改善土的动力特性,防止砂土液化;⑤改善特殊土的不良地基特性(主要是指消除或减少湿陷性黄土的湿陷性或膨胀土的胀缩性等)。

地基处理的方法有换土垫层、挤密与振密、压实与夯实、排水固结和浆液加固等几类。各类方法及其原理与作用参见表 1-18。各种方法的具体采用,应从当地地基条件、目的要求、工程费用、施工进度、材料来源、可能达到的效果以及环境影响等方面进行综合考虑。并通过试验和比较,采用合理、有效和经济的地基处理方案,必要时还需要在构筑物整体性方面采用相应的措施。

表 1-18 地基处理方法分类及其适用范围

分类	处理办法	原理及应用	适用范围
换土垫层	素土垫层 砂垫层 碎石垫层	挖除浅层软土,用砂、石等强度较高的土料代替,以提高持力层土的承载力,减少部分沉降量,消除或部分消除土的湿陷性、胀缩性及防止土的冻胀作用,改善土的抗液化性能	适用于处理浅层软弱土地基、湿陷性黄土地基(只能用灰土垫层)、膨胀土地基、季节性冻土地基

续表

分类	处理办法	原理及应用	适用范围
挤密振实	砂桩挤密法 灰土桩挤密法 石灰桩挤密法 强夯法	通过挤密或振动使深层土密实,并在振动挤压过程中,回填砂、砾石等材料,形成砂桩或碎石桩,与桩周土一起组成复合地基,从而提高地基承载力,减少沉降量	适用于处理砂土、粉土或部分黏土颗粒含量不高的黏性土
碾压夯实	机械碾压法 振动压实法 重锤务实法 强夯法	通过机械碾压或夯压实土的表层,强夯法利用强大的夯击,能迫使深层土液化和动力固结而密实,从而提高地基土的强度,减少部分沉降量,消除或部分消除黄土的湿陷性,改善土的抗液化性能	一般适用于砂土、含水量不高的黏性土及填土地基。强夯法应注意其振动对附近(约30 m范围内)建筑物的影响
排水固结	堆载预压法 砂井堆载预压法 排水纸板法 井点降水预压法	通过改善地基的排水条件和施加预压荷载,加速地基的固结和强度增长,提高地基的强度和稳定性,并使基础沉降提前完成	适用于处理厚度较大的饱和软土层,但需要具有预压的荷载和时间,对于厚的泥炭层则要慎重对待
浆液加固	硅化法 旋喷法 碱液加固法 水泥灌浆法 深层搅拌法	通过注入水泥、化学浆液将土粒黏结;或通过化学作用机械拌合等方法,改善土的性质,提高地基承载力	适用于处理砂土、黏性土、粉土、湿陷性黄土等地基,特别适用于对已建成的工程地基事故处理

在给排水管道施工中,对于直埋管道,当天然地基的强度不能满足设计要求时,常用的基础处理技术包括原土回填夯实、换填、砂石或砂砾处理,柔性管道处理宜采用砂桩、搅拌桩等复合地基。

构筑物的地基处理按照结构设计要求进行优化选择。施工前应进行施工场地的整理,满足施工机具的作业要求。构筑物垫层、基础、底板施工前应核对基底标高及基坑几何尺寸、轴线位置,对天然岩土地基及地基处理、复合地基、桩基工程、降排水系统等项目进行复验,符合设计要求和有关规定后方可进行施工。

1.6.1 换土垫层

换土垫层是一种直接置换地基持力层软弱的处理方法。施工时将基底下一定深度的软弱土层挖除,分层填灰砂、石、灰土等材料,并加以夯实振密。换土垫层是一种较简易的浅层地基处理方法,在给排水管道施工中得到广泛应用。

1. 砂垫层

砂垫层适用于处理浅层软弱地基及不均匀地基,如图1-20所示,其材料必须具有良好的加密性能,宜采用砾砂、中砂和粗砂。若只用细砂时,宜同时均匀掺入一定数量的碎石或卵石(粒径小宜大于50 mm)。砂和砂石垫层材料的含泥量不应超过5%。

砂垫层施工的关键是将砂石材料振实加密到设计要求的密实度(如达到中密)。目前,砂垫层的施工方法有振密法、水撼法、夯实法、碾压法等多种,可根据砂石材料、地质条件、施工设备等条件选用。

2. 灰土垫层

素土或灰土垫层可适用于处理湿陷性黄土,可消除 1~3 m 厚黄土的湿陷性。而砂垫层不宜处理湿陷性黄土地基,因为砂垫层较大的透水性反而容易引起黄土的湿陷。

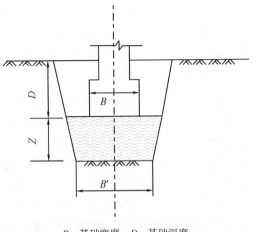

灰土的土料宜采用就地的基槽中挖出的土,不得含有有机杂质,使用前应过筛,粒径不得大于 15 mm。用作灰土的熟石灰应在使用前一天浇水将生石灰粉化并过筛,粒径不得大于 5 mm,不得夹有未熟化的生石灰块。灰土的配合比采用 6%、9%、12%(重量比)。

灰土垫层质量控制其压实系数不小于 0.93~0.95。

B—基础宽度;D—基础深度;
B'—砂垫层宽度;Z—砂垫层厚度度。

图 1-20 砂垫层的厚度

灰土地基、砂石地基和粉煤灰地基施工时,应将表层的浮土清除,并应控制材料配比、含水量、分层厚度及压实度,混合料应搅拌均匀;地层遇有局部软弱土层或孔穴,挖除后用素土或灰土分层填实。

1.6.2 挤密桩与振冲法

1. 挤密桩

挤密桩是通过采用类似沉管灌注桩的机具和工艺,通过振动或锤击沉管等方式成孔,在管内灌料(砂、石灰、灰土或其他材料)、加以振实加密等过程而形成的。

1)挤密砂石桩

挤密砂石桩用于处理松散砂土、填土以及塑性指数不高的黏性土。饱和黏土由于其透水性低,可能挤密效果不明显。此外,挤密砂石桩还可起到消除可液化土层(饱和砂土、粉土)发生振动液化的风险。

砂石桩宜采用等边三角形或正方形布置,桩直径可采用 300~800 mm,根据地基土质情况和成桩设备等因素确定,对饱和黏土地基宜选用较大的直径。砂石桩的间距应通过现场试验确定,但不宜大于砂石桩直径的 4 倍。

桩孔内的填料采用砾砂、粗砂、中砂、圆砾、角砾、卵石、碎石等,填料中含泥量不得大于 5%,且不宜含有大于 50 mm 的颗粒。

2)生石灰桩

在下沉钢管成孔后,灌入生石灰碎块或在生石灰中掺加适量的水硬性掺合料(如粉煤灰、火山灰等,约占 30%),经密实后便形成了桩体。生石灰桩之所以能改善土的性质,是由于生石灰的水化膨发挤密、放热、离子交换、胶凝反应等作用和成孔挤密、置换作用。

生石灰桩直径采用 300~400 mm,桩距 3~3.5 倍桩径,超过 4 倍桩径的效果常不理想。

生石灰桩适用于处理地下水位以下的饱和黏性土、粉土、松散粉细砂、杂填土以及饱和黄土等地基。湿陷性黄土则应采用土桩、灰土桩。

在水泥粉煤灰碎石桩施工时,应控制桩身混合料的配比、坍落度、灌入量和提拔钻杆(或套管)速度、成孔深度;成桩顶标高宜高于设计标高 500 mm 以上。土和灰土挤密桩,应控制填料含水量和夯击次数;应合理安排成桩施工顺序。成桩预留覆盖土层厚度:沉管(锤击、振动)成孔宜为 0.50～0.70 m,冲击成孔宜为 1.20～1.50 m。

2. 振冲法

在砂土中,利用加水和振动可以使地基密实,振冲法就是根据这个原理而发展起来的一种方法。振冲法施工的主要设备是振冲器,它类似于插入式混凝土振捣器,由潜水电动机、偏心块和通水管三部分组成。振冲器由吊机就位后,随即启动电动机和射水泵,在高频振动和高压水流的联合作用下,振冲器下沉到预定深度,周围土体在压力水和振动作用下变密实,此时地面出现一个陷口,往口内填砂,一边喷水振动,一边填砂密实,逐段填料振密,逐段提升振冲器,直到地面,从而在地基中形成一根较大直径的密实的碎石桩体,一般称为振冲碎石桩。振冲桩施工时,应控制填料粒径、填料用量、水压、振密电流、留振时间和振冲点位置顺序,防止漏振。

根据其所起的作用,振冲法分为振冲置换和振冲密实两类。振冲置换法适用于处理不排水、抗剪强度不小于 20 kPa 的黏性土、粉土、饱和黄土和人工填土等地基。它是在地基土中制造一群以石块、砂砾等材料组成的桩体,这些桩体与原地基土一起构成复合地基。而振动密实法适用于处理砂土、粉土等,它是利用振动和压力水使砂层发生液化,砂颗粒重新排列、孔隙减少,从而提高砂层的承载力和抗液化能力。

1.6.3 碾压与夯实

1. 机械碾压

机械碾压法采用压路机、羊足碾或其他压实机械来压实松散土,常用于填土的压实和处理。施工时,首先将作业范围内一定深度的杂填土挖除,然后先在基坑底部碾压,再将原土分层回填碾压,还可在原土中掺入部分砂和碎石等粗粒料。

碾压的效果主要取决于压实机械的压实能量和被压实土的含水量。应根据具体的碾压机械的压实能量,控制碾压土的含水量,选择合适的铺土厚度和碾压遍数。最好是通过现场试验确定,在不具备试验的场合,可查阅有关手册。

2. 振动压实法

振动压实法是利用振动机振动压实浅层地基的一种方法,适用于处理砂土地基和黏性土含量较少、透水性较好的松散杂填土地基。振动压实机的工作原理是由电动机带动两个偏心块以相同速度相反方向转动而产生很大的垂直振动力,这种振动机的频率为 1160～1180 r/min,振幅为 3.5 mm,自重为 20 kN,振动力可达 50～100 kN,并能通过操纵机使其前后移动或转弯。

振动压实效果与填土成分、振动时间等因素有关,一般地说振动时间越长效果越好,但超过一定时间后,振动引起的下沉已基本稳定,再振也不能起到进一步的压实效果。因此,需要在施工前进行测试,以测出振动稳定下沉量与时间的关系。对于主要是由炉渣、碎砖、瓦块等组成的建筑垃圾,其振动时间约在 1 min 以上;对于含炉灰等细颗粒填土,振动时间约为 3～5 min,有效振实深度为 1.2～1.5 m。

实际应用中应注意振动对周围建筑物的影响,一般情况下振源离建筑物的距离不应小于3 m。

3. 重锤夯实法

重锤夯实法是利用起重机械将夯锤提到一定高度,然后使锤自由下落,重复夯击以加固地基的一种方法。该方法适用于稍湿的一般黏性土和粉土(地下水位应在夯击面下方 1.5 m 以上)、砂土、湿陷性黄土以及杂填土等。

夯锤一般采用钢筋混凝土圆锥体(截去锥尖),其底面直径为 1～1.5 m,质量为 1.5～3.0 t,落距 2.5～4.5 m。经若干遍夯击后,其加固影响深度可达 1.0～1.5 m,约等于夯锤直径。当最后两遍的平均击沉量在 10～20 mm(一般黏性土和湿陷性黄土)或 5～10 mm(砂土)时,即可停止夯击。

4. 强夯法

强夯法亦称动力固结法。这种方法是将很重的锤(一般为 100～400 kN)从高处自由下落(落距一般≥6 m),给地基土施以很大的冲击力,在地基中所出现的冲击波和动应力可提高土的强度,降低土的压缩性,并具有改善土的振动液化条件和消除湿陷性等作用,同时还能提高土的均匀程度,减少将来可能出现的差异沉降。

强夯法适用于碎石土、砂土、黏性土、湿陷性黄土、填土等地基的加固。施工时,应将施工场地的积水及时排除,地下水位降低到夯层面以下 2 m;施工应控制夯锤落距、次数、夯击位置和夯击范围;强夯处理的范围宜超出构筑物基础,超出范围为加固深度的 1/3～1/2,且不小于3 m;对地基透水性差、含水量高的土层,前后两遍夯击应有 2～4 周的间歇期。

1.6.4 预压法

在软土地基上建造构(建)筑物时常因地基强度低、变形大,或易于发生滑动,而需预先加固。

堆载预压法是在软土地区常用的方法之一。在预压堆载的过程中,饱和黏性土体孔隙水逐渐排出,地基土的强度得到了提高,而且由于预先使地基土排水固结,减少了构(建)筑物的沉降,从而改善了地基条件。

土中孔隙水的排出与其渗透距离有关,当软土层很厚,单纯依靠堆载预压来排水需要很长时间,如果在土体中设置排水井,再加土堆载,就可加快排水,用排水井加堆载的方法就称为砂井堆载预压法。

砂井堆载预压是由排水系统和加压系统两部分共同组合而成的。

1. 排水系统

设置排水系统主要在于改变地基原有的排水条件,增加孔隙水排出的途径,缩短排水距离。该系统由水平排水垫层和竖向排水体构成。竖向排水体常用的是砂井,它是先在地基中成孔,然后灌砂而成的。水平排水垫层一般由塑料排水板、粗砂等材料构成。

2. 加压系统

1)堆载法

加载材料常用的有砂、石料、土料等。对于油罐、水池等构筑物,常利用其本身的容积进行充水预压。

2)真空预压法

真空预压法就是在需要加固的软基中插入竖向排水通道(如砂井、袋装砂井或塑料排水板等),然后在地面铺设一层砂垫层,再在其上覆盖一层不透气的薄膜。在膜下抽真空形成负压(相对大气压而言),负压沿竖向排水通道向下传递,土体与竖向排水通道的不等压状态又使负压向土体中传递。在负压作用下,孔隙水逐渐渗流到竖向排水通道中而达到土体排水固结、强度增长的效果。真空预压法作为新一代软基加固方法,以其工期短、施工安全、无污染环境、费用低等优点而广泛应用于港口、码头、机场、工业与民用建筑等工程建设。

用真空预压加固软土地基,在固结过程中不仅土体产生垂直沉降,侧向也会产生向着负压源的水平位移。当在真空预压的影响范围内有其他建筑设施时,使用该法可能会危及其上部结构物的安全。与常规堆载预压相比,真空预压法可降低造价 1/3,使加固时间缩短 1/3。

目前,常规的真空预压法施工流程为:测量放线→铺设主支排水滤管→铺设上层砂垫层→砂面整平→铺设聚氯乙烯薄膜→施工密封沟→设置测量标志→安装真空泵→抽真空预压固结土层。

1.6.5 浆液加固

浆液加固法是指利用水泥浆液、黏土浆液或其他化学浆液,采用压力灌入、高压喷射或深层搅拌,使浆液与土颗粒胶结起来,以改善地基土的物理力学性质的地基处理方法。

1. 灌浆法

1)灌浆材料

灌浆材料常可分为粒状浆液和化学浆液。

(1)粒状浆液。粒状浆液是指由水泥、黏土、沥青等以及它们的混合物制成的浆液。常用的粒状浆液有纯水泥浆、水泥黏土浆和水泥砂浆,统称为水泥基浆液。水泥基浆液是以水泥为主的浆液,在地下水无侵蚀性条件下,一般都采用普通硅酸盐水泥。这种浆液能形成强度较高、渗透性较小的结石体。它取材容易,配方简单,价格便宜,不污染环境,故成为国内外常用的浆液。

(2)化学浆液。化学浆液是采用一些化学真溶液为注浆材料,目前常用的是水玻璃,其次是聚氨酯、丙烯酰胺类等。

①水玻璃是最古老的一种注浆材料,它具有价格低廉、渗入性较高和无毒性等优点。而一般水玻璃是碱性的,由于碱性水玻璃的耐久性较差,对地下水有碱性污染,因而目前先后出现了酸性和中性水玻璃。

②聚氨酯注浆是 20 世纪 70 年代之后发展起来的,分水溶性聚氨酯和非水溶性聚氨酯两类。注浆工程一般使用非水溶性聚氨酯,其黏度低,可灌性好,浆液遇水即反应生成含水凝胶,故而可用于动水堵漏,其操作简便,不污染环境,耐久性亦好。非水溶性聚氨酯一般把主剂合成聚氨酯的低聚物(预聚体),使用前把预聚体和外掺剂按配方配成浆液。

③丙烯酸胶类浆液亦称 MG-646 化学浆液,它是以有机化合物丙烯酰胺为主剂,配合其他外加剂,以水溶液状态灌入地层中发生聚合反应,形成具有弹性、不溶于水的聚合体,这是一种性能优良、用途广泛的注浆材料。但该浆液具有一定毒性,它对人的神经系统有损害,且对空气和地下水会产生污染。

水玻璃水泥浆也是一种用途广泛、使用效果良好的注浆材料。

2）灌浆方法

灌浆方法主要有渗透灌浆、劈裂灌浆、压密灌浆。

（1）渗透灌浆。渗透灌浆是在不改变土体颗粒间结构的前提下，浆液在灌浆压力作用下渗入土体孔隙，且呈符合达西定律的层流运动。这种注浆所使用的压力一般较小，要求土层可灌性良好。

（2）劈裂灌浆。劈裂灌浆是采用增大注浆压力的方法使土体产生剪切破坏，浆液进入剪切裂缝之后，在注浆压力的作用下裂缝不断被劈开，使注浆范围不断扩大，注浆量不断增加。这种注浆所需的压力较高，常适用于黏性土层的加固。

（3）压密灌浆。压密灌浆是使用很稠的水泥砂浆作为注浆材料，采用高压泵将浆液压入周围土层，通过上提注浆管，形成连续的灌浆体，对土层起挤密和置换的作用。这种方法对浆材和注浆泵都有较高的要求。

注浆加固地基施工时，应根据设计要求及工程具体情况选用浆液材料，并应进行现场试验，确定浆液配比、施工参数及注浆顺序；浆液应搅拌充分、筛网过滤；施工中应严格控制施工参数和注浆顺序；地基承载力、注浆体强度合格率达不到80％时，应进行二次注浆。

2. 高压喷射注浆法

高压喷射注浆法也称旋喷法，旋喷法的施工程序如图1-21所示。先用射水、锤击或振动等方式将旋喷管置入要求的深度处，或用钻孔机钻出直径为100～200 mm的孔，再将旋喷管插至孔底。然后由下而上进行边旋转边喷射。旋喷法的主要设备是高压脉冲泵和特制的带喷嘴的钻头。从喷嘴喷出的高速喷流，把周围的土体破坏，并强制与浆液混合，待胶结硬化后便成为桩体，这种桩称为旋喷桩。

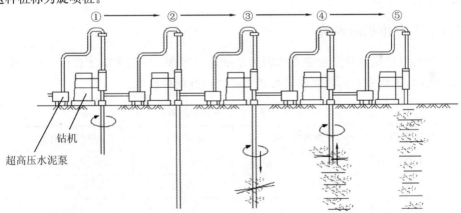

①—开始钻进；②—钻进结束；③—高压旋喷开始；④—喷嘴边旋转边提升；⑤—旋喷结束。

图1-21 旋喷法施工顺序

旋喷法的种类有单管法、二重管法、三重管法等多种。它们各有特点，可根据工程需要和土质条件选用。

旋喷法适用于砂土、黏性土、人工填土和湿陷性黄土等土层。其作用包括：旋喷桩与桩间土组成复合地基，作为连续防渗墙，防止贮水池、板桩体或地下室渗漏；制止流砂以及用于地基事后补强等。

高压旋喷桩施工时，应控制水泥用量、压力、相邻桩位间距、提升速度和旋转速度；并应合理安排成桩施工顺序，详细记录成孔情况；需要扩大加固范围或提高强度时应采取复喷措施。

3.深层搅拌法

深层搅拌法是通过深层搅拌机将水泥、生石灰或其他化学物质(称为固化剂)与软土颗粒相结合而硬结成具有足够强度、水稳性以及整体性的加固土。它改变了软土的性质,并满足强度和变形要求。在搅拌、固化后,地基中形成柱状、墙状、格子状或块状的加固体,与地基构成复合地基。

使用的固化剂状态不同,施工方法亦不同,把粉状物质(水泥粉、磨细的干生石灰粉)用压缩空气经喷嘴与土混合,称为干法;把液状物质(一定水胶比的凝胶浆液、水玻璃等)经专用压力泵或注浆设备与土混合,称为湿法。其中干法对于含水量高的饱和软黏土地基最为适合。

在水泥土搅拌桩施工时,应控制水泥浆注入量、机头喷浆提升速度、搅拌次数;停浆(灰)面宜比设计桩顶高 300～500 mm。

1.7 土石方平衡与调配

在土石方工程施工之前为了选择和确定施工量,需要计算土石方的工程量。在此基础上进行挖、填方的平衡计算,考虑到土石方工程形体的不规则特征,一般情况下,应将其划分为一定的几何形体,采用具有一定精度而又和实际情况近似的方法进行计算。

土石方工程量计算的内容主要包括:基坑沟槽土方量计算、边坡土方量计算、场地平整土方量计算与平衡调配等。在具体计算时,首先按照拟计算土方的大致分布将其概化为常见柱体,然后运用各柱体体积公式计算。目前,GPS、北斗及无人机测绘三维土方量计算技术已经广泛应用于土石方工程中。

1.7.1 土方体积的换算

土方体积均以挖掘前的天然密实体积为基准进行计算。一般实际工程中,虚方体积、夯实体积、松填体积与天然密实体积之间可按表 1-19 所列数值换算。

表 1-19 土方体积折算表

虚方体积	天然密实体积	夯实体积	松填体积
1.00	0.77	0.67	0.83
1.20	0.92	0.80	1.00
1.30	1.00	0.87	1.08
1.50	1.15	1.00	1.25

1.7.2 土方的平衡调配

施工前应进行挖、填方的平衡计算,综合考虑土石方运距最短、运程最合理和各个工程项目的合理施工顺序等,对挖土的利用、堆弃和填土三者之间的关系进行综合协调。土方工程中,通过土方调配计算确定施工区域中的填挖方区土方的调配方向和数量,减少重复挖运,以达到缩短工期、降低成本、提高经济效益的目的。

当土方的施工标高、挖填区面积及土方量算出后,应考虑各种变化因素(如土的可松性、压缩率、沉降量等)进行调整,然后进行土方的平衡调配工作。进行土方调配,必须根据现场具体情况、有关技术资料、工期要求、土方施工方案与运输方法等因素综合考虑,经过计算比较,并充分考虑到环境保护和文明施工的要求,以场内平衡为主,最终选择经济合理的调配方案。

1. 土方调配的原则

土方平衡及调配应遵循以下原则:

(1)力求达到挖填基本平衡,在挖方的同时进行填方,减少重复作业;

(2)近期施工与后期利用相结合,尽可能与地下建筑、构筑物的施工相结合;

(3)挖(填)方量与运距乘积之和尽可能最小,节约运输成本;

(4)好土用在回填质量要求较高的地区;

(5)取土或弃土尽量不占或少占农田;

(6)合理布置挖填方向分区线,选择恰当的调配方向、运输路线,无对流和乱流现象,便于机具调配、机械化施工。

2. 土方调配方案的编制

1)划分调配区

在场地平面图上确定挖、填区的分界线,即零线。然后根据地形条件、施工顺序及施工作业面等因素,将挖方区和填方区分别划分为若干调配区。调配区的大小应使土方机械和运输车辆的功效得到充分发挥,且满足工程施工顺序和分期分批施工的要求,使近期施工和后期利用相协调。如场地范围内土方不平衡时,可考虑就近借土或弃土,此时每个借土区或弃土区可作为独立的调配区。调配区划好后,计算出各区的土方量,并标在图上,如图1-22所示。

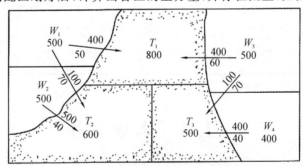

(a)场地内挖、填平衡的调配图

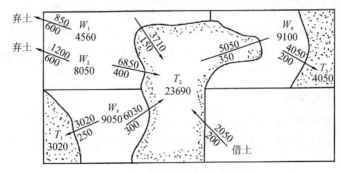

(b)有弃土和借土的调配图

图1-22 土方调配图

箭头上面的数字表示土方量(m³),箭头下面数字表示运距(m)

2）求出每对调配区之间的平均运距

平均运距即挖土区土方重心至填土区土方重心的距离。一般情况下,可用作图法近似地求出调配区的几何中心(即形心位置)代替重心位置。重心求出后,用比例尺量出每对调配区之间的平均距离。当挖、填方调配区距离较远,采用铲机或其他运土机具沿现场道路或规定路线运土时,其运距应按实际情况进行计算。

3）确定最优调配方案

调配方案可拟订几个方案,比较各方案的总运输量(即各调配区土方量与运距乘积的总和),其最小值方案即为最优调配方案。将这个方案的调配方向土方数量及平均运距标在土方调配图上。

4）列出土方量平衡表

为便于安排作业计划和统筹工作等,将土方调配计算结果列入土方量平衡表。表1-20为图1-22(a)的调配方案的土方量平衡表。

表 1-20 调配方案的土方量平衡表

挖方区编号	挖方数量/m³	填方区编号、填方数量/m³			总计
		T_1	T_2	T_3	
		800	600	500	1900
W_1	500	400(50)	100(70)		
W_2	500		500(40)		
W_3	500	400(60)		100(70)	
W_4	400			400(40)	
总计	1900				

注:填入数量栏右侧括号内的数字是平均运距,也可以填入单位运价。

1.8 土方回填

1.8.1 场地平整回填

为了保证填土的强度和稳定性,填土前应对填土区基底的垃圾和软弱土层进行清理压实;在水田、池塘及沟渠上填土时,先排水疏干、对基底进行处理。还必须正确选择土料及填筑、压实方法。

1. 回填土料选择与填筑

回填的土料应符合:①含水量大的黏土,不宜作填土用;②碎石类土、砂土和爆破石碴等,可用于表层以下的填料;③对碎块草皮和有机质含量大于8%的土,仅用于无压实要求的填方区。

填土应分层进行,每层厚度应根据土的种类及选用的压实机具确定。对于有密实度要求的填方,应按选用的土料、压实机具性能,经试验确定含水量控制范围、分层铺土厚度、压实遍数等。对于无密实度要求的填土区,可直接填筑,经一般碾压即可,但应预留一定的沉陷量。

同一填方工程应尽量采用同类土填筑;如采用不同土料时,应按土类分层铺填,并应将透水性较大的土层置于透水性较小的土层之下。

当填土区位于倾斜的地面时,应先将斜坡挖成阶梯状,然后遵守由下至上的施工顺序分层填土,并采取措施防止填土滑动。

填方边坡的坡度应根据土的种类、填方高度及其重要性确定,通常对于永久性填方边坡应按设计规定或查阅有关资料选用。对使用时间较长的临时性填方边坡坡度,当填土高度在 10 m 以内,可采用 1∶1.5,高度超过 10 m 可做成折线形,上部为 1∶1.5,下部采用 1∶1.75。

2. 填土压实方法

填土压实一般有碾压、夯实、振动压实及利用运土工具压实等方法。

碾压机械一般有平碾压路机和羊足碾两种。平碾压路机按质量有轻型(小于 5 t)、中型(5～10 t)和重型(大于 10 t)三种。平碾对砂类土和黏性土均可压实,羊足碾适宜压实硬性黏性土及碎石层。碾压法主要用于大面积的填土,如场地平整、大型车间地坪填土等。碾压方向应从填土两侧逐渐压向中心。机械开行速度,一般平碾为 2 km/h,羊足碾为 3 km/h。速度不宜过快,以免影响压实效果。填方施工应从场地最低处开始,水平分层整片回填碾压,上下层错缝应大于 1 m。

利用运土工具压实,即对于密实度要求不高的大面积填方,可采用铲运机、推土机结合行驶、推(运)土方和平土进行压实。在最佳含水量的条件下,每层铺土厚度为 20～30 cm 时,压4～5 遍也能接近最佳密实度要求。但采用此法应合理组织好开行路线,能大体均匀地分布在填土的全部面积上。

在进行大规模场地平整时,可根据现场具体情况和地形条件、工程量大小、工期等要求,合理组织综合机械化施工。如采用铲运机、挖土机及推土机开挖土方,用松土机松土、装载机装土、自卸汽车运土,用推土机平整土壤,用碾压机械进行压实。

组织综合机械化施工,应使各个机械或各机组的生产率协调一致,并将施工区划分若干施工段进行流水作业。

1.8.2　沟槽、基坑土方回填

沟槽回填应在管道验收后进行,基坑要在构筑物达到足够强度再进行回填土方。回填应及早开始,避免槽(坑)壁坍塌,保护已建管道的正常位置,而且尽早恢复地面平整。

当管道施工完成后,将管道两侧及管顶以上 0.5 m 部分回填,留出接口的位置。压力管道水压试验合格后,将剩余土方回填;无压管道在闭水或闭气试验合格后即可回填。

回填施工时沟槽内砖、石、木块等杂物清除干净,沟槽内不得有积水,在降水施工中应保持降排水系统正常运行,不得带水回填。

管道上井室周围的回填,应与管道沟槽回填同时进行。不便同时进行时,应留台阶形接茬。井室周围回填压实时应沿井室中心对称进行,且不得漏夯。回填材料压实后应与井壁紧贴。路面范围内的井室周围,应采用石灰土、砂、砂砾等材料回填,其回填宽度不宜小于400 mm。严禁在槽壁取土回填。

回填的施工过程包括还土、摊平、夯实、检查等工序。其中关键工序是夯实,应符合设计所规定的压实度要求,回填土压实度要求和质量指标通常以压实系数 λ 表示。

1. 沟槽、基坑回填的密实度

埋设在沟槽内的管道,承受管道上方及两侧土压和地面上的静荷载或动荷载。如果提高管道两侧(胸腔)和管顶的回填土压实度,可以减少管顶垂直土压力。根据管材、埋设深度及沟槽上道路类型,确定沟槽内各部分的压实系数。回填土压实度应符合设计要求,设计无要求时,应符合表 1-21、表 1-22 的规定。柔性管道沟槽回填按部位与压实度见图 1-23。

基坑回填的压实度要求应由设计根据工程结构性质、使用要求以及土的性质确定,一般压实系数 λ 不小于 0.9。

表 1-21 刚性管道沟槽回填土压实度

序号	项 目			最低压实度/%		检查数量		检查方法
				重型击实标准	轻型击实标准	范围	点数	
1	石灰土类垫层			93	95	100 m	每层每侧一组(每组3点)	用环刀法检查或采用现行国家标准《土工试验方法标准》(GB/T 50123)中其他方法
2	沟槽在路基范围外	胸腔部分	管侧	87	90	两井之间或 1000 m²		
			管顶以上 500 mm	87±2(轻型)				
		其余部分		≥90(轻型)或按设计要求				
		农田或绿地范围表层 500 mm 范围内		不宜压实、预留沉降量、表面整平				
3	沟槽在路基范围内	胸腔部分	管侧	87	90	两井之间或 1000 m²		
			管顶以上 250 mm	87±2(轻型)				
		由路槽底算起的深度范围/mm	≤800 快速路及主干路	95	98			
			次干路	93	95			
			支路	90	92			
			>800~1500 快速路及主干路	93	95			
			次干路	90	92			
			支路	87	90			
			>1500 快速路及主干路	87	90			
			次干路	87	90			
			支路	87	90			

表1-22 柔性管道沟槽回填土压实度

槽内部位		压实度/%	回填材料	检查数量		检查方法
				范围	点数	
管道基础	管底基础	≥90	中、粗砂	—	每层每侧一组（每组3点）	用环刀法检查或采用现行国家标准《土工试验方法标准》（GB/T 50123）中的其他方法
	管道有效支撑角范围	≥95		每100 m		
管道两侧		≥95	中、粗砂,碎石屑,最大粒径小于40 mm的砂砾或符合要求的原土	两井之间或1000 m²		
管顶以上500 mm	管道两侧	≥90				
	管道上部	85±2				
管顶500~1000 mm		≥90	原土回填			

注:回填土的压实度,除设计要求用重型击实标准外,其他皆以轻型击实标准试验获得最大干密度为100%。

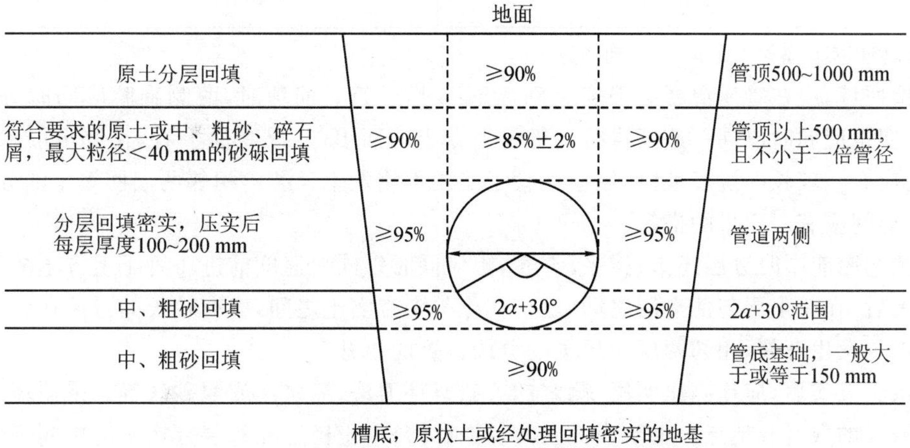

图1-23 柔性管道沟槽回填部位与压实度示意图

2. 回填土

沟槽回填土应当符合设计要求,一般采用沟槽原状土,但不能采用淤泥土、液化状粉砂、细砂、黏土等回填。当原状土属于此类土时,应当换土回填。

采用土回填时,槽底至管顶以上500 mm范围内,土中不得含有机物、冻土以及大于50 mm的砖、石等硬块;在抹带接口处、防腐绝缘层或电缆周围,应采用细粒土回填;冬期回填时管顶以上500 mm范围以外可均匀掺入冻土,其数量不得超过填土总体积的15%,且冻块尺寸不得超过100 mm。回填土土质应保证回填密实。回填土的含水量,宜按土类和采用的压实工具控制在最佳含水率±2%范围内。对于高含水量原状土,可以采用晾晒或加白灰掺拌的方法使其达到最佳含水量,低含水量原状土则应洒水。当采取各种措施降低或提高含水量的费用较换土费用高时,则应换土回填。

在市区繁华地段、交通要道、交通枢纽处回填,或为了保证附近建筑物安全,或为了当年修路,可将道路结构以下部分用砂石、矿渣等换土回填。

沟槽回填顺序应按沟槽排水方向由高向低分层进行。沟槽采用明沟排水时,还土时沟槽应继续排水,而还土从两相邻集水井分水岭开始向集水井延伸,不应带水回填。雨期施工时,必须及时回填,以防止产生浮管事故,回填时也可管内灌水。有支撑的沟槽,填土前拆撑时,要注意检查沟槽及邻近建筑物、构筑物的安全。

3. 沟槽回填施工

沟槽回填前,应确定回填方案。回填方案是为了保证回填质量而制定的回填规程性文件,例如根据构筑物或管道特点和回填压实度要求,确定压实工具、还土土质、还土含水量、还土铺土厚度等,施工时每层回填土的虚铺厚度参见表 1-23。

表 1-23 每层回填土的虚铺厚度

压实机具	虚铺厚度/mm
木夯、铁夯	≤200
轻型压实设备	200~250
压路机	200~300
振动压路机	≤400

注:轻型压实设备包括蛙式夯、震动夯等。

沟槽回填,应在管座混凝土强度达到 5 MPa 后进行。回填时,两侧胸腔应同时分层还土摊平,夯实也应同时以同一速度进行。管子上方土的回填,从纵断面上看,在厚土层和薄土层之间,均应有一较长的过渡地段,以避免管子受压不均发生开裂。相邻两层回填土的分段位置应错开,夯间应有一定量的搭接。

两侧胸腔应同时分层还土、摊平、夯实,也应同时以同一速度前进。管子上方土的回填,从纵断面上看,在厚土层与薄土层之间,已夯实土与未夯实土之间,应有较长的过渡地段,以免管子受压不匀发生开裂,相邻两层回壤土的分段位置应错开。

每层土夯实后,应检测压实度,测定的方法有环刀法、灌水法或灌砂法等。采用环刀法时,应确定取样的数目和地点。由于表面土常易夯碎,每个土样应在每层夯实土的中间部分切取。土样切取后,根据自然密度、含水量、干密度等数值,即可算出密实度。

胸腔和管顶上 50 cm 范围内夯土时,夯击力过大,将会使管壁或沟壁开裂,因此应根据管沟的强度确定夯实机械。管顶上 100~150 cm 处土方可使用碾压机械压实。基坑回填时,应使构筑物两侧回填土高度一致,并同时夯实。沟槽回填应使槽上土面略呈拱形,以免日久因土沉降而造成地面下凹。拱高,亦称余填高,一般为槽宽的 1/20,常取 15 cm。

基坑回填时应保持构筑物两侧回填土高度一致,并同时夯实。

4. 回填土方的压实方法

沟槽和基坑回填压实方法有振动和夯实。振动法是将重锤放在土层表面或内部,借助振动设备使重锤振动,土壤颗粒即发生相对位移达到紧密状态,此法用于振实非黏性土壤。

夯实法是利用夯锤自由下落的冲力来夯实土壤,是沟槽、基沟回填常用的方法。

夯实法使用的机具类型较多,包括蛙式打夯机、内燃打夯机、履带式打夯机、履带式挖掘机液压夯以及压路机等。随着文明施工和环境保护的要求日益提升,目前蛙式打夯机、内燃打夯机已经限(禁)用。

　　履带式打夯机可利用挖土机或履带式起重机改装重锤后而成。打夯机的锤形有梨形、方形,锤重 1～4 t,夯击土层厚度可达 1～1.5 m,适用于沟槽上部夯实或大面积回填土方夯实。

　　另外,现场施工时可以更换挖掘机的挖斗为液压振动夯或平板夯实器,使用灵活简便。

第2章 施工降(排)水

建筑过程中的施工排水包括排除地下自由水、地表水和雨水。在开挖基坑或沟槽时,土壤的含水层常被切断,地下水会不断地涌入坑内。雨期施工时,地面径流也会流入基坑内。为了保证施工的正常进行,防止边坡坍塌和地基承载力下降,必须做好排水及基坑降水工作。

施工排水方法分为明沟排水和人工降低地下水位两种。明沟排水是在沟槽或基坑开挖时在其周围筑堤截水或在其内底四周或中央开挖排水沟,将地下水或地面水汇集到集水井内,然后用水泵抽走。施工降水是在沟槽或基坑开挖之前,预先在基坑周侧埋设一定数量的井点管利用抽水设备将地下水位降至基坑底面以下,形成干槽施工的条件。另外,为阻止基坑外的地下水流入基坑内部,在实际过程中也采用了隔(截)水帷幕的方法。

采取降水措施的工程包括:①受地表水、地下动水压力作用影响的地下结构工程;②采用排水法下沉和封底的沉井工程;③基坑底部存在承压含水层,且经验算基底开挖面至承压含水层顶板之间的土体重力不足以平衡承压水水头压力,需要减压降水的工程;④基坑位于承压水层中,必须降低承压水水位的工程。

2.1 明沟排水

明沟排水为施工中应用最广,最为简单、经济的方法,包括地面截水明沟排水、普通明沟、分层明沟、深沟排水等几种方式,适用于排除地表水或土质坚实、土层渗透系数较小、地下水位较低、水量较少、降水深度在 5 m 以内的基坑(槽)排水。明沟排水施工时应保证基坑边坡稳定和地基不被扰动。

2.1.1 地面截水明沟排水

排除地表水和雨水,最简单的方法是在施工现场及基坑或沟槽周围筑堤截水。通常可以利用挖出的土沿四周或迎水一侧、两侧筑 0.5～0.8 m 高的土堤。地面截水应尽量保留、利用天然排水沟道,并进行必要的疏通。如无天然沟道,则在场地四周挖排水沟排泄,以拦截附近地面水,但要注意与已有建筑物保持一定安全距离。

在坑(槽)开挖前沿坑(槽)四周上口约 10 m 处挖设截水明沟(见图 2-1),用以拦截地下水和地表径流水。

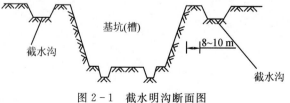

图 2-1 截水明沟断面图

2.1.2 普通明沟排水

普通明沟排水是在开挖基坑的一侧、两侧或四侧，或在基坑中部设置排水明（边）沟，在四角或每隔 30～40 m 设一集水井，使地下水流汇集于集水井内，再用水泵将地下水排出基坑外（见图 2-2）。

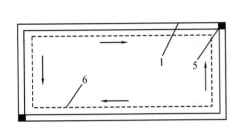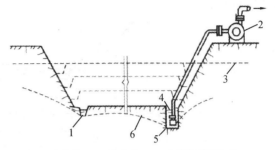

1—排水明沟；2—离心泵；3—原地下水位线；4—降低后地下水位线；5—集水井；6—建筑物基础边界。

图 2-2 普通明沟排水方法

排水沟、集水井应在挖至地下水位以前设置，排水沟、集水井应设在基础轮廓线以外。排水沟边缘应离开坡脚不小于 0.3 m，排水沟断面尺寸和纵向坡度主要取决于排水量大小，一般断面不小于 0.3 m×0.3 m，坡度 0.1％～0.5％。排水沟施工深度配合基坑的开挖及时降低深度，其深度不宜小于 0.3 m。基坑挖至设计高程，渗水量较少时，宜采用盲沟排水；基坑挖至设计高程，渗水量较大时，宜在排水沟内埋设直径 150～200 mm 设有滤水孔的排水管，且排水管两侧和上部应回填卵石或碎石。

集水井施工应符合下列要求：宜布置在构筑物基础范围以外，且不得影响基坑的开挖及构筑物施工；基坑面积较大或基坑底部呈倒锥形时，可在基础范围内设置，集水井筒与基础紧密连接，便于封堵；井壁宜加支护；土层稳定且井深不大于 1.2 m 时，可不加支护；处于细砂、粉砂、粉土或粉质黏土等土层时，应采取过滤或封闭措施；封底后的井底高程应低于基坑底，且不宜小于 1.2 m。

这种排水方法的优点是施工方便、设备简单、降水费用低、管理维护容易，适用于土质情况较好、地下水不很丰富、一般基础及中等面积建（构）筑物群和基坑（槽、沟）的排水。

2.1.3 分层明沟排水

当基坑开挖土层由多种土层组成，中部夹有透水性强的砂类土层时，为避免上层地下水冲刷基坑下部边坡造成塌方，可在基坑边坡上设置 2～3 层明沟及相应的集水井，分层阻截并排除上部土层中的地下水。

排水沟与集水井的设置方法及尺寸基本与普通明沟排水方法相同，但应注意防止上层排水沟的地下水溢流流向下层排水沟，冲坏、掏空下部边坡，造成塌方。

分层明沟排水可保持基坑边坡稳定，减少边坡高度和扬程，但土方开挖面积加大，土方量增加，适于深度较大、地下水位较高且上部有透水性强土层的建筑物基坑排水。

2.1.4 深沟排水

当地下设备基础成群、基坑相连、土层渗水量和排水面积大时，为减少大量设置排水沟的复杂性,可在基坑外距坑边 6～30 m 或基坑内深基础部位,开挖一条纵长深的明排水沟作为主沟,汇集附近基坑地下水后通过深沟自流入附近下水道,或另设集水井用泵抽到施工场地以外沟道排走。在构筑物四周或内部设支沟与主沟连通,将水流引至主沟排走(见图 2-3),排水主沟的沟底应比最深基坑底低 0.5～1.0 m。支沟比主沟高 0.5～0.7 m,通过基础部位用碎石及砂子作盲沟,以后在基坑回填前分段用黏土回填夯实截断,以免地下水在沟内继续流动破坏地基土层。

1—主排水沟;2—边沟;3—原地下水位线;4—支沟;5—降低后地下水位线。

图 2-3 深沟排水法

深层明沟亦可设在厂房内或四周的永久性排水沟位置,集水井宜设在深基础部位或附近。如施工期长或受场地限制,为不影响施工,亦可将深沟做成盲沟排水。

深层明沟排水将多块小面积基坑排水变为集中排水,降低地下水位面积大和深度大,节省降水设施和费用,施工方便,降水效果好。但开挖深沟工程量大,适合于深度大的大面积地下室、箱基、设备基础群。

2.2 人工降水

在基坑开挖深度较大、地下水位较高、土质较差(如细砂、粉砂等)等情况下,可采用人工降低地下水位的方法。

人工降低地下水位常采用井点排水的方法,具体做法是在基坑周围或一侧埋入深于基底的井点滤水管或管井,以总管连接抽水,使地下水位线下降后低于基坑底,以便在干燥状态下挖土,这样不但可防止流砂现象和增加边坡稳定,而且便于施工作业。

常采用的井点类别有轻型井点、喷射井点、电渗井点、管井井点和深井井点等,在地质条件和施工条件特殊的场合,也有采用回灌井点。可根据土层的渗透系数、要求降低水位的深度和工程特点,做技术经济和节能比较后适当加以选择,各类井点降水方法的选用条件见表 2-1。

表 2-1 井点系统选用条件

井点类别	土层渗透系数/(m/d)	降水深度/m
单层轻型井点	0.1～50	3～6
多层轻型井点	0.1～50	6～12(由井点层数而定)
喷射井点	0.1～50	8～20
电渗井点	<0.1	根据选用的井点确定
管井井点	20～200	8～30
深井井点	10～250	>15

2.2.1 轻型井点

轻型井点系统适用于在粗砂、中砂、细砂、粉砂等土层中降低地下水位。

1. 轻型井点系统的组成

轻型井点系统由滤管、井点管、弯联管、集水总管和抽水设备等组成，如图2-4所示。

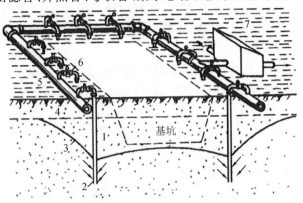

1—井点管；2—滤管；3—降低后地下水位线；4—原有地下水位线；
5—总管；6—弯联管；7—水泵房；。

图2-4 轻型井点法降低地下水位全貌图

1) 滤管与井点管

滤管是进水设备，用直径38～55 mm钢管制成，长度一般为1.0～2.0 m。管壁上有直径为12～18 mm、径向和纵向间距为30 mm左右的孔，滤管两端各留出100 mm不开孔。滤管外包粗、细两层滤网。为避免滤孔淤塞，在管壁与滤网间用塑料管或镀锌钢丝绕成螺旋状隔开，滤网外面再涂一层粗镀锌钢丝保护层。滤管下端配有堵头，上端同井点管相连，如图2-5所示。

井点管直径同滤管，长度6～9 m；可整根或分节组成。井点管上端用弯联管和总管相连。

2) 弯联管与集水总管

弯联管用塑料管、橡胶管或钢管制成，并且宜装设阀门，以便检修井点。

集水总管一般用直径75～150 mm的钢管分节连接，每节长4～6 m，上面装有与弯联管连接的短接头（三通口），间距0.8～1.6 m。总管要设置一定的坡度坡向泵房。

3) 抽水设备

轻型井点的抽水设备有干式真空泵、射流泵、隔膜泵等。干式真空泵井点，可根据含水层的渗透系数选用相应型号的真空泵及卧式水泵，在粉砂、粉质黏土等渗透系数较小的土层中可采用射流泵和隔膜泵。

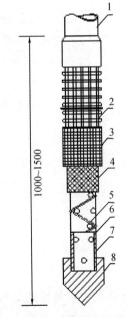

1—井点管；2—粗镀锌钢丝保护网；
3—粗滤网；4—细滤网；
5—缠绕的塑料管；6—管壁上的小孔；
7—钢管；8—铸铁头。

图2-5 滤管构造

卧式柱塞往复式真空泵,其排气量较大,真空度较高,降水效果较好。但该泵机组设备庞大(见图2-6),且为气水分离的干式泵,因此操作、保养、维修较复杂。

射流真空泵的工作原理是用高压水通过射流器加速产生负压,抽吸地下水。即用离心泵抽吸射流泵水箱内的水,加压至25 MPa以上排入射流器内,高压水从射流器的喷嘴喷出,流速突然增大,因而在其周围形成真空负压,抽吸集水总管及井点立管内的地下水流入水箱内,由出水口自流排出(见图2-7)。射流泵是气、水同时排的湿式泵,虽然排气量及其真空度均不如卧式柱塞泵,但设备简单,操作、保养、维修、管理都很简便,机械购置费及使用都较卧式柱塞泵低,是当前轻型井点常用的真空泵。

回转水环式真空泵是通过叶片旋转,用水封闭产生真空抽吸井点中的地下水。该泵的特点是排气量与真空度成反比,当真空度较高时,排气量减少,排降水效率较差,该型真空泵在施工排水中不常采用。

空气压缩机用作真空泵:将4 m³/min以上送气量的空气压缩机的吸气接井点系统的气水分离器和集水罐(见图2-8),抽吸真空排除地下水,其工作原理同卧式柱塞真空泵,操作方法、排降水效率都与卧式柱塞真空泵相似。

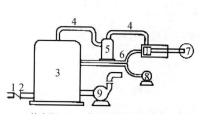

1—单向阀;2—集水总管;3—集水罐;
4—空气管;5—气水分离器;6—循环水泵;
7—真空泵;8—循环水泵;9—排水泵。

图2-6 卧式柱塞往复式
真空泵井点系统示意图

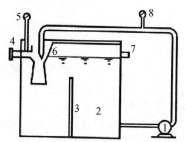

1—真空泵;2—水箱;3—稳压隔板;
4—集水总管;5—真空表;6—射流泵;
7—排水口;8—压力表。

图2-7 射流真空泵井点
系统示意图

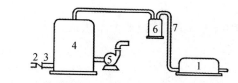

1—空气压缩机;2—单向阀;3—集水总管;
4—集水罐;5—排水泵;6—气水分离器;7—吸气管。

图2-8 空气压缩机井点系统示意图

2. 轻型井点系统的工作原理

轻型井点系统是利用真空原理提升地下水。图2-9所示为真空泵——水泵联合机组的系统配置示意图。启动真空泵在真空罐中形成真空,地下水和土中气体一起进入井点管,经过总管、过滤器后进入真空罐进行气水分离。真空罐中气体由真空泵抽走进行二次气水分离后排除,分离的水经水泵抽排,这样就可以保持真空罐内形成恒定真空度,使井点管接触的地下水得到稳定连续的抽排。真空罐底设排泥阀,定期排泥。

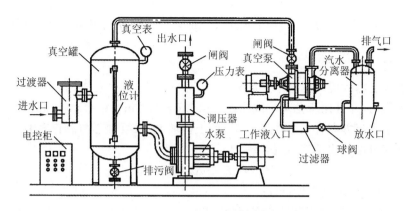

图 2-9　真空泵——水泵联合机组的系统配置示意图

　　近年来出现了一种注气式真空降水系统，其步骤如下：平整场地；安装传统的真空降水系统；同时可进行注气系统的安装；连接每一个注气点的注气管、注气嘴和贯入头，并在井点管之间的中心位置插入土体中，之后将所有注气管与供气装置以软管进行连接；开动真空泵和供气装置，井点管开始真空抽水，注气管开始注入压力气体；注气过程中，根据真空排水情况逐步提高注气压力；进行注气式真空降水，直到没有水流排出为止，关闭真空泵和供气装置。

　　目前轻型井点降水技术发展，主要集中于高效气水分离的研发和自控系统的完善与优化。

3. 轻型井点设计

　　轻型井点的设计包括平面布置，高程布置，涌水量计算，井点管的数量、间距，以及抽水设备的确定，等等。井点计算由于受水文地质和井点设备等许多因素的影响，所计算的结果只是近似数值，对于重要工程，其计算结果必须经过现场试验进行修正。

　　1）平面布置

　　根据基坑平面形状与大小、土质和地下水的流向，降低地下水的深度等要求而定。当基坑宽度小于 6 m、降水深度不超过 5 m 时，可采用单排线状井点，布置在地下水流的上游一侧；当基坑或沟槽宽度大于 6 m，或土质不良、渗透系数较大时，可采用双排线状井点；当基坑面积较大时，应用环形井点或 U 形井点，挖土运输设备出入道路处可不封闭。井点平面布置如图2-10所示。

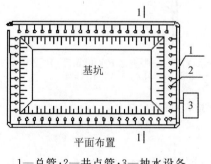

1—总管；2—井点管；3—抽水设备。

图 2-10　井点布置简图

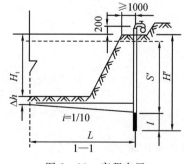

图 2-11　高程布置

　　井点管距离基坑或沟槽上口宽不应小于 1.0 m，以防局部漏气，一般取 1.0～1.5 m。

　　为了观察水位降落情况，应在降水范围内设置若干个观测井，观测井的位置和数量视需要而定,一般在基础中心、总管末端、局部挖深处均应设置观测井。观测井由井点管做成,但不与总管相连。

2)高程布置

井点管的入土深度应根据降水深度、储水层所在位置、集水总管的高程等决定,但必须将滤管埋入储水层内,并且比所挖基坑或沟槽底深 0.9~1.2 m。集水总管标高应尽量接近地下水位线并沿抽水水流方向有 0.25%~0.5% 的上仰坡度,水泵轴心与总管齐平。

井点管埋深可按下式计算(见图 2-11):

$$H' = H_1 + \Delta h + iL + l \tag{2-1}$$

式中　H'——井点管埋设深度(m);

H_1——井点管埋设面至基坑底面的距离(m);

Δh——降水后地下水位至基坑底面的安全距离(m),一般为 0.5~1.0 m;

i——水力坡度,与土层渗透系数、地下水流量等因素有关,根据扬水试验和工程实测确定。对环状或双排井点可取 1/15~10;对单排线状井点可取 1/4;对环状井点外可取 1/10~1/8;

H——井点管中心至最不利点(沟槽内底边缘或基坑中心)的水平距离(m);

l——滤管长度(m)。

井点露出地面高度,一般取 0.2~0.3 m。轻型井点降水深度以不超过 6 m 为宜。如求出的 H 值大于 6 m,则应降低井点管和抽水设备的埋置面,如果仍达不到降水深度的要求,可采用二级井点或多级井点,如图 2-12 所示。

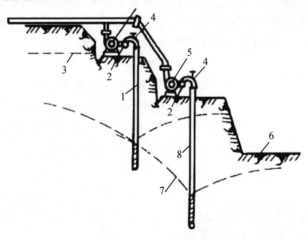

1—第一级外点;2—集水总管;3—原有地下水位线;
4—弯联管;5—水泵;6—基坑;7—降水后地下水位线;
8—第二级外点。

图 2-12　二级轻型井点降水示意

3)总涌水量计算

井点系统是按水井理论进行计算的。水井根据不同情况分为完整井和非完整井、承压井和无压井:井底达到不透水层的称为完整井,井底未达到不透水层的称为非完整井;地下水有压力的是承压井,地下水无压力的是无压井。其中以无压完整井的理论较为完善,应用较普遍,如图 2-13 所示。

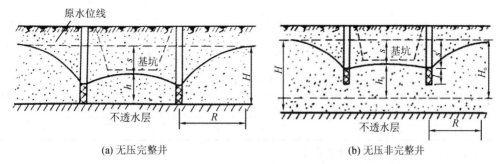

(a) 无压完整井　　　　　　　　　(b) 无压非完整井

图 2-13　无压完整井及无压非完全井计算简图

无压完整井环形井点系统如图 2-13(a)所示：

$$Q = \frac{1.366K(2H - s)s}{\lg R - \lg x_0} \qquad (2-2)$$

式中　Q——井点系统总涌水量(m^3/d)；

　　　K——渗透系数(m/d)；

　　　H——含水层厚度(m)；

　　　R——抽水影响半径(m)；

　　　s——水位降低值(m)；

　　　x_0——基坑假想半径(m)。

无压非完整井井点系统如图 2-13(b)所示。为了简化计算，仍可用无压完整井的公式进行计算，但式中 H 应换成有效带深度 H_0，即

$$Q = \frac{1.366K(2H_0 - s)s}{\lg R - \lg x_0} \qquad (2-3)$$

式中　H_0——有效带深度(m)，可根据表 2-2 确定。

表 2-2　H_0 值

$\dfrac{s'}{s' + l}$	H_0	$\dfrac{s'}{s' + l}$	H_0
0.2	$1.3(s' + l)$	0.5	$1.7(s' + l)$
0.3	$1.5(s' + l)$	0.8	$1.85(s' + l)$

表中 l——滤管长度(m)；s'——原地下水位至滤管顶部的距离。

计算涌水量时，R、x_0、K 值需预先确定。

(1)抽水影响半径 R。

井点系统抽水后地下水受到影响而形成降落曲线，降落曲线稳定时的影响半径即为计算用的抽水影响半径 R。

$$R = 1.95s\sqrt{HK} \text{（完整井）} \qquad (2-4)$$

或　　　　　　　　$$R = 1.95s\sqrt{H_0 K} \text{（非完整井）} \qquad (2-5)$$

(2)基坑假想半径 x_0。

假想半径指降水范围内环围面积的半径，根据基坑形状不同有以下几种情况。

①环围面积为矩形($L/B \leqslant 5$)时，

$$x_0 = \alpha \frac{L+B}{4} \ (\text{m}) \tag{2-6}$$

式中:α 值见表 3-3;L、B——基坑的长度及宽度(m),为计算精确应各加 2 m。

表 2-3　α 值

B/L	0	0.2	0.4	0.6~1.0
α	1.0	1.12	1.16	1.18

②环围面积为圆形或近似圆形时,

$$x_0 = \sqrt{\frac{F}{\pi}} \ (\text{m}) \tag{2-7}$$

式中　F——基坑的平面面积(m^2)。

③当 $L/B>5$ 时,可划分成若干计算单元,长度按($4\sim5$)B 考虑;当 $L>1.5R$ 时,也可取 $L=1.5R$ 为一段进行计算;当形状不规则时应分块计算涌水量,将其相加即为总涌水量。

(3)渗透系数 K。

渗透系数 K 值对计算结果影响很大。一般可根据地质报告提供的数值或参考表 2-4 所列数值确定,对重大工程应做现场抽水试验确定。

表 2-4　土的渗透系数 K 值

土的类别	K /(m/d)	土的类别	K /(m/d)
粉质黏土	<0.1	含黏土的粗砂及纯中砂	35~50
含黏土的粉砂	0.5~1.0	纯粗砂	60~75
纯粉砂	1.5~5.0	粗砂夹砾石	50~100
含黏土的细砂	10~15	砾石	100~200
含黏土的中砂及纯细砂	20~25		

4)单根井点管涌水量 q

单根井点管涌水量 q 的计算方法为

$$q = 60\pi dl \sqrt[3]{K} \quad (\text{m}^3/\text{d}) \tag{2-8}$$

式中　d——滤管直径(m);

Z——滤管长度(m);

K——渗透系数(m/d)。

5)确定井点管数量与间距

井点管所需根数的计算方法为

$$n = 1.1 \frac{Q}{q} \quad (\text{根}) \tag{2-9}$$

式中　1.1 为考虑井点管堵塞等因素的备用系数。

井点管的间距的计算方法为

$$D = \frac{L_1}{q} \quad (\text{m}) \tag{2-10}$$

式中　L_1——总管长度(m),对矩形基坑的环形井点,$L_1=2(L+B)$;对矩形基坑的双排井点,

$L_1=2L$ 等。

D 值求出后要取整数，并应符合总管接头的间距。

井点管数量与间距确定以后，可根据下式校核所采用的布置方式是否能将地下水位降低到规定的标高，即 h 值是否不小于规定的数值。

$$h=\sqrt{H^2-\frac{Q}{1.366K}\left[\lg R-\frac{1}{n}\lg\ (x_1\ x_2\cdots\ x_n)\right]}\qquad(2-11)$$

式中　h——滤管外壁处或坑底任意点的动水位高度(m)，对完整井算至井底，对非完整井算至有效带深度；

$x_1x_2\cdots x_n$——所核算的滤管外壁或坑底任意点至各井点管的水平距离(m)。

6）确定抽水设备

常用抽水设备有真空泵（干式、湿式）、离心泵等，一般按涌水量、渗透系数、井点数量与间距来确定。

4. 轻型井点管的埋设与使用

轻型井点系统的安装顺序是：测量定位→敷设集水总管→冲孔→沉放井点管→填滤料→用弯联管将井点管与集水总管相连→安装抽水设备→试抽。

井点管埋设有射水法、套管法、冲孔或钻孔法。

1）射水法

图 2-14 是射水式井点管示意图。井点管下设射水球阀，上接可旋动节管与高压胶管、水泵等。冲射时，先在地面井点位置挖一小坑，将射水式井点管插入，利用高压水在井管下端冲刷土体，使井点管下沉。下沉时，随时转动管子以增加下沉速度并保持垂直。射水压力一般为 0.4～0.6 MPa。当井点管下沉至设计深度后取下软管，与集水总管相连，抽水时，球阀自动关闭。冲孔直径不小于 300 mm，冲孔深度应

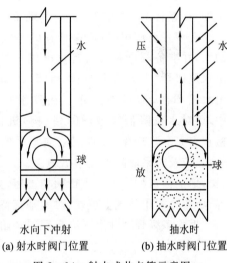

水向下冲射　　　　抽水时

(a) 射水时阀门位置　　(b) 抽水时阀门位置

图 2-14　射水式井点管示意图

比滤管深 0.5～1 m，以利沉泥。井点管与孔壁间应及时用洁净粗砂灌实，井点管要位于砂滤中间。灌砂时，管内水面应同时上升，否则可向管内注水，水如果很快下降，则认为埋管合格。

2）套管法

套管水冲设备由套管、翻浆管、喷射头和贮水室四部分组成，如图 2-15 所示。套管直径 150～200 mm（喷射井点为 300 mm），一侧每 1.5～2.0 m 设置 250 mm×200 mm 排泥窗口，套管下沉时，逐个开闭窗口，套管起导向、护壁作用。贮水室设在套管上、下。用 4 根 ϕ38 mm 钢管上下连接，其总截面积是喷嘴截面积总和的三倍。为了加快翻浆速度及排除土块，在套管底部内安装 2 根 425 mm 压缩空气管，喷射器是该设备的关键部件，由下层贮水室、喷嘴和冲头三部分组成。喷嘴布置有三种：最下部为 8 个 ϕ10 mm 喷嘴做环形分布，垂直向下，构成环状喷射水流，似取土环刀；另两种为 6 个 ϕ10 mm 或 ϕ8 mm 喷嘴，分两组与垂线呈 45°角交错布置，喷射水流从各不同方向切割套管内土体，泥浆水从排泥窗口排出。

套管冲枪的工作压力随土质情况加以选择，一般取 0.8～0.9 MPa。当冲孔至设计深度，继续给水冲洗一段时间，使出水含泥量在 5% 以下。此时于孔底填一层砂砾，将井点管居中插

入,在套管与井点管之间分层填入粗砂,并逐步拔出套管。

3) 冲孔或钻孔法

采用直径为 50～70 mm 的冲水管或套管式高压水冲枪冲孔,或用机械(人工)钻孔后再沉放井点管。冲孔水压采用 0.6～1.2 MPa。为加速冲孔速度,可在冲管两旁设置两根空气管,将压缩空气接入。

所有井点管在地面以下 0.5～1.0 m 的深度内,应用黏土填实以防漏气。井点管埋设完毕,应接通总管与抽水设备进行试抽,检查有无漏气、淤塞等异常现象。

轻型井点使用时,应保证连续不断地抽水,并准备双电源或自备发电机。正常出水规律是"先大后小,先浑后清"。如不出水或浑浊,应检查纠正。在降水过程中,要对水位降低区域内的(建(构)筑物,检查有无沉陷现象,发现沉陷或水平位移过大,应及时采取防护技术措施。

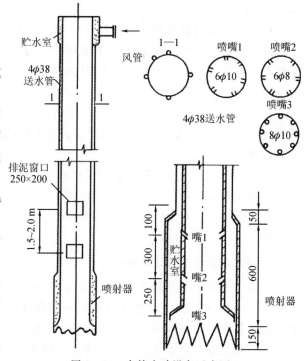

图 2-15 套管水冲设备示意图

地下构筑物竣工并进行回填土后,方可拆除井点系统,拔出可借助于捯链、杠杆式起重机等,所留孔洞用砂或土填塞,对地基有特殊要求时,应按有关规定填塞。

拆除多级轻型井点时应自底层开始,逐层向上进行,在下层井点拆除期间,上部各层井点应继续抽水。

冬期施工时,应对抽水机组及管路系统采取防冻措施,停泵后必须立即把内部积水放净,以防冻坏设备。

2.2.2　喷射井点

当基坑开挖较深,降水深度要求大于 6 m 或采用多级轻型井点不经济时,可采用喷射井点系统,如图 2-16 所示。它适用于渗透系数为 0.1～50 m/d 的砂性土或淤泥质土,降水深度可达 8～20 m。

1. 喷射井点设备

喷射井点根据其工作介质的不同,分为喷水井点或喷气井点两种。其设备主要由喷射井点、高压水泵(或空气压缩机)和管路系统组成。

喷水井点是借喷射器的射流作用将地下水抽至地面。喷射井管由内管和外管组成,内管下端装有喷射器,并与滤管相连。喷射器由喷嘴、混合室、扩散室等组成。工作时,高压水经过内外管之间的环形空隙进入喷射器,由于喷嘴处截面突然缩小,高压水高速进入混合室,使混合室内压力降低,形成一定的真空,这时地下水被吸入混合室与高压水汇合,经扩散管由内管排出,流入集水池中,用水泵抽走一部分水,另一部分由高压水泵压往井管循环使用。如此不断地供给高压水,地下水便不断地抽出。

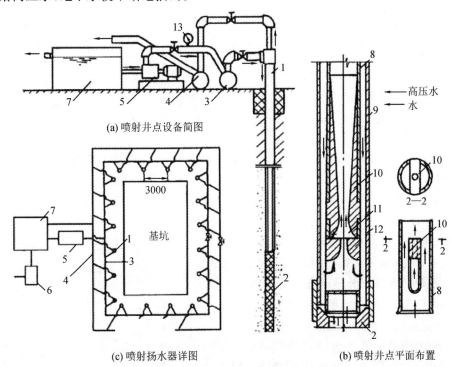

(a) 喷射井点设备简图

(c) 喷射扬水器详图 (b) 喷射井点平面布置

1—喷射井点；2—滤管；3—进水总管；4—排水总管；5—高压水泵；6—水泵；7—集水池；
8—内管；9—外管；10—扩散管；11—混合室；12—喷嘴；13—压力表。

图 2-16 喷射井点

高压水泵一般采用流量为 $50\sim80$ m^3/h 的多级高压水泵,每套约能带动 $20\sim30$ 根井点管。

如用压缩空气代替高压水,即为喷气井点。两种井点使用范围基本相同,但喷气井点较喷水井点的抽吸能力大,对喷射器的磨损也小,但喷气井点系统的气密性要求高。

2. 喷射井点的布置、埋设与使用

喷射井点的管路布置及井点管埋设方法、要求均与轻型井点基本相同,喷射井管间距一般为 $2\sim3$ m,冲孔直径为 $400\sim600$ mm,深度比滤管底深 1 m 以上。

喷射井点埋设时,宜用套管冲孔,加水及压缩空气排泥。当套管内含泥量小于 5% 时方可下井管及灌砂,然后再将套管拔起。下管时水泵应先开始运转,以便每下好一根井管立即与总管接通(不接回水管),之后及时进行单根试抽排泥,并测定真空度,待井管出水变清后为止,地面测定真空度不宜小于 93.3 kPa。全部井点管埋设完毕后,再接通回水总管,全面试抽,然后让工作水循环,进行正式工作。各套进水总管均应用阀门隔开,各套回水总管应分开。

开泵时,压力要小于 0.3 MPa,以后再逐渐正常。抽水时如发现井管周围有泛砂冒水现象,应立即关闭井点管进行检修。工作水应保持清洁。试抽两天后应更换清水,以减轻工作水对喷嘴及水泵叶轮等的磨损。

3. 喷射井点的计算

喷射井点的涌水量计算及确定井点管数量与间距、抽水设备等均与轻型井点计算相同,水泵工作水需用压力按下式计算:

$$P = \frac{P_0}{a} \qquad\qquad (2-12)$$

式中　P——水泵工作水压力（m）；

$\quad\quad\quad P_0$——扬水高度（m），即水箱至井管底部的总高度；

$\quad\quad\quad a$——扬水高度与喷嘴前面工作水头之比。

混合室直径一般为 14 mm，喷嘴直径为 5～6.5 mm。

2.2.3　电渗井点

在渗透系数小于 0.1 m/d 的黏土、粉土、淤泥等土质中，使用重力或真空作用的一般轻型井点排水效果很差，此时宜用电渗井点排水，此法一般与轻型井点或喷射井点结合使用。降深也因选用的井点类型不同而变化。使用轻型井点与之配套时，降深小于 8 m；用喷射井点时，降深大于 8 m。

电渗排水的原理来自电动作用。在含水的细颗粒土中，插入正、负电极并通以直流电后，土颗粒由负极向正极移动，水自正极向负极移动，前者称电泳现象，后者称电渗现象，全部现象称电动作用。

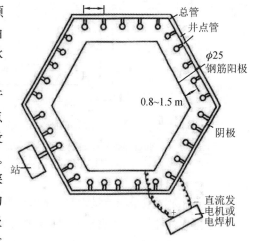

图 2-17　电渗井点系统

电渗井点利用井点管作阴极，用钢管、直径大于等于 25 mm 的钢筋或其他金属材料作阳极。井点管沿基坑外围布置，用套管冲枪成孔埋设。阴极设在井点管内侧，埋设应垂直，严禁与相邻阴极相碰。阳极应外露地面 20～40 cm，入土深度比井点管深 50 cm，以保证水位能降到所要求的深度。阴阳极的数量应相等，必要时阳极数量可多于阴极。阴阳极的间距一般为 0.8～1.0 m（采用轻型井点时）或 1.2～1.5 m（采用喷射井点时），并呈平行交错排列。阴阳极应分别由电线或扁钢、钢筋等连接成通路，并接到直流发电机或电焊机的相应电极上，如图 2-17 所示。

2.2.4　管井井点

管井适用于中砂、粗砂、砾砂、砾石等渗透系数大、地下水丰富的土、砂层或轻型井点不易解决的地方。

管井井点系统由滤水井管、吸水管、抽水机等组成，如图 2-18 所示。

管井井点排水量大、降水深，可以沿基坑或沟槽的一侧或两侧做直线布置，也可沿基坑外围四周呈环状布置。井中心距基坑边缘的距离为：采用冲击式钻孔用泥浆护壁时为 0.5～1 m；采用套管法时不小于 3 m。管井埋设的深度与间距，根据降水面积、深度及含水层的渗透系数等而定，最大埋深可达 10 余米，间距为 10～50 m。

井管的埋设可采用冲击钻进或螺旋钻进，用泥浆或套管护壁。钻孔直径应比滤水井管大 200 mm 以上。井管下沉前应进行清洗，并保持滤网的畅通，滤水井管放于孔中心，用圆木堵塞管口。井壁与井管间用 3～15 mm 砾石填充作过滤层，地面下 0.5 m 以内用黏土填充夯实。

管井井点抽水过程中应经常对抽水机械的电机、传动轴、电流、电压等做检查,对管井内水位下降和流量进行观测和记录。管井使用完毕,采用人工拔杆,用钢丝绳导链将管口套紧慢慢拔出,洗净后供再次使用,所留孔洞用砾砂回填夯实。

2.2.5 深井井点

深井井点适用于涌水最大,降水较深的砂类土质,降水深度可达 50 m。深井井点系统由深井泵或深井潜水泵及井管滤网组成,如图 2-19 所示。

深井井点系统总涌水量可按无压完整井环形井点系统公式计算。一般沿基坑周围,每隔 15~30 m 设一个深井井点。

深井井点的施工工序为:施工准备→钻机就位、钻孔→安装井管→回填滤料→洗井→安装泵体和电机→抽水试验→正常工作。

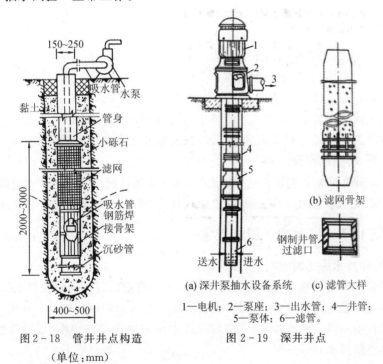

图 2-18 管井井点构造
(单位:mm)

图 2-19 深井井点
1—电机;2—泵座;3—出水管;4—井管;
5—泵体;6—滤管。

2.2.6 回灌井点

在软土中进行井点降水时,由于地下水位下降,使土层中黏性土含水量减少,产生固结、压缩,土层中夹入的含水砂层浮托力减少而产生压密,致使地面产生不均匀沉降。为了减小地下水的流失和不均匀沉降对周围建(构)筑物的影响,一般在降水区和原有建筑物之间的土层中设置一道抗渗帷幕,除设置固体抗渗帷幕外,还可采用补充地下水的方法来保持建筑物下的地下水位,即在降水井点系统与需保护建(构)筑物之

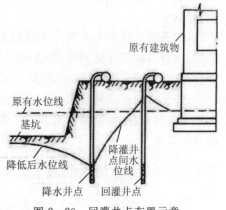

图 2-20 回灌井点布置示意

间埋设一道回灌井点,如图 2-20 所示。

回灌井点的井管滤管部分最好从地下水位线以上 0.5 m 处开始一直到井管底部,也可采用与降水井点管相同的构造,但必须确保成孔及灌砂质量,回灌井点的埋设方法及质量要求与降水井点相同。回灌水量应根据水井理论进行计算。同时,还应根据地下水位的变化及时调节,保持抽灌平衡。回灌水箱高度可根据回灌水量配置,一般采用将水箱架高的办法提高回灌水压力,靠水位差借重力自流灌入土中。

回灌水宜用清水。回灌井点必须在降水井点启动前或在降水的同时向土中灌水,且不得中断,当其中有一方因故停止工作时,另一方亦应停止工作,恢复工作亦应同时进行。

2.3　施工降(排)水施作的要点

2.3.1　施工准备

施工准备工作内容主要包括以下方面:
(1)收集工程地质、水文地质勘测资料;
(2)确定土层稳定性计算参数;
(3)制订施工降排水方案,确定施工降排水方法、机具选型及数量;
(4)对基坑渗透性的评定和渗水量的估算,以及地基沉降变形的计算;
(5)确定变形观测点、水位观测孔(井)的布置;
(6)必要时应做抽水试验,验证渗透系数及水力坡降曲线,以保证基坑地下水位降至坑底以下;
(7)基坑受承压水影响时,应进行承压水降压计算,对承压水降压的影响进行评估。

2.3.2　施工降(排)水的一般性规定

在具体实施降排水施工时,应符合以下规定:
(1)施工降排水系统的排水应输送至抽水影响半径范围以外的河道或排水管道;
(2)降排水施工必须采取有效的措施,控制施工降排水对周围构筑物和环境的不良影响;
(3)施工过程中不得间断降排水,并应对降排水系统进行检查和维护,构筑物未具备抗浮条件时,严禁停止降排水;
(4)冬期施工应对降排水系统采取防冻措施,停止抽水时应及时将泵体及进出水管内的存水放空;
(5)基坑的降排水系统应于开挖前 2~3 周运行;对深度较大,或对土体有一定固结要求的基坑,运行时间还应适当提前;及时排除基坑积水,有效地防止雨水进入基坑;基坑受承压水影响时,应在开挖前检查承压水的降压情况;
(6)软土地层或地下水位高、承压水水压大、易发生流砂和管涌地区的基坑,必须确保降排水系统有效运行;如发现涌水、流砂、管涌现象,必须立即停止开挖,查明原因并妥善处理后方能继续开挖。

2.3.3　井点降水的施工要求

井点降水的施工应符合下列规定:

（1）设计降水深度在基坑（槽）范围内不宜小于基坑（槽）底面以下 0.5 m，软土地层的设计降水深度宜适当加大；受承压水层影响时，设计降水深度应符合施工方案要求。

（2）井点孔的直径应为井点管外径加 2 倍管外滤层厚度，滤层厚度宜为 100～150 mm。井点孔应垂直，其深度可略大于井点管所需深度，超深部分可用滤料回填。

（3）井点管应居中安装且保持垂直；填滤料时井点管口应临时封堵，滤料沿井点管周围均匀灌入，灌填高度应高出地下静水位。

（4）井点管安装后，可进行单井、分组试抽水，根据试抽水的结果，可对井点设计做必要的调整。

（5）轻型井点的集水总管底面及抽水设备基座的高程宜尽量降低。

（6）井壁管长度允许偏差为 ±100 mm，井点管安装工程的允许偏差为 ±100 mm。

施工降排水终止抽水后，排水井及拔除井点管所留的孔洞，应及时用砂、石等填实，地下静水位以上部分可用黏土填实。

2.4 基坑隔（截）水帷幕

2.4.1 隔（截）水帷幕方法

隔（截）水帷幕的厚度应满足基坑防渗要求，隔（截）水帷幕的渗透系数宜小于 1.0×10^{-6} cm/s。

当基坑底存在连续分布、埋深较浅的隔水层时，应采用底端进入下卧隔水层的落底式帷幕；当坑底以下含水层厚度较大时需采用悬挂式帷幕，其深度要满足地下水从帷幕底绕流的渗透稳定要求，并应分析地下水位下降对周边建（构）筑物的影响。

隔（截）水帷幕可选用旋喷法或摆喷注浆帷幕、水泥土搅拌桩帷幕、地下连续墙或咬合式排桩。支护结构采用排桩时，可采用高压旋喷或摆喷注浆与排桩相互咬合的组合帷幕。

基坑的隔（截）水帷幕（或可以隔水的围护结构）周围的地下水渗流特征与降水目的、隔水帷幕的深度和含水层位置有关，利用这些关系布置降水井可以提高降水的效率，减少降水对环境的影响。

2.4.2 隔（截）水帷幕与降水井布置

隔（截）水帷幕与降水井布置形成分为以下三类。

1. 隔（截）水帷幕隔断降水含水层

基坑隔（截）水帷幕深入降水含水层的隔水底板中，井点降水以疏干基坑内的地下水为目的，即为前面所述的落底式帷幕。这类隔（截）水帷幕将基坑内的地下水与基坑外的地下水分隔开来，基坑内、外地下水无水力联系。此时，应把降水井布置于坑内，降水时，基坑外地下水不受影响。

2. 隔（截）水帷幕底位于承压水含水层隔水顶板中

隔（截）水帷幕位于承压水含水层顶板中，通过井点降水降低基坑下部承压含水层的水头，以防止基坑底板隆起或承压水突涌为目的。这类隔（截）水帷幕未将基坑内、外承压含水层分隔开。由于不受围护结构的影响，基坑内、外地下水连通，这类井点降水影响范围较大。此时，应把降水井布置于基坑外侧。因为即使布置在坑内，降水依然会对基坑外围有明显影响，如果布置在基坑内反而会产生封井问题。

3. 隔(截)水帷幕底位于承压水含水层中

隔(截)水帷幕底位于承压水含水层中,如果基坑开挖较浅,坑底未进入承压水含水层,井点降水以降低承压水水头为目的;如果基坑开挖较深,坑底已经进入承压水含水层,井点降水前期以降低承压水水头为目的,后期以疏干承压含水层为目的。这类隔(截)水帷幕底位于承压水含水层中,基坑内、外承压含水层部分被隔(截)水帷幕隔开,仅含水层下部未被隔开。由于受围护结构的阻挡,在承压含水层上部基坑内、外地下水不连续,下部含水层连续相通,地下水呈三维流态。随着基坑内水位降深的加大,基坑内、外水位相差较大。在这类情况下,应把降水井布置于坑内侧,这样可以明显减少降水对环境的影响,而且隔(截)水帷幕插入承压含水层越深,这种优势越明显。

第3章 结构工程

结构工程包括钢筋混凝土工程、砌筑工程、结构吊装工程和钢结构工程等内容。围绕给排水施工及专业应用特点,本章将重点对钢筋混凝土工程、水下灌注混凝土、混凝土季节性施工、结构吊装工程及砌筑工程等内容进行简要介绍。

3.1 钢筋混凝土工程

在给排水工程施工中,钢筋混凝土工程占有很重要的地位,贮水和水处理构筑物大多是用钢筋混凝土建造的,同时也有相当数量的管渠采用钢筋混凝土结构。

钢筋混凝土由混凝土和钢筋(或钢丝)两部分材料组成,具有抗压、抗拉强度高的特点,适合作为构(建)筑物中的承力部分。混凝土具有可塑性,可以在现场进行整体浇筑,也可以是预制构件装配式结构。现场进行整体浇筑具有接合性好,防渗、抗震能力强,钢筋消耗量较低,不需要大型起重运输机械等优点,但存在现场模板材料消耗量大、劳动强度高、现场运输量大、建设周期长等不足。预制构件装配式结构可以实现工厂化、机械化、流水线式施工,提高工程效率,降低劳动强度,提高劳动生产率,更好地保证工程质量并降低成本,加快施工速度,为改善现场施工管理和组织协调施工提供了有利条件,但由于现场装配作业时施工缝的防水防渗处理难度较大,预制装配式结构在防渗要求高的大型水处理构筑物施工中应用受限。

钢筋混凝土工程由钢筋工程、模板工程和混凝土工程等组成,其一般施工程序如图3-1所示。

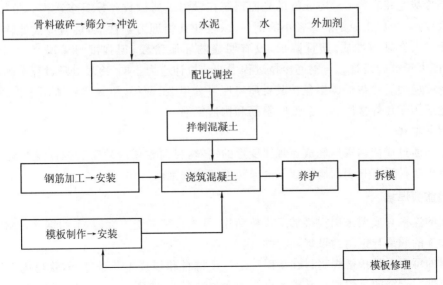

图3-1 钢筋混凝土工程一般施工顺序

3.1.1 钢筋工程

1. 钢筋的分类

钢筋混凝土结构中使用的钢筋种类很多,按生产工艺可分为热轧钢筋、冷加工钢筋和热处理钢筋。热轧钢筋包括热轧光圆钢筋与热轧带肋钢筋(如螺旋肋、人字肋、月牙肋),冷加工钢筋包括冷拉钢筋、冷拔钢丝、冷轧钢筋(冷轧扭钢筋、冷轧带肋钢筋)等,余热处理钢筋属于热处理钢筋。

此外,在水工程结构和构件中,常用的钢筋还有刻痕钢丝、碳素钢丝和冷拔低碳钢丝、钢绞线等。钢绞线是用符合标准的钢丝经绞捻制成,具有强度高、韧性好、质量稳定等优点,多用于大跨度结构和无黏结预应力水池。

钢筋加工一般先集中在车间加工,然后运至施工现场安装或绑扎。采用流水作业,以便于合理组织生产工艺和采用新技术,实现钢筋加工的联动化和自动化。钢筋加工过程取决于成品种类,一般包括钢筋的冷处理(冷拉、冷拔、冷轧)、调直、除锈、切断、弯曲、连接等工序。

2. 钢筋的冷处理

在常温下对钢筋进行冷拉、冷拔、冷轧等塑性变形的加工处理,称为钢筋冷处理。冷处理后的钢筋强度有所提高,但塑性会降低。

1)钢筋冷拉

钢筋冷拉是在常温下,以超过钢筋屈服强度的拉应力拉伸钢筋,使其产生塑性变形,以调直钢筋、考验焊接接头质量、提高强度并节约钢材。由于冷拉钢筋可提高强度、增加长度,在实际工程中,一般可节约 10%～20% 的钢材,还可同时完成调直、除锈工作。

常用钢筋冷拉装置有两种:一种是采用卷扬机带动滑轮组作为冷拉动力的机械式冷拉工艺,另一种是采用长行程(1500 mm 以上)的专用液压千斤顶和高压油泵的液压冷拉工艺。

2)钢筋冷拔

钢筋冷拔是将直径 6～10 mm 的光面钢筋在常温下通过拔丝模具多次强力拉拔,使钢筋产生塑性变形,拔成比原钢筋直径小的钢丝,以改变其物理力学性能,称为冷拔低碳钢丝。冷拔低碳钢丝具有硬钢性质,塑性降低,没有明显的屈服阶段,但强度显著增高,可达 50%～90%,故能大量节约钢材。与钢筋冷拉过程中的纯拉伸应力不同,冷拔处理过程中既有拉伸应力又有压缩应力。冷拔低碳钢丝按其材质特性可分甲、乙两级,甲级钢丝适用于作预应力筋,乙级钢丝适用于作焊接网、焊接骨架、箍筋和构造钢筋。

3)钢筋冷轧

将圆筋通过成型钢辊压轧成有规律变形的钢丝,目前常用冷轧带肋钢筋是热轧圆盘条经冷轧或冷拔减径后在其表面冷轧成三面或两面有肋的钢筋。

3. 钢筋的焊接

钢筋的连接与成型采用焊接加工代替绑扎,可改善结构受力性能,节约钢材,提高工效,钢筋焊接加工的效果与钢材的可焊性有关,也与焊接工艺有关。

钢材的可焊性是指被焊钢材在采用一定焊接材料和焊接工艺条件下,获得优质焊接接头的难易程度。钢筋的可焊性与其碳及合金元素含量有关,含碳、锰量增加,可焊性降低;含锰量增加也影响焊接效果;含适量的钛,可改善焊接性能。当环境温度低于 −5 ℃,即为钢筋低温焊接,此时应调整焊接工艺参数,使焊接和热影响区缓慢冷却。风力超过4级时,应有挡风措施。环境温度低于-20 ℃时不得进行焊接。钢筋焊接常用的方法有对焊、点焊、电弧焊、接触电渣焊、埋弧焊等。

1)对焊

钢筋对焊原理如图3-2所示,是利用对焊机两电极使两段钢筋接触,通以低电压的强电流,把电能转化为热能。当钢筋加热到一定程度后,即施加轴向压力顶锻,即形成对焊接头。

根据钢筋品种、直径和所用焊机功率等不同,闪光对焊可选用连续闪光焊、预热闪光焊和闪光→预热→闪光焊三种工艺。

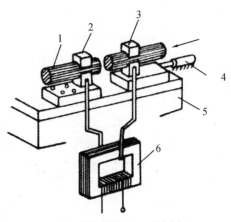

1—钢筋;2—固定电极;3—可动电极;
4—手动压力机构;5—机座;6—变压器。

图3-2 钢筋对焊原理

2)点焊

点焊的工作原理如图3-3所示,是将已除锈污的两根钢筋的交叉点放入点焊机两电极间,使钢筋通电发热至一定温度后,加压使焊点金属焊牢。

采用点焊代替人工绑扎,可提高工效,成品刚性好,运输方便。采用焊接骨架或焊接网时,钢筋在混凝土中能更好地锚固,可提高构件的刚度及抗裂性,钢筋端部不需弯钩,可节约钢材。因此,钢筋骨架应优先采用点焊。

常用点焊机有单点点焊机(用以焊接较粗的钢筋)、多头点焊机(一次可焊数点,用以焊接钢筋网)和悬挂式点焊机(可焊平面尺寸大的骨架或钢筋网),施工现场还可采用手提式点焊机。

钢筋点焊参数主要包括焊接电流、通电时间和电极压力。在焊接过程中,应保持一定的预热时间和锻压时间。

点焊焊点的压入深度,对热轧钢筋应为较小钢筋直径的30%～45%,对冷拔低碳钢丝点焊应为较小钢丝直径的30%～35%。

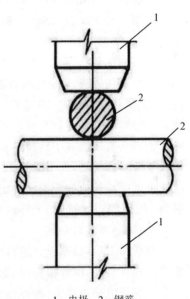

1—电极;2—钢筋。

图3-3 点焊原理

3)电弧焊

电弧焊是利用弧焊机使焊条与焊件之间产生高温电弧,使焊条和电弧燃烧范围内的焊件金属很快熔化,熔化的金属凝固后,便形成焊缝或焊接接头。电弧焊应用较广,如钢筋的搭接接长、钢筋骨架的焊接、钢筋与钢板的焊接、装配式结构接头的焊接及其他各种钢结构的焊接等。

电弧焊的主要设备是弧焊机,可分为交流弧焊机和直流弧焊机两类。交流弧焊机(焊接变压器)具有结构简单、价格低、保养维护方便等优点,多用于建筑工地。

4. 钢筋的制备与安装

钢筋的制备包括钢筋的配料、加工及钢筋骨架的成型等施工过程。钢筋的配料要确定其下料的长度,配料中又常会遇到钢筋的规格、品种与设计要求不符等情况,还需进行钢筋的代换。

1）钢筋的配料与代换

钢筋配料是根据施工图中的构件配筋图，分别计算各种形状和规格的单根钢筋下料长度和根数。

当施工中遇有钢筋的品种或规格与设计要求不符时，可按下述原则进行代换：

（1）等强度代换。当构件受强度控制时，钢筋可按强度相等原则进行代换。

（2）等面积代换。当构件按最小配筋率配筋时，在征得设计单位同意后，钢筋可按面积相等原则进行代换。代换时，必须充分了解设计意图和代换钢筋的性能，必须满足规范中所规定的钢筋间距、锚固长度、最小钢筋直径、根数等要求，对重要受力构件，不宜用低等级光面钢筋代替变形钢筋。

（3）当构件受裂缝宽度或抗裂性要求控制时，代换后应进行裂缝或抗裂性验算。

钢筋代换后，还应满足构造方面的要求（如钢筋间距、最小直径、最少根数、锚固长度、对称性等）及设计中提出的特殊要求（如冲击韧性、抗腐蚀性等）。

2）钢筋的加工、连接与安装

（1）钢筋加工。

钢筋加工包括调直、除锈、下料剪切、接长、弯曲等工作。钢筋调直可采用冷拉的方法，粗钢筋也可采用锤直或扳直的方法。$\phi 4 \sim \phi 14$ 的钢筋可采用调直机进行调直。钢筋如保管不良、产生鳞片状锈蚀时，则应进行除锈。除锈可采用钢丝刷或机动钢丝刷，或在沙堆中往复拉擦，或喷砂除锈，要求较高时还可采用酸洗除锈。钢筋下料时，须按下料长度剪切。钢筋剪切可采用钢筋剪切机或手动剪切器。手动剪切器一般只用于小于 $\phi 12$ 的钢筋，钢筋剪切机可切断小于 $\phi 40$ 的钢筋，大于 $\phi 40$ 的钢筋需用氧—乙炔焰或电弧割切。钢筋下料之后应进行划线，以便将钢筋准确地加工成所规定的尺寸。钢筋弯曲宜采用弯曲机，弯曲机可加工 $\phi 6 \sim \phi 40$ 的钢筋，大于 $\phi 25$ 的钢筋当无弯曲机时也可采用扳钩弯曲。

（2）钢筋连接与安装。

钢筋加工后，根据设计进行钢筋的接长、钢筋骨架或钢筋网的成型。钢筋接长时接头连接方法主要有三种，即焊接连接、绑扎连接以及机械连接。

在不可能采用焊接（如焊接机具缺乏或环境禁止焊接）或骨架过重过大不便于运输安装时，可采用绑扎的方法。钢筋绑扎一般采用 18～22 号钢丝。钢丝过硬时，可经退火处理。绑扎时应注意钢筋位置是否准确，绑扎是否牢固，搭接长度及绑扎点位置应符合规范要求。在同一截面内，绑扎接头的钢筋面积占受力钢筋总面积的百分比，在受压区中不得超过 50%，在受拉区或拉压不明的区中，不得超过 25%。不在同一截面中的绑扎接头，中距不得超过搭接长度。绑扎接头与钢筋弯曲处相距不得小于钢筋直径的 10 倍，也不得放在最大弯矩处。

钢筋的焊接如前所述。

机械连接通过直螺纹套筒将两根钢筋的端头连接在一起的方法，见图 3-4。目前钢筋机械连接技术已普遍应用到钢筋混凝土工程中，适用于直径 16～50 mm 的钢筋，但通常直径≥20 mm 的钢筋连接中应用较多。钢筋机械连接的质量稳定可靠，满足文明施工和安全高效的要求，是目前建筑施工中钢筋笼连接时的主要方法。这种方法对于主筋的对中性要求较高，施工速度极快，节省材料，是大型钢筋网笼中钢筋连接的主要发展方向。

钢筋安装或现场绑扎应与模板安装配合，柱钢筋现场绑扎时，一般在模板安装前进行，梁的钢筋一般在梁模安装好后,再安装或绑扎。当梁断面高度较大(大于600 mm)或跨度较大、钢筋较密的大梁,可留一面侧模,待钢筋绑扎(或安装)完后再安装。顶板钢筋绑扎应在顶板模板安装后进行,并应按设计先划线,然后摆料、绑扎。

钢筋在混凝土中应有一定厚度的保护层(一般指主筋外表面到构件外表面的厚度)。保护层厚度应按设计或规范确定。工地常用预制水泥砂浆垫块垫在钢筋与模板间,以控制保护层厚度。垫块应布置成梅花形,其相互间距不大于1 m。上下双层钢筋之间的尺寸可绑扎短钢筋、钢筋

图3-4 钢筋机械连接件

梯子、凳子或垫预制块来控制。钢筋工程属于隐蔽工程,在灌筑混凝土前应对钢筋及预埋件进行验收,并记好隐蔽工程记录,以便核查。

3.1.2 模板工程

在钢筋混凝土结构施工中,模板是保证浇筑的混凝土按设计要求成型并承受其荷载的模型。模板构造包括面板体系和支撑体系,面板体系包括面板和所联系的肋条,支撑体系包括纵横围图、承托梁、承托桁架、悬臂梁、悬臂桁架、支柱、斜撑与拉条等。模板的支设应符合以下规定:

(1)保证工程结构和构件各部分形状、尺寸和相互位置的正确性;

(2)具有足够的强度、刚度和稳定性,能可靠地承受所浇筑混凝土的质量和侧压力,以及在施工过程中所产生的荷载;

(3)构造应力求简单,装拆方便,能多次周转使用,便于钢筋安装和绑扎、混凝土浇筑和养护等后续工艺的操作;

(4)模板接缝应严密,不宜漏浆;

(5)模板与混凝土的接触面应涂隔离剂以利脱模,严禁隔离剂玷污钢筋与混凝土接槎处;

(6)对清水混凝土工程及装饰混凝土工程,应适用能达到设计效果的模板。

模板依其形式不同,可分为组合式模板、工具式模板、永久式模板等。依其使用材料不同,可分为木模板、钢模板、钢木组合模板、竹木模板、塑料模板、玻璃钢模板和铝合金模板等。

目前国内给水排水工程中已大量推广使用组合式定型钢模板,对特殊外形构筑物和部件常用木模板或特制异型钢模板。

1. 木质模板

木质模板是伴随着混凝土工程的出现而产生的,使用历史悠久。由于传统的手工拼装木模板耗用木材量大、施工方法落后,故不常使用,但在某些特殊部件中依然在使用。胶合板面板的单张板块大、不易变形,表面覆膜后增加了耐磨和重复使用次数。胶合板有木胶合板和竹胶合板,厚度有12 mm、15 mm、18 mm和20 mm等规格。以胶合板做面、以50 mm×100 mm木枋为楞木是目前常用的模板工程材料组合形式。

2. 组合式定型模板及支承工具

使用组合式定型模板,可以使模板制作工厂化,节约材料和提高工作效率。定型模板一般

有木定型模板、钢木定型模板、钢定型模板、竹木定型模板和钢丝网水泥定型模板等,目前使用较多的主要是钢定型模板。

1)组合钢模板的规格

组合钢模板多由边框、面板和纵横肋构成,面板多用2.5~3 mm厚的钢板,纵横肋多用3 mm厚的扁钢边框与面板一次轧成,高为55 m,然后再焊上纵横肋。为了便于各块之间的连接,边框上多设有连接孔,连接孔在纵横向上的孔距应保持一致,以便横竖向都能拼装。组合钢模板虽然具有较大的灵活性,但并不能适应一切情况,对特殊部位仍须在现场配制少量木模板填补。

常见组合钢模板的规格见表3-1,钢模板示意图如图3-5所示。

表3-1 组合钢模板规格(mm)

规 格	平面模板	阴角模板	阳角模板	连接角模
宽 度	1200,1050,900,750,600,550,500,450,400,350,300,250,200,150,100	150×150 100×150	100×100 50×50	50×50
	2100,1800,1500,1200,900,750,600,450	1800,1500,1200,900,750,600,450		1500,1200,900,750,600,450
肋 高	55			

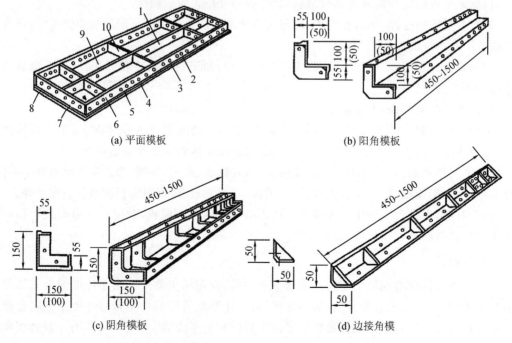

(a) 平面模板

(b) 阳角模板

(c) 阴角模板

(d) 边接角模

1—中纵肋;2—钉子孔;3—U形卡孔;4—凸鼓;5—凸棱;6—纵肋;
7—插销孔;8—横肋;9—面板;10—中横肋。

图3-5 钢模板类型(单位:mm)

2）连接工具

定型模板的连接除木模采用螺栓与圆钉外，一般采用 U 形卡、L 形插销、钩头螺栓、对拉螺栓、紧固螺栓和扣件等。连接工具示意图如图 3-6 所示。

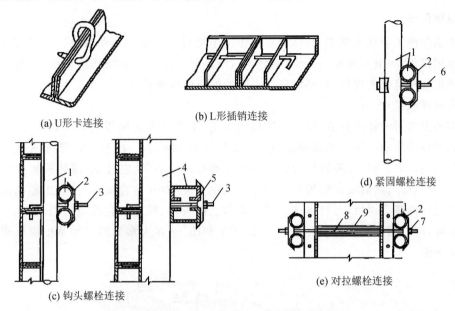

(a) U形卡连接   (b) L形插销连接

(d) 紧固螺栓连接

(c) 钩头螺栓连接   (e) 对拉螺栓连接

1—圆钢管钢楞；2—"3"形扣件；3—钩头螺栓；4—内卷边槽钢钢楞；5—蝶形扣件；
6—紧固螺栓；7—螺母；8—对拉螺栓；9—塑料套管。

图 3-6   钢模板连接件

3）板墙撑头

撑头的作用是保持模板与模板之间的设计厚度，常用的有钢板撑头、混凝土撑头、螺栓撑头及止水板撑头。另外，按照混凝土墙抗渗要求的高低，选择螺栓撑头或止水板撑头，但这两种撑头在脱模后均需要用水泥砂浆进行补平和封闭。

4）支承工具

定型组合模板的支承件包括钢楞、柱箍、支架、斜撑、钢桁架、梁卡具等。

（1）钢楞。钢楞即模板的横档和竖档，分内钢楞与外钢楞。内钢楞配置方向一般应与钢模板垂直，直接承受钢模板传来的荷载，其间距一般为 700～900 mm；外钢楞一般用圆钢管、矩形钢管、槽钢或内卷边槽钢，而以钢管用得较多。

（2）柱箍。柱模板四角设角钢柱箍，其由两根互相焊成直角的角钢组成，用弯角螺栓及螺母拉紧。

（3）钢支架。常用钢管支架由内外两节钢管制成，其高低调节距模数为 100 mm。支架底部除垫板外，均用木楔调整标高，以利于拆卸。另一种钢管支架本身装有调节螺杆，能调节一个孔距的高度，使用方便，但成本略高。当荷载较大、单根支架承载力不足时，可用组合钢支架或钢管井架。还可用扣件式钢管脚手架、门型脚手架作支架。

（4）斜撑。由组合钢模板拼成的整片墙模或柱模，在吊装就位后，应由斜撑调整和固定其垂直位置。

（5）钢桁架。两端可支承在钢筋托具、墙、梁侧模板的横档以及柱顶梁底横档上，以支承梁或板的模板。

(6)梁卡具。梁卡具又称梁托架,用于固定矩形梁、圈梁等模板的侧模板,可节约斜撑等材料,也可用于侧模板上口的卡固定位。

3.模板架设

为了确保施工质量和施工安全,需要对作用于模板及支架上的荷载进行设计和验算。对于一些常用模板,一般不需要进行设计与验算,但是对于某些重要结构的模板、特殊形式的模板以及超出应用范围的模板,则必须进行必要的模板设计和验算。

1)基础模板架设

基础模板常用于排水管道、构筑物底板的施工,主要由侧面模板组成。如果土质良好,可以不用侧模直接原槽灌筑。基础模板的特点是高度小、体积大。模板安装前,应先校核基础的中心线和标高。安装时,可先将模板的中心线对准基础中心(独立柱基)或将模板内侧对准基础边线(带形基础),然后校正模板上口的标高及垂直度,使其符合要求,并做出标高标志。当中心线位置和标高无误后,再钉木柱、平撑、斜撑及搭头木(撑木),且均应钉稳、撑牢。在安装柱基模板时,应与钢筋的绑扎配合进行。图 3-7 和图 3-8 为常见的条形基础模板和阶形独立柱基础模板。

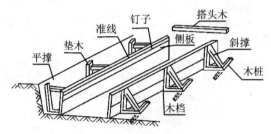

图 3-7 条形基础模板

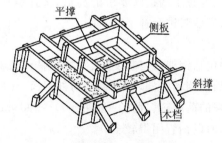

图 3-8 阶形独立柱基础模板

对于排水管道180°通基,采用平基和管座一次连续浇筑时,模板应分层安装,以便于混凝土的浇筑和捣实。

2)池壁模板架设

池壁模板一般由侧板和支撑体系组成,为了保证池壁的厚度和防止胀模,根据池壁模板面积和高度大、厚度较小的特点,一般须在侧板之间加临时撑木和对拉螺栓。例如,矩形水池池壁模板架设,如图 3-9 所示。

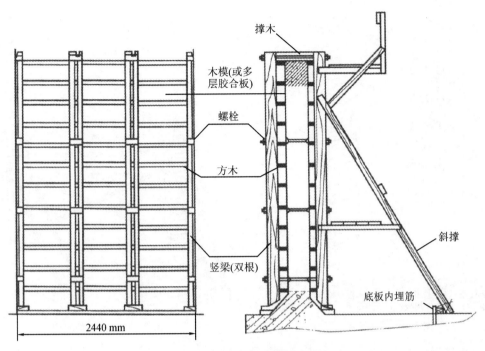

图 3 - 9 矩形水池池壁模板(木模)

3)柱模板架设

柱子的特点是断面尺寸不大但比较高,其模板构造和安装主要考虑的是保证垂直度及抵抗混凝土的水平侧压力。此外,还要考虑灌筑混凝土和钢筋绑扎等工序的便捷性。

如图 3-10(a)所示,柱模板是由两块内拼板夹在两块外拼板之间所钉成。为保证模板在混凝土侧压力作用下不变形,拼板外面设木制、钢制或钢木制的柱箍。柱箍的间距与柱子的断面大小、高度及模板厚度有关。愈向下侧压力愈大,柱箍则应愈密。柱模底部应开有清理模板内杂物的清除口,沿高度每隔 2 m 开有灌筑口(也叫振捣口)。在模板四角为防止柱棱角碰损,可钉三角木条,柱底一般应安放木框,用以固定柱子的水平位置。柱模板上端根据实际情况开有与梁模板连接的缺口。

图 3-10(b)中,柱模板是用短横板(门子板)代替外拼板钉在内拼板上,这种模板可以利用旧的短木料,施工时有些短横板可先不钉上,作为混凝土的浇筑孔,待浇至其下口时再钉上。图 3-11 所示为柱模的固定图。

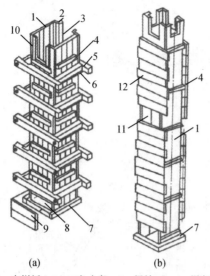

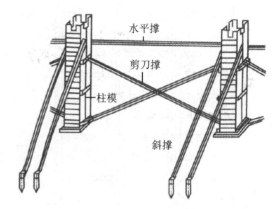

1—内拼板；2—三角木条；3—梁缺口；4—拼条；
5—柱箍；6—拉紧螺栓；7—木框；8—清理孔；
9—盖板；10—外拼板；11—浇筑孔；12—短横板。

图 3-10　柱模板　　　　　　　　图 3-11　柱模的固定

4）顶模板架设

在给水排水构筑物中,采用现浇钢筋混凝土的方沟、水池、泵房等结构,其侧墙和顶板的模板支设分为一次支模和二次支模,具体采用哪种方法,应在施工方案中确定。

顶板的特点是面积大而厚度比较薄,侧向压力小。顶板模板及其支架系统主要承受钢筋、混凝土的自重及其施工荷载,应保证模板不变形。

5）梁模板架设

梁的特点是跨度大而宽度不大,梁底一般是架空的。梁模板主要由底模、侧模、夹木及支架系统组成。底模用长条模板加拼条拼成,或用整块板条,如图 3-12 所示。

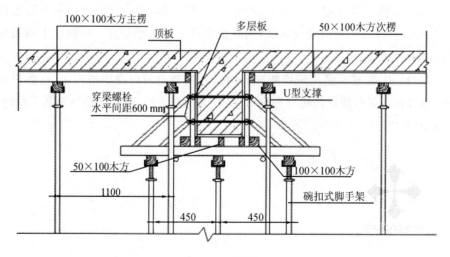

图 3-12　梁模板

近年来,随着计算机功能的提升和人工智能技术发展,施工中模板的设计与支设方案已经大量采用计算机辅助设计,可以实现模板、模具的功能优化,显著提高模板支设的合理性与安全性。

4. 模板拆除

及时拆模,可提高模板的周转,加快工程进度,为后续工作创造条件。但是,过早地拆模,因混凝土未达到一定强度,会因过早承受荷载而产生变形,甚至造成重大事故。现浇混凝土结构模板的拆除期限,取决于结构的性质、模板的用途和混凝土的硬化速度。为了减少模板与混凝土构件之间的黏结,方便拆模,降低模板的损耗,在使用前必须在模板内表面涂刷脱模剂。常用的脱模剂可分为油类、水类和树脂类等几种。

1)模板拆除的要求

针对不同功能的模板,其拆除要求有所不同。

(1)侧模。不承重的侧模,只要能保证混凝土表面及棱角不致因拆模而损坏时,即可拆除。

(2)承重模。对于承重模板,应在混凝土达到设计强度的一定比例以后,方可拆除。这一期限决定于构件受力情况、气温、水泥品种及振捣方法等因素,详见相关施工手册或规范。

2)模板拆除作业

模板拆除作业时,应满足以下规定:

(1)拆模时不要用力过猛,拆下来的模板要及时运走、整理、堆放,以便再用;

(2)拆模程序一般应是后支的先拆,先拆除非承重部分,后拆除承重部分,通常由安装者实施拆卸。重大复杂模板的拆除,事先应制订拆模方案;

(3)拆除框架结构模板的顺序,首先是柱模板,然后是楼板底板、梁侧模板,最后是梁底模板。拆除跨度较大的梁下支柱时,应先从跨中开始,分别拆向两端;

(4)定型模板,特别是组合钢模板,要加强保护,拆除后应逐块传递下来,不要抛掷,拆下后即清理干净,板面涂油,按规格分类堆放整齐,以便再用。

3.1.3　混凝土的制备及性能

混凝土是以胶凝材料、细骨料、粗骨料和水,按适当比例配合,经均匀拌制、密实成型及养护硬化而成的人造石材。

混凝土按凝胶材料可分为无机凝胶材料混凝土,如水泥混凝土、石膏混凝土等;有机凝胶混凝土,如沥青混凝土等。在一般给水排水工程中,水泥混凝土应用最广。

混凝土按使用功能分为普通结构混凝土、防水混凝土、高强混凝土、耐酸及耐碱混凝土、水工混凝土、耐热混凝土、耐低温混凝土等,以适应不同性质工程的需要。给水排水工程施工中常用混凝土是介于普通混凝土及水工混凝土之间的一种防渗混凝土。

混凝土还应具有抗大气腐蚀、抗老化、抗渗、抗冻等性能,在混凝土中加入不同的添加剂,可以使混凝土获得不同的性能,使之能满足在一些特殊的气候或环境下对混凝土施工材料的需要,如加入外掺剂使混凝土的早期强度、抗渗和抗冻能力提高,改善混凝土拌合物的和易性等。

1. 普通混凝土的组成材料

1)水泥

水泥是一种无机粉状水硬性胶凝材料,加水拌合后,在空气和水中经物理化学过程能由可塑性浆体变成坚硬的石状体。水泥与砂石等材料混合,硬化后成为水泥混凝土。配制混凝土的水泥,应根据工程特点及混凝土所处环境条件,结合各种水泥的不同特性,进行选定。

(1)常用水泥的种类。

水泥的品种规格很多,用于一般土建工程的常用水泥包括硅酸盐水泥、普通硅酸盐水泥、矿渣硅酸盐水泥、火山灰质硅酸盐水泥、粉煤灰硅酸盐水泥、复合硅酸盐水泥等。各种水泥的特性及适用范围见表3-2。

表3-2 水泥的类型、特性及适用范围

序号	水泥类型	特性及适用范围
1	硅酸盐水泥	早期及后期强度都较高,在低温下强度增长比其他水泥快,抗冻、耐磨性都好,但水化热较高,抗腐蚀性较差
2	普通硅酸盐水泥	早期强度比硅酸盐水泥稍低外,其他性质接近硅酸盐水泥
3	矿渣硅酸盐水泥	后期强度高,水化热低,耐热性能好,对硫酸盐类侵蚀抵抗力好,且具有很好的抗水性,但是抗冻性能差,特别适用于水下工程和桥墩等较大体积的混凝土工程
4	火山灰质硅酸盐水泥	早期强度较低,在高温潮湿环境中(如蒸汽养护)强度增长较快,水化热低,抗硫酸侵蚀性和抗水性较好,主要是用于地下、水下工程以及大体积的混凝土工程
5	粉煤灰硅酸盐水泥	早期强度较低,水化热低,和易性比火山灰水泥要好,干缩性较小,抗腐蚀性能好,主要用于大体积的混凝土和地下工程
6	复合硅酸盐水泥	早期强度高,凝结硬化快,具有好的抗渗性能,同时水泥的干缩性和普通的硅酸盐水泥相当,但是其抗冻性不如纯硅酸盐水泥

给水排水工程中,有时还用到膨胀水泥、快硬水泥和自应力水泥等。目前常用的膨胀水泥有硅酸盐膨胀水泥、石膏矾土膨胀水泥、明矾石膨胀水泥和低热膨胀水泥等,主要用于制作压力管道、地下结构和水池的防护面层以及加固、堵塞、填缝等。

常用的快硬水泥有快硬硅酸盐水泥、快硬硫铝酸盐水泥、无收缩快硬硅酸盐水泥。快硬硅酸盐水泥可用来配制早强、高强度等级的混凝土,适用于紧急抢修、低温施工等。快硬硫铝酸盐水泥用于配制早强、抗渗和抗硫酸盐侵蚀等混凝土,负温施工、浆锚、喷锚支护和拼装、节点、抢修、堵漏等。无收缩快硬硅酸盐水泥适用于节点后浇混凝土和钢筋浆锚连接砂浆或混凝土、各种接缝工程、机器设备安装的灌浆,以及要求快硬、高强、无收缩的混凝土工程。

常用的自应力水泥包括硅酸盐自应力水泥和铝酸盐自应力水泥,它可用于制造自应力钢筋混凝土(或砂浆)压力管及其配件,也可用于防渗、堵漏和填缝工程。

为了满足某些特殊用途需要,还有一些其他特种水泥,如抗硫酸盐水泥、硫铝酸盐水泥等。

(2)水泥的基本性质。

①相对密度与质量密度。普通水泥的相对密度为3.0～3.15,通常采用3.1;质量密度为1000～1600 kg/m³,通常采用1300 kg/m³。

②细度。细度是指水泥颗粒的粗细程度。水泥颗粒粗细对水泥性质有很大影响,颗粒越细,与水起化学反应的表面积愈大,水泥的硬化就越快,早期强度越高,故水泥颗粒小于40 μm时,才具有较高的活性。

③凝结时间。凝结时间包括初凝时间和终凝时间。水泥从加水搅拌到开始失去可塑性的

时间,称为初凝时间,终凝为水泥从加水搅拌至水泥浆完全失去可塑性并开始产生强度的时间。

为了便于混凝土的搅拌、运输和浇筑,国家标准规定:硅酸盐水泥初凝时间不得少于45 min,终凝时间不得超过12 h,符合此标准的硅酸盐水泥定为合格。

④体积安定性。水泥体积安定性是指水泥在硬化过程中体积变化的均匀性能。如果水泥中含有较多的游离石灰、氧化镁或三氧化硫,就会使水泥的结构产生不均匀的变形,甚至破坏,而影响混凝土的质量。国家标准规定:游离氧化镁含量应小5%,三氧化硫含量不得超过3.5%。

⑤强度。水泥强度按国家标准强度检验方法,以水泥和标准砂按1: 2.5比例混合,加入规定水量,按规定的方法制成尺寸4 cm×4 cm×16 cm的试件,在标准温度(20±3 ℃)的水中养护,测其28 d的抗压强度值加以确定。例如检测得到28 d后的抗压强度为42.5 MPa,则水泥的强度等级定为42.5级或42.5R级。水泥有32.5、32.5R、42.5、42.5R、52.5、52.5R、62.5、62.5R八种强度等级。强度等级带R表示该水泥为早强水泥。

⑥水化热。水泥与水的作用为放热反应,在水泥硬化过程中,不断放出的热量称为水化热。水化热量和放热速度与水泥的矿物成分、细度、掺入混合材料等因素有关。普通硅酸盐水泥3 d内的放热量是总放热量的50%,7 d为75%,6个月为83%~91%。放热量大的水泥对小体积混凝土及冷天施工有利,对大型基础、混凝土坝等大体积结构不利,会因内外温度差引起的应力,使混凝土产生裂缝。

2)砂石骨料

在混凝土中,骨料约占原材料的70%。骨料分粗、细两种,粒径0.15~5 mm的骨料为细骨料,粒径大于5 mm的为粗骨料。骨料在混凝土中起骨架和稳定体积的作用。

细骨料一般采用天然砂,粗骨料通常有卵石和碎石两种。

(1)砂的分类及技术要求。

天然砂按产源不同可分为河砂和山砂。按砂的粒径可分为粗砂、中砂、细砂和特细砂,目前均以平均粒径或细度模数 M_x 来区分。

粗砂平均粒径为0.5 mm以上,M_x 为3.7~3.1。

中砂平均粒径为0.35~0.5 mm,M_x 为3.0~2.3。

细砂平均粒径为0.25~0.35 mm,M_x 为2.2~1.6。

特细砂平均粒径为0.25 mm以下,M_x 为1.5~0.7。

混凝土用砂应坚硬、洁净,用来配制混凝土的砂要求清洁不含杂质,以保证混凝土的质量。混凝土用砂的成分及粒径、级配应符合相应的技术标准。

(2)粗骨料分类和颗粒级配。

卵石表面光滑,拌制混凝土和易性好;碎石混凝土和易性要差,但与水泥砂浆黏结较好。

碎石和卵石的级配有两种,即连续粒级和单粒级。颗粒级配详见《混凝土结构工程施工质量验收规范》(GB 50204—2015)中的技术要求。

粗骨料中常含有黏土、淤泥、硫化物和有机杂质等一些有害杂质,其危害作用与在细骨料中相同。因此,粗细骨料中石子的针、片状颗粒、含泥量、含硫化物量和硫酸盐含量等均应符合规范的规定。

3）水和外掺剂

凡是一般能饮用的自来水或洁净的天然水,都可以作为拌制混凝土用水。要求水中不含有能影响水泥正常硬化的有害杂质。工业废水、污水及 pH 小于 4 的酸性水和硫酸盐含量超过水重 1% 的水,均不得用于混凝土中,海水不得用于钢筋混凝土和预应力混凝土结构中。

混凝土外掺剂(外加剂)是指混凝土拌合物中掺入量不超过水泥质量的 5%,就能促使其改性的外加材料。因掺量少,一般在配合比设计时,不考虑其对混凝土体积或质量的影响。

混凝土中掺入适量的外掺剂,能改善混凝土的工艺性能,加速工程进度或节约水泥。近年来外掺剂的应用日益广泛,在混凝土材料中,它已成为不可缺少的组成部分。常加入的外掺剂有早强剂、减水剂、速凝剂、缓凝剂、抗冻剂、加气剂、消泡剂等。长期处于潮湿或水位变动的寒冷和严寒环境,以及盐冻环境的混凝土应掺用加气剂。

(1)早强剂。

早强剂可以提高混凝土的早期强度,对加速模板周转、节约冬期施工费用都有明显效果。

(2)减水剂。

减水剂是一种表面活性材料,能把水泥凝聚体中所包含的游离水释放出来,从而有效地改善和易性,增加流动性,降低水胶比,节约水泥,有利于混凝土强度的增长。

(3)加气剂。

常用的加气剂有松香热聚物、松香皂等。加入混凝土拌合物后,能产生大量微小(直径为 $1\ \mu m$)互不相连的封闭气泡,以改善混凝土的和易性,增加坍落度,提高抗渗和抗冻性。

(4)缓凝剂。

缓凝剂是一种能延缓水泥凝结的外掺剂,常用于夏季施工和要求推迟混凝土凝结时间的施工工艺。如在浇筑给水构筑物或给水管道时,掺入己糖二酸钙(制糖业副产品),掺量为水泥质量的 0.2%~0.3%。当气温在 25 ℃ 左右环境下,每多掺水泥质量的 0.1%,能延缓凝结 1 h。常用的缓凝剂有糖类、木质素磷酸盐类、无机盐类等,其成品有己糖二酸钙、木质素磺酸钙、柠檬酸、硼酸等。

2. 普通混凝土的主要性能

混凝土应具备适宜的和易性,以满足搅拌、运输、浇筑、振捣成型等施工过程操作的要求。混凝土拌合物在振捣成型后,经养护凝结硬化而成混凝土制成品。它应达到设计所需要的强度和抗渗、抗冻等耐久性指标。

1）混凝土拌合物的和易性

和易性是指混凝土拌合物能保持其各种成分均匀、不离析及适合于施工操作的性能,它是混凝土的流动性、黏聚性、保水性等各项性能的综合反映。

通常用于表示混凝土和易性的方法是测定混凝土拌合物的坍落度,是按照规定的方法利用坍落筒和捣棒而测得,坍落度愈大,表明流动度愈大。另外,为描述混凝土在自然堆积状态下的流动能力,增加混凝土扩展度指标,即测量混凝土的流动范围(混凝土流动面积的直径)。根据《预拌混凝土》(GB/T 14902)混凝土拌合物坍落度和扩展度的等级分为 S1~S5、F1~F6,见表 3-3

表 3-3　混凝土拌合物坍落度和扩展度的等级

等级	坍落度/mm	等级	扩展度/mm
S1	10～40	F1	≤340
S2	50～90	F2	350～410
S3	100～150	F3	420～480
S4	160～210	F4	490～550
S5	≥220	F5	560～620
		F6	≥630

　　施工时,坍落度值的确定,应根据结构部位及钢筋疏密程度而异,见表 3-4。坍落度过小则不易操作,甚至因捣固不善而造成质量事故;过大则容易引起拌合物离析。

表 3-4　混凝土拌合物的坍落度值

结 构 种 类	坍落度/cm
基础或地面等的垫层,无配筋厚大结构或配筋稀疏的结构	1～3
板、梁和大型截面的柱子	3～5
配筋密列的结构(薄壁、斗仓、筒仓、细柱等)	5～7
配筋特密的结构	7～9

　　对于干硬性混凝土拌合物(坍落度为零)的流动性采用维勃度仪测定,称为维勃度或干硬度。在维勃度仪的坍落筒内,按规定方法装满混凝土拌合物,拔去坍落筒后开动振动台,拌合物在振动情况下,直至在容器内摊平所经历的时间,即为该混凝土的维勃度值。

　　影响和易性的因素很多,主要是水泥的性质、骨料的粒形和表面性质,水泥浆与骨料的相对含量,外掺剂的性质和掺量,以及搅拌、运输、浇筑振捣等工艺条件等。

　　普通水泥相对密度较大,绝对体积较小,在用水量、水胶比相同时,流动性要比火山灰水泥好。普通水泥与水的亲和力强,同矿渣水泥相比,保水性较好。石子粒径愈大,总比表面积愈小,水泥包裹骨料情况愈好,和易性愈好。当水泥浆量一定时,砂率(系指砂重与砂石总重之比的百分率)大,骨料总比表面积大,水泥浆用于包裹砂粒表面,提供颗粒润滑的浆量减少,混凝土和易性差;砂率过小,混凝土的拌合物干涩或崩散,和易性差,振捣困难。掺入外掺剂的混凝土拌合物,可以显著改善和易性且节约水泥用量。

　　2)混凝土硬化后的性能

　　(1)混凝土的强度及强度等级。

　　混凝土的强度有抗压强度、抗拉强度、抗剪强度、疲劳强度等。

　　混凝土具有较高的抗压强度,因此,抗压强度是施工中控制和评定混凝土质量的主要指标。标准抗压强度系指按标准方法制作和养护的边长为 150 mm 立方体试件,在 28 d 龄期,用标准方法测得的具有 95％保证率的抗压极限强度值(以 MPa 计),用 f_{cu} 表示。根据抗压强度,可将混凝土划分为 C10、C15、C20、C25、C30、C35、C40、C45、C50、C55、C60、C65、C70、C75、C80、C85、C90、C95 和 C100 等 19 级[《混凝土质量控制标准》(GB 5016-2011)],常用等级为 C15～C80 等 14 级[《混凝土结构设计规范》(GB 50010-2010)(2015 年版)]。在给水排水工程中,对于用作贮水或水处理构筑物等钢筋混凝土结构的混凝土强度等级不应低于 C20,素混凝土结构的混凝土强度等级不应低于 C15,采用强度等级 400 MPa 及以上的钢筋时,混凝土强度等级不应低于 C25。

混凝土抗拉强度相当低,但对混凝土的抗裂性却起着重要作用。与同龄期抗压强度的拉压比的变化范围大约为 6%~14%。拉压比主要随着抗压强度的增高而减少,即混凝土的抗压强度越高,拉压比就越小。

混凝土的抗剪强度一般较抗拉强度为大。经验表明,直接抗剪强度约为抗压强度的15%~25%,为抗拉强度的 2.5 倍左右。

混凝土强度主要决定于水泥石的强度(砂浆的胶结力)和水泥石与骨料表面的黏结强度。由于骨料本身最先破坏的可能性小,故混凝土的破坏与水泥强度和水胶比密切关系。此外,混凝土强度也受施工工艺条件、养护及龄期的影响。因此,影响混凝土强度的主要因素有:①水泥强度等级和水胶比;②温度与湿度;③龄期。

(2)混凝土的耐久性。

混凝土在使用中能抵抗各种非荷载外界因素作用的性能,称为混凝土的耐久性。混凝土耐久性的好坏决定混凝土工程的寿命。影响混凝土耐久性的机理主要有冻融循环作用、环境水作用、风化和碳化作用等,其中应注意混凝土的抗冻性、抗渗性、抗侵蚀性及碳化作用。

①混凝土的抗渗性和抗渗等级。

抗渗性是混凝土抵抗压力介质(如水等)渗透的性能。混凝土是非匀质性的材料,其内分布有许多大小不等以及彼此连通的孔隙,孔隙和裂缝是造成混凝土渗漏的主要原因。提高混凝土的抗渗性就要提高其密实度,抑制孔隙,减少裂缝。因此,可用控制水胶比、水泥用量及砂率,以保证混凝土中砂浆质量和数量来抑制孔隙,使混凝土具有较好的抗渗性。

混凝土的抗渗性用抗渗级别 P 表示,如 P4、P6、P8、P10、P12 分别表示混凝土能抵抗 0.4、0.6、0.8、1.0、1.2 MPa 的水压而不渗水,抗渗等级等于或大于 P6 级的混凝土称为抗渗混凝土。

抗渗级别与构筑物内的最大水头和最小壁厚有关(见表 3-5),确定的依据是:抗渗实验是用 6 个圆柱体试件,经标准养护 28 d 后,置于抗渗仪上,从底部注入高压水,每次升压0.1 MPa,恒压 8 h,直至其中 4 个试件未发现渗水时的最大压力,经计算确定该组试件的抗渗级别。

表 3-5　混凝土抗渗级别取值表

最大作用水头与最小壁厚之比值	抗渗级别(P)
<10	4
10~30	6
30~50	8
>50	10

②混凝土的抗冻性及抗冻等级。

抗冻性是指混凝土在饱和水状态下,能经多次冻融循环作用而不破坏,同时也不严重降低强度的性能。混凝土受冻后,其游离水分会膨胀,使混凝土的组织结构遭到破坏。在冻融循环作用下,使冻害进一步加剧。提高密实度是提高混凝土抗冻性的关键,其措施是减小水胶比,掺加引气剂或减水型引气剂等。抗冻性用抗冻等级 F 表示。依据高低分为 F10、F15、F25、

F50、F100、F150、F200、F250、F300 九个等级,分别表示混凝土能够承受反复冻融循环次数为 10、15、25、50、100、150、200、250 和 300 次。抗冻等级等于或大于 F50 的混凝土称为抗冻混凝土。抗冻等级的确定与结构类别、气温及工作条件有关,其依据见表 3-6。

表 3-6　混凝土抗冻等级取值表

气候分区	严寒		寒冷		温和
年冻融循环次数(次)	≥100	<100	≥100	<100	—
结构重要、受冻严重且难于检修部位	F400	F300	F300	F200	F100
受冻严重但有检修条件部位	F300	F250	F200	F150	F50
受冻较重部位	F250	F200	F150	F150	F50
受冻较轻部位	F200	F150	F100	F150	F50
表面不结冻和上下、土中、大体积内部混凝土	F50				

注:1. 最冷月平均气温低于-10 ℃的为严寒区;最冷月平均气温在-3~-10 ℃的为寒冷区;最冷月平均气温大于-3 ℃的为温和区;最冷月平均气温低于-25 ℃地区的混凝土抗冻级别宜根据具体情况研究确定。

2. 该表来自《水工建筑物抗冰冻设计规范》(GB/T 50662)。

抗冻等级是采用一组龄期 28 d,6 或 12 块 15 cm 立方体试块在吸水饱和后,承受反复冻融循环,以抗压强度下降不超过 25%,而且质量损失不超过 5% 时所能承受的最大冻融循环次数来确定的。

③ 混凝土抗侵蚀性。

受环境条件(地表水、地下水、污废水和土壤中含有盐、氯化物、生物等)的影响,混凝土性能会发生变化,由于混凝土在这种环境中使用遭受侵蚀,引起硬化后水泥成分的变化,使其强度降低而遭破坏。混凝土的腐蚀是一个很复杂的过程。一般可将混凝土的腐蚀分为溶蚀性腐蚀、某些盐酸溶液和镁盐的腐蚀、结晶膨胀性腐蚀。其腐蚀机理为物理作用、化学腐蚀、微生物腐蚀。防侵蚀措施有:采用高性能混凝土,提高混凝土的密度,增大混凝土的保护层厚度(侵蚀环境下,保护层厚度不得小于 5 cm),严格控制混凝土水胶比及胶凝材料总量,混凝土表面涂上防腐蚀材料等。

④ 混凝土碳化作用。

混凝土失去碱性的现象即为碳化。碳化作用的结果将使混凝土的碱度降低,减弱了对钢筋的保护作用,导致钢筋的锈蚀。碳化还会引起混凝土收缩(碳化收缩),容易使混凝土的表面产生细微的裂缝。防止混凝土碳化措施有:选择合适的水泥品种、配合比、外掺剂以及高质量的原材料;严格施工工艺,确保混凝土的密实性;采取环氧基液涂层保护混凝土等。

3.1.4　现浇混凝土施工

现浇混凝土工程的施工,是指将拌制良好的混凝土拌合物,经过运输、浇筑入模、密实成型和养护等施工过程,使其最终成为符合设计要求的结构物。

1. 搅拌

搅拌是将配合比确定的各种材料进行均匀拌合,经过搅拌的混凝土拌合物,水泥颗粒分散度高,有助于水化作用进行,能使混凝土拌合物的和易性良好,具有一定的黏性和塑性,便于后续施工过程的操作、质量控制、提高强度。

1)搅拌方式

混凝土的搅拌主要分为自落式和强制式两种形式。自落式搅拌的作用是水泥和骨料在旋转的搅拌筒内不断被筒内壁叶片卷起,又靠重力自由落下而搅拌,常用自落式搅拌机。这种搅拌方式多用于搅拌塑性混凝土,搅拌时间一般为90~120秒/盘,自落式搅拌机筒体和叶片磨损较小,易于清理,但搅拌力量小,动力消耗大,效率低。

强制式搅拌机主要是根据剪切机理设计的,其鼓筒水平放置,本身不转动,搅拌时靠两组叶片绕竖轴旋转,将材料强行搅拌,强制其产生环向、径向和竖向运动。这种搅拌方式作用强烈均匀,质量好,搅拌速度快,生产效率高,适宜于搅拌干硬性混凝土、轻骨料混凝土和低流动性混凝土。

2)混凝土拌合物的搅拌

搅拌时应严格掌握材料配合比,各种原材料按质量计的允许偏差应符合规范要求。

搅拌混凝土时装料顺序为:石子→水泥→砂子,投料时砂压住水泥,不致产生水泥飞扬,且砂和水泥先进入搅拌筒形成水泥砂浆,可缩短包裹石子的时间。

混凝土拌合物的搅拌时间,是指从原料全部投入搅拌机筒时起,至拌合物开始卸出时止。搅拌时间随搅拌机类型、容积、混凝土材料、配合比及拌合物和易性的不同而异。搅拌时间过短,不能使混凝土搅拌均匀。在一定范围内随搅拌时间的延长而强度有所提高,但过长时间的搅拌,既不经济又不合理,因为搅拌时间过长,不坚硬的粗骨料在大容量搅拌机中会因脱角、破碎等而影响混凝土的质量,加气混凝土也会因搅拌时间过长而使含气量下降。为了保证混凝土的拌合质量,其最短搅拌时间应符合表3-7规定。

表3-7 混凝土搅拌的最短时间(s)

混凝土坍落度 /mm	搅拌机类型	搅拌机出料量/L		
		< 250	250~500	> 500
≤40	自落式	90	120	150
	强制式	60	90	120
>40且<100	自落式	90	90	120
	强制式	60	60	90
≥100	自落式	90		
	强制式	90		

注:1.掺有外加剂时,搅拌时间应适当延长;

2.全轻混凝土、砂轻混凝土搅拌时间应延长60~90 s。

3)搅拌站

混凝土拌合物搅拌站的设置有工厂型和现场型。工厂型搅拌站为大型永久性或半永久性的混凝土生产企业,向若干工地供应商品混凝土拌合物。我国目前在大中城市已分区设置了容量较大的永久性混凝土搅拌站,拌制后用混凝土拌合物运输车分别送到施工现场。对建设规模大、施工周期长的工程,或在邻近有多项工程同时进行施工,可设置半永久性混凝土搅拌站。这种设置集中站点统一拌制混凝土,便于实行自动化操作和提高管理水平,对提高混凝土质量、节约原材料、降低成本,以及改善现场施工环境等都具有显著优点。

现场搅拌站是根据工地任务大小,结合现场条件,因地制宜设置。为了便于建筑工地转移,通常采用流动性组合方式,使机械设备组成装配连接结构,能尽量做到装拆、搬运方便。现场搅拌站的设计也应做到自动上料、自动称量、机动出料和集中操纵控制,使搅拌站后台(指原材料进料方向)上料作业走向机械化、自动化生产。目前,考虑到文明施工和环境保护的需要,在城镇给排水工程施工中多依靠集中式搅拌站来提供商品混凝土,现场的混凝土搅拌主要用于城区外的施工现场。

2. 运输

运输混凝土拌合物所应采用的方法和选用的设备,取决于构(建)筑物的结构特点、单位时间(日或小时)要求浇筑的混凝土量、水平和垂直运输距离、道路条件以及现有设备的供应情况、气候条件等因素的综合考虑。

1)混凝土运输的要求

混凝土拌合物从搅拌机卸出后到灌进模板中的时间间隔(称为运输时间)应尽可能缩短,一般不宜超过表3-8的规定。

使用快硬水泥或掺有促凝剂的混凝土拌合物,其运输时间应根据水泥性能及凝结条件确定。

表 3-8　混凝土拌合物从搅拌机中卸出后到浇筑完毕的延续时间(min)

混凝土生产地	气温/℃	
	≤25	>25
预拌混凝土搅拌站	150	120
施工现场	120	90
混凝土制品厂	90	60

2)运输机具

(1)水平运输机具。

常用的水平运输设备有手推车、机动翻斗车、井架、塔式起重机、混凝土搅拌输送车及皮带运输机等。

混凝土搅拌输送车为长距离运输混凝土的有效工具,它是在汽车底盘上加装一台搅拌筒制成。将搅拌站生产的混凝土拌合物装入搅拌筒内,直接运至施工现场。在运输途中,搅拌筒以 2～4 r/min 在不停地慢速转动,使拌合物经过长距离运输后,不致产生离析。当运输距离过长时,由搅拌站供应干料,在运输中加水搅拌,以避免长途运输导致混凝土坍落度损失过大。使用干料途中自行加水搅拌速度,一般应为 6～18 r/min。

(2)垂直运输机具。

常用垂直运输机具有塔式起重机和井架物料提升机。塔式起重机均配有料斗,可直接把混凝土拌合物卸入模板中而不需要倒运。

(3)混凝土泵运输。

混凝土泵是以泵为动力,将混凝土拌合物装入泵的料斗内,通过管道将混凝土拌合物直接输送到浇筑地点,一次完成了水平及垂直运输,在大体积混凝土和高大构(建)筑物施工中普遍应用。

用泵运输混凝土拌合物的装置主要包括混凝土泵及管道两大部分。

混凝土泵有气压、液压活塞及挤压等几种类型,目前应用较多的是活塞式。按照推动活塞的方式又可分为机械式(曲轴式)及液压式等,后者较为先进。

泵送混凝土拌合物可采用固定式混凝土泵或移动泵车。固定式混凝土泵使用时,需用汽车运到施工地点,然后进行拌合物输送,一般最大水平输送距离为 250～600 m,最大垂点输送高度为 150 m,输送能力为 60 m³/h 左右。

移动式泵车是将液压活塞式混凝土泵固定安装在汽车底盘上,使用时开至需要施工的地点,进行混凝土拌合物泵送作业。当浇灌地点分散,可采用带布料杆的泵车进行水平和垂直距离输送,泵的软管直接把混凝土拌合物浇灌到模型内。

施工时,要合理布置混凝土泵车的安放位置,尽量靠近浇筑地点,并须满足两台混凝土搅拌输送车能同时就位,使混凝土泵能不间断地连续压送,避免中途停歇引起管路堵塞。输送管线宜直,转弯宜缓,接头应严密。

泵送混凝土拌合物应有良好的调稠度和保水性,称为可泵性。可泵性优劣取决于骨料品种、级配,水胶比,坍落度,单方混凝土的水泥用量等因素,其配合比应符合现行有关规范的规定。

3. 浇筑

混凝土拌合物的浇筑(浇灌与振捣)是混凝土工程施工中的关键工序,对于混凝土的密实度和结构的整体性都有直接的影响。混凝土拌合物的浇筑要保证混凝土的均匀性和密实性,要保证结构的整体性、尺寸准确,钢筋、预埋件的位置正确,新旧混凝土结合良好,拆模后混凝土表面要平整、光洁。

1)混凝土拌合物的浇灌

(1)防止离析。

浇筑混凝土时,混凝土拌合物由料斗、漏斗、混凝土输送管、运输车内卸出时,如自由倾落高度过大,由于粗骨料在重力作用下,克服黏着力后的下落动能大,下落速度较砂浆快,因而可能形成混凝土离析。为此,浇灌时,应注意防止分层离析,当浇灌自由倾落高度超过 2 m 或在竖向结构中浇灌高度大于 3 m 时,须采用串筒、斜槽、溜管或振动溜管等缓降器下料。

在浇灌中,应经常观察模板、支架、钢筋和预埋件、预留孔洞的情况,如发生有变形、移位时,应及时停止浇灌,并在已浇灌的混凝土拌合物凝结前修整完好。

(2)分层浇灌。

混凝土拌合物的浇灌高度太大时,应分层进行浇灌以使混凝土拌合物能够振捣密实,在下层混凝土拌合物凝结之前,上层混凝土拌合物应浇灌振捣完毕,以保证混凝土浇筑的整体性要求。

(3)混凝土浇筑的间歇时间。

浇筑混凝土拌合物应连续进行,以保证构筑物的强度与整体性。施工时,上、下层相邻部分拌合物浇灌的时间间隔以不超过初凝时间为准,浇灌间歇的最长时间应按使用水泥品种及混凝土凝结条件确定,并不得超过表 3-9 的规定。

表 3-9　浇筑混凝土拌合物的间歇时间

混凝土强度等级	气温/℃	
	≤25	>25
≤C30	210 min	180 min
>C30	180 min	150 min

（4）正确留置施工缝。

如因技术或组织上的原因，整体构筑物的混凝土拌合物不能连续浇筑，且停顿时间有可能超过混凝土的初凝时间，则应预先选定适当部位设置施工缝。由于混凝土的抗拉强度约为其抗压强度的 1/10，因而施工缝是结构中的薄弱环节，施工缝的位置应设置在结构受剪力较小且便于施工的部位。例如浇筑贮水构筑物及泵房设备地坑，施工缝可留在池（坑）壁、距池（坑）底混凝土面 30～50 cm 的范围内。在施工缝处继续浇筑混凝土拌合物时，已浇筑的混凝土抗压强度应达到 1.2 N/mm²。同时，对已硬化的混凝土表面清除松动砂石和软弱层面，并加以凿毛，用水冲洗并充分湿润后铺 3～5 cm 厚水泥砂浆衔接层（配合比与混凝土内的砂浆成分相同），再继续浇筑新混凝土拌合物，以保证接缝的质量。

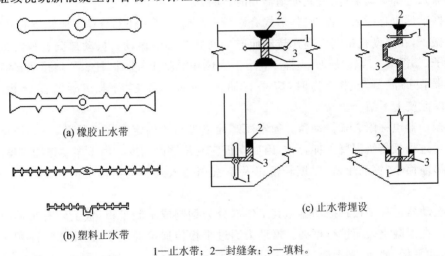

(a) 橡胶止水带

(b) 塑料止水带

(c) 止水带埋设

1—止水带；2—封缝条；3—填料。

图 3-13　止水带装置图

大面积混凝土底板或池壁，为了消除水泥水化收缩而产生的收缩应力或收缩裂缝对结构质量的影响，须设置伸缩缝。长距离条形构筑物，如现浇混凝土管沟、长池壁、管道基础等，为了防止地基不均匀沉降对结构质量的影响，须设置沉降缝。在实际施工中，施工缝一般设在伸缩缝和沉降缝处。

贮水构筑物的伸缩缝和沉降缝均应做止水处理，为了防止地下水渗入，地下非贮水构筑物的伸缩缝和沉降缝也应做止水处理。常用的止水带（片）有橡胶、塑料、止水钢板、钢边橡胶等，如图 3-13 所示。另外，施工中构筑物底板与墙体之前的施工缝处理一般采用止水钢板。

4. 振捣

混凝土拌合物浇灌后，需经密实成型才能赋予混凝土制品或结构一定的外形和均一的内部结构，混凝土的强度、抗冻性、抗渗性、耐久性等皆与密实成型的好坏有关。

对混凝土进行振捣是为了提高混凝土拌合物的密实度。振捣前浇灌的混凝土拌合物是松散的,在振捣器高频率、低振幅振动下,拌合物内颗粒受到连续振荡作用,成"重质流体状态",颗粒间摩阻力和黏聚力显著减少,流动性显著改善。粗骨料向下沉落,粗骨料孔隙被水泥砂浆填充,拌合物中空气被排挤,形成小气泡上浮,消除空隙。一部分水分被排挤,形成水泥浆上浮。混凝土拌合物充满模板,密实度和均一性都增高。干稠混凝土在高频率振捣作用下可获得良好流动性,与塑性混凝土比较,在水胶比不变条件下可节省水泥,或在水泥用量不变条件下可提高混凝土强度。

振捣的效果和生产率,与所采用的振捣方法(插入振捣或表面振动)和振捣设备性能(振幅、频率、激振力)有关。混凝土捣实的难易程度取决于混凝土拌合物的和易性、砂率、重度、空气含量、骨料的颗粒大小和形状等因素。和易性好,砂率恰当和加入减水剂振捣较易,碎石混凝土则较卵石混凝土相对困难。

混凝土的振捣有人工和机械两种方式。

人工振捣一般只在缺少振动机械和工程量很小的情况,或在流动性较大的塑性混凝土拌合物中采用。振动机械按其工作方式,可以分为内部振动器(插入式振动器)、表面振动器(平板式振动器)、外部振动器(附着式振动器)和振动台。

内部振动器也称插入式振动器,形式有硬管和软管。其工作部分是一棒状空心圆柱,内部装有偏心振子,在电动机带动下高速转动而产生高频微幅的振动。振动部分有偏心振动子和行星振动子,如图 3-14(a)所示。主要适用于大体积混凝土、基础、柱、梁、厚度大的板等。用内部振动器振捣混凝土拌合物时,应垂直插入,并插入下层尚未初凝的拌合物中 50~100 mm,以促使上下结合。

外部振动器也称附着式振动器。通常用螺栓或夹钳等固定在模板外部,偏心块旋转所产生的振动通过模板传给混凝土拌合物,因而模板应有足够的刚度。由于振动作用深度较小,仅适用于振捣断面小、钢筋较密、厚度较薄以及不宜用插入式振动器捣实的结构,图 3-14(b)所示。

表面振动器也称平板式振动器。其工作部分为钢制或木制平板,板上装有带偏心块的电动振动器。在混凝土表面进行振捣。振动力通过平板传递给混凝土,适用于表面积大而平整的结构物,如平板、地面、基础等,如图 3-14(c)所示。

振捣台是混凝土制品厂中的固定生产设备,用于振实预制构件。

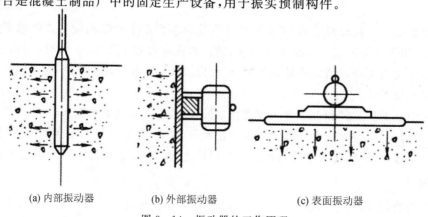

(a) 内部振动器　　　　(b) 外部振动器　　　　(c) 表面振动器

图 3-14　振动器的工作原理

5. 养护

混凝土拌合物经浇筑密实均一成型后,通过其中水泥的水化作用实现凝结和硬化。水泥的水化作用必须在适当的温度与湿度条件下才能完成,如气候炎热、空气干燥、不及时进行养护,混凝土拌合物中水分会蒸发过快,出现脱水现象,使已形成混凝土表面出现片状或粉状剥落,影响混凝土的强度。此外,在混凝土拌合物尚未具备足够的强度时,其中水分过早蒸发还会产生较大的收缩变形,出现干缩裂纹,影响混凝土的整体性和耐久性。因此,为保证混凝土在规定龄期内达到设计要求的强度,并防止产生收缩裂缝,必须认真做好养护工作。

在现场浇筑的混凝土,当自然气温高于 5 ℃ 的条件下,通常采用自然养护。自然养护有覆盖浇水养护和塑料薄膜养护。

覆盖浇水养护是利用平均气温高于 5 ℃ 的自然条件,用适当材料(如草袋、芦席、锯末、砂)对混凝土表面加以覆盖并经常浇水,使混凝土在一定时间内保持足够的湿润状态。

混凝土浇筑后初期阶段的养护非常重要。对于一般塑性混凝土,养护工作应在浇筑完毕 12 h 内开始进行,对于干硬性混凝土或当气温很高、湿度很低时,应在浇筑后立即进行养护。养护时间长短取决于水泥品种。混凝土浇水养护日期可参照表 3–10。

表 3–10 混凝土养护时间参考表

分类		浇水养护时间/d
拌制混凝土的水泥品种	硅酸盐水泥;普通硅酸盐水泥;矿渣硅酸盐水泥	≥7
	抗渗混凝土 混凝土中掺用缓凝型外掺剂	≥14

养护初期,水泥的水化反应较快,需水也较多,应注意头几天的养护工作,在气温高、湿度低时,应增加洒水次数。一般当气温在 15 ℃ 以上时,在开始三昼夜中,白天至少每 3 h 洒水一次,夜间洒水两次。在以后的养护期中,每昼夜应洒水三次左右,保持覆盖物湿润。在夏日因充水不足或混凝土受阳光直射,水分蒸发过多,水化作用不足,混凝土发干呈白色,发生假凝或出现干缩细小裂缝时,应仔细加以遮盖,充分浇水,加强养护工作,并延长浇水日期进行补救。

对大面积结构如水池底板和顶板等可用湿砂覆盖和蓄水养护。贮水池可于拆除内模、混凝土达到一定强度后注水养护。

塑料薄膜养护是将塑料溶液喷洒在混凝土表面上,溶液经挥发后塑料与混凝土表面结合成一层塑料薄膜,将混凝土与空气隔绝使封闭混凝土中的水分不被蒸发,以保证水化作用的正常进行,这种方法一般适用于不宜洒水养护的高耸构筑物、表面积大的混凝土施工和缺水地区。成膜溶液的配制可用氯乙烯-偏氯乙烯共聚乳液,用 10% 磷酸三钠中和,pH 为 7~8,用喷雾器喷涂于混凝土表面。地下建筑或基础,可在其表面涂刷沥青乳液以防止混凝土内水分蒸发。

混凝土必须养护至其强度达到 1.2 N/mm² 以上,始准许在其上行人或安装模板和支架。

3.1.5 构筑物渗漏检验

对给水排水工程中贮水或水处理钢筋混凝土构筑物,除检查强度和外观外,还应做渗漏、闭气检查等,详见本书第 4 章。

3.2 水下灌筑混凝土

在进行基础施工时,如灌筑连续墙、灌注桩、沉井封底等,有时地下水渗透量大,大量抽水又会影响地基质量,或在江河水位较深、流速较快情况下修建取水构筑物时,常可采用直接在水下灌筑混凝土的方法。

在水下灌筑混凝土,应解决如何防止未凝结的混凝土中水泥流失的问题。当混凝土拌合物直接向水中倾倒,在穿过水层达到基底的过程中,由于混凝土的各种材料所受浮力不同,会形成水泥浆和骨料分解,骨料先沉入水底,而水泥浆则会流失在水中,以致无法形成混凝土。混凝土水下施工方法须针对上述问题,并结合水深、结构形式和施工条件等选定。一般分为水下灌筑法和水下压浆法,但目前水下压浆法应用较少,这里不再赘述。

水下灌筑法按照施工特点可以分为直接灌筑法、导管法、泵压法、柔性管法和开底容器法等,目前施工中使用较多的方法是导管法和泵压法。

3.2.1 导管法

导管法浇筑是将混凝土拌合料通过导管下口进入到初期浇筑的混凝土(作为隔水层)底部,新浇筑的混凝土顶托着初期浇筑的混凝土上升并向周边扩展的水下混凝土浇筑方法。导管法可以避免新灌筑的混凝土与水直接接触而产生的水泥流失现象,如图 3-15 所示。

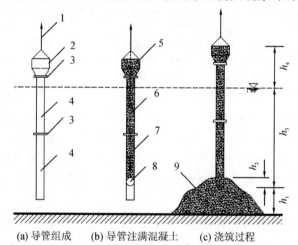

(a) 导管组成　　(b) 导管注满混凝土　　(c) 浇筑过程

1—吊索;2—贮料斗;3—密封接头;4—导管;5—料斗混凝土;
6—钢丝;7—隔水塞;8—混凝土堆。

图 3-15　水下灌筑混凝土

导管一般直径 200～300 mm(至少为最大骨料粒径的 8 倍),每节长为 1～2 m,各节用法兰盘密封连接,以防漏浆和漏水。使用前需将全部长度导管进行试压。导管顶部装有混凝土拌合物的漏斗,容量一般为 0.8～1.0 m³。漏斗和导管使用起重设备吊装安置在支架上。导管下口安有活门和活塞,从导管中间用绳或钢丝吊住,灌筑前用于封堵导管。活塞可用木、橡皮或钢制,如采用混凝土制成,可不再回收。

开始灌注前,应先清理基底,除去淤泥和杂物,并复核设计要求的高程。

为使水下灌筑的混凝土有足够的强度和良好的和易性,应对材料和配合比提出相应要求。一般水泥采用普通硅酸盐水泥或矿渣硅酸盐水泥,强度等级不低于 32.5 级,并试验水泥的凝结时间。为了保障混凝土强度,水胶比不宜大于 0.6。混凝土拌合物坍落度为 15～20 cm,粗骨料可选用卵石,最大粒径不应超过管径的 1/8。为了改善混凝土性能,可掺入表面活性外掺剂,形成黏聚性好、泌水性小的流态混凝土拌合物。

灌筑开始时,将导管下口降至距基底表面 h_1 约 30～50 cm 处,太近则容易堵塞,太远则要求管内混凝土量较多,因为开管前管内混凝土量要使混凝土冲出后足以封住并高出管口。第一次灌入管内的混凝土拌合物数量应预先计算,要求灌入的混凝土能封住管口并略高出管口,h_2 应为 0.5～1.0 m。管口埋入过浅则导管容易进水,过深管内拌合物难以倾出。此外,管内混凝土顶面应高出水面 h_3 约 2.5 m,以便将混凝土压入水中。

当管内混凝土的体积及高度满足以上要求时,剪断钢丝,混凝土拌合物冲开塞子而进入水内,形成混凝土堆并封住管口。如用木塞则木塞浮起,可以回收。这一过程称为"开管"。此后一边均衡地灌筑,一边缓缓提起导管,并保持导管下口始终在混凝土表面之下一定深度。这样与水接触的只是混凝土的表面,新浇筑混凝土则与水隔开,这样可以防止地下水把上、下两层混凝土隔开,影响灌筑质量。导管下口埋得越深,则混凝土顶面越平,但也越难浇筑。灌筑速度以每小时提升导管 0.5～3 m 为宜,灌筑强度每个导管可达 15 m³/h。

开管以后,应注意保证连续灌筑,防止堵管。在整个浇筑过程中,应避免在水平方向移动导管,为避免造成管内进水事故,直到混凝土顶面接近设计标高时,才可将导管提起,换插到另一浇筑点。一旦发生堵管,如半小时内不能排除,应立即换插备用导管。

当灌筑面积较大时,可以同时用数根导管进行灌筑。导管的作用半径与混凝土坍落度及灌筑压头有关,一般一根导管的有效工作直径为 5～6 m。

采用多根导管同时进行灌筑,要合理布置导管,以使混凝土顶面标高不致相差过大。

水下混凝土灌筑完毕后,应对顶面进行清理,清除顶面厚约 20 cm 的松软部分,然后再建造上部结构。

如水下浇筑的混凝土体积较大,将导管与混凝土泵结合使用可以取得较好的效果。

3.2.2 泵压法

当在水下需灌筑的混凝土体积较大时,可以采用混凝土泵将拌合物通过导管灌筑,加大混凝土拌合物在水下的扩散范围,并可减少导管的提升次数及适当降低坍落度(10～12 cm)。泵压法的一根导管的灌筑面积达 40～50 m²,当水深在 15 m 以内时,可以筑成质量良好的构筑物。

3.3 混凝土的季节性施工

3.3.1 混凝土的冬期施工

1. 混凝土的冬期施工原理

混凝土的凝结硬化是要在正温度和湿润的环境下进行,其强度的增长将随龄期延长而提高。

新浇混凝土中存在的水处于 0 ℃以下负温环境时开始冻结,水泥的水化作用停止,混凝土的强度将无法增长。温度再降至 $-2\sim-4$ ℃,由于混凝土内的自由水结冰后,体积膨胀(8%~9%),混凝土内部产生很大的冰胀应力,破坏了内部结构而冻裂,致使混凝土的强度、密实性及耐久性显著降低,已不可能达到原设计要求的性能指标。

混凝土的冬季浇筑常用的技术措施包括采用蓄热法、暖棚法、加热法等施工工艺,采用综合蓄热法、负温养护等养护技术。

混凝土冬期施工除上述早期冻害外,还需注意拆模不当带来的冻害。混凝土构件拆模后表面急剧降温,由于内外温差较大会产生较大的温度应力,亦会使表面产生裂纹,在冬期施工中亦应力求避免这种冻害。

为了掌握冬期施工的温度界限,《混凝土结构工程施工质量验收规范》(GB 50204)规定:应根据当地多年气温资料,凡昼夜室外平均气温连续 5 d 相对稳定低于 +5 ℃,即进入冬期施工,就应采取一定的冬期施工技术措施。

混凝土冬期施工的技术措施,可按不同施工阶段分为:①在浇筑前使混凝土或其组成材料升高温度,使混凝土尽早获得强度;②在浇筑后,对混凝土进行保温或加热,保持一定的温湿条件,并继续进行养护。

2. 浇筑成型前混凝土拌和物预热措施

混凝土在浇筑成型前要经过拌制、运输、浇灌、振捣成型多道工序,因此,在冬期施工中,为了防止混凝土在硬化初期遭受冻害,就要使混凝土拌和物具有一定的正温度,以延长混凝土在负温下的冷却时间,并使之较快地达到抗冻临界强度,为此需要对其进行加热。

对混凝土拌和物的加热,通常是先对混凝土的组成材料(水、砂、石)加热,使混凝土拌和物具有正温度。材料加热,应优先使水加热,方法简便,水的比热是砂、石的 4 倍,加热效果好。水的加热温度不宜超过 80 ℃,因为水温过高,当与水泥拌制时,水泥颗粒表面会形成一层薄的硬壳,影响混凝土的和易性且后期强度低(称为水泥的假凝)。当需要提高水温时,可将水与骨料先行搅拌,使砂石变热,水温降低后,再加入水泥共同搅拌。

石料由于用量多、质量大、加热比较麻烦,当需要骨料加热时,应先加热砂,确有必要时再加热石料。水泥由于上述原因不得直接加热,可提前搬入搅拌机棚以保持室温。拌和用水及骨料加热的温度,应符合表 3 - 11 的规定。

表 3 - 11　拌和用水及骨料最高温度

水泥强度等级	拌和用水/℃	骨料/℃
小于 42.5	80	60
42.5、42.5R 及以上	60	40

骨料加热可用将蒸汽直接通到骨料中的直接加热法或在骨料堆、贮料斗中安设蒸汽盘管进行间接加热。工程量小也可放在铁板上用火烘烤。当骨料不需加热时,也必须除去骨料中的冰凌后再进行搅拌。

1)混凝土的拌制

搅拌前,应先用热水或蒸汽冲洗搅拌机,使其预热,然后投入已加热的材料。为使搅拌过程中混凝土拌和物温度均匀,搅拌时间应比常温时间延长50%。

冬期施工应严格控制混凝土配合比,水泥应选用硅酸盐水泥或普通硅酸盐水泥,以增加水泥水化热、缩短养护时间。凝胶材料用量每立方米混凝土中不宜少于320 kg,水胶比不应大于0.5。为了控制坍落度,可适当加入引气型减水剂。

拌制混凝土应严格掌握温度,使混凝土拌合物的出机温度不应低于10 ℃,入模温度应大于5 ℃。

2)混凝土拌合物的运输和浇筑

冬期施工外界处于负温环境中,由于空气和容器的传导,混凝土拌合物在运输和浇筑过程中热量会有较大损失。因此,应尽量缩短运距,选择最佳运输路线;正确选择运输容器的形式、大小和保温材料;尽量减少装卸次数,合理组织装卸工作。

由于影响因素很多,不易掌握,应加强现场实测温度,并依此进行温度调整,使混凝土开始养护前的温度不应低于5 ℃。

在浇筑混凝土基础时,为防止地基土冻胀及混凝土冷却过快,浇筑前须先加热到0 ℃以上,并将已冻胀变形部分消除。为保证混凝土在冻结前达到抗冻临界强度,混凝土的温度应比地基土温度高出10 ℃。

3. 混凝土的冬期养护

将混凝土的组成材料经加热直到浇筑成型等过程,使混凝土仍具有一定温度后,即进入在负温度条件下的养护阶段。

冬期施工中混凝土的养护方法有很多,可分为蓄热养护和加热养护两类。

1)蓄热养护法

蓄热养护是将水泥水化过程中产生的水化热或经材料加热浇筑后的热混凝土四周用保温材料严密覆盖,利用水泥的水化热量或预热,使混凝土缓慢冷却,当混凝土温度降至0 ℃时可达到抗冻临界强度或预期的强度要求。蓄热养护是最基本的养护方法,在采用加热养护时,为了节能和降低费用,必须十分注意加强蓄热。

蓄热法具有节能、简便、经济等优点。采用此法宜选用强度等级较高、水化热较大的硅酸盐水泥和普通硅酸盐水泥,同时选用导热系数小、价廉耐用的保温材料,一般可用稻草帘(稻草袋)、麦秆、高粱秸、油毛毡、刨花板、锯末等。覆盖地面以下的基础时,也可采用松土。当一种保温材料不能满足要求时,常采用几种材料或用石灰锯末保温。在锯末石灰上洒水,石灰就能逐渐发热,减缓构件热量散失。

混凝土浇筑后,在养护中应建立严格的测温制度,当发现混凝土温度下降过快或遇气温骤然下降,应立即采取补加保温或人工加热等措施,以保证工程质量。

蓄热法养护适用于结构表面系数7以下及室外平均气温在0~-10 ℃的季节。如将其他方法与蓄热法结合使用,可应用到表面系数达18以内的结构。当浇筑后的混凝土温度不低于10 ℃时,如保温适当,大约5~7 d混凝土可达到标准强度的40%左右,能满足抗冻临界强度的要求。采用蓄热法养护应进行必要的热工计算。

蓄热法养护的三个基本要素是混凝土的入模温度、围护层的总传热系数和水泥水化热值。应通过热工计算调整以上三个要素,使混凝土冷却到0 ℃时强度能达到临界强度的要求。

2)加热养护法

加热养护是指当外界气温过低或混凝土散热过快时,须补充加热混凝土的方法,如暖棚养护法、蒸汽加热养护法、电热法、红外线加热法等。

（1）暖棚养护法。

暖棚养护法是在施工的结构或构件周围搭建暖棚，当浇筑和养护混凝土时，棚内设置热源，以维持棚内的正温环境，使混凝土在正温下凝结硬化。这种方法的优点是：混凝土的施工操作与常温无异、方便可靠；其缺点是：需大量材料和人工搭建暖棚，需增设热源，费用较高。该方法适用于结构面积和高度不大且混凝土浇筑集中的工程。

暖棚搭建应严密，不能过于简陋。为节约能源和降低成本，在便利施工的前提下，应尽量减少暖棚的体积。当采用火炉作为热源时，应注意安全防火。

（2）蒸汽加热养护法。

蒸汽加热养护法是利用低压湿饱和蒸汽（压力不高于 0.07 MPa，温度为 95 ℃，相对湿度为 100％）的湿热作用来养护混凝土。这种方法的优点是：蒸汽含热量高、湿度大，对于室外平均气温很低、构件表面系数大、养护时间要求很短的混凝土工程，可采用这种方法。其缺点是：温度、湿度不易保持均匀稳定，现场管道多，容易发生冷凝和冰冻，热能利用率低。用蒸汽加热养护混凝土，当用普通硅酸盐水泥时温度不宜超过 80 ℃，用矿渣硅酸盐水泥时可提高到 85～95 ℃。使用该方法养护时升温、降温速度亦有严格控制，并应设法排除冷凝水。

蒸汽加热一般分为两种方式：一种是将蒸汽引入构件内部的空洞中对混凝土进行湿热养护，可称内热法；另一种是将蒸汽引到构件外部，使热量传导给混凝土使之升温，可称外热法。

内热法常用的有蒸汽套法、蒸汽室法及内部通汽法等，其中蒸汽室法主要用于预制厂生产。内部通汽法是利用在混凝土结构或构件内部预留孔道，通入蒸汽进行孔道内加热养护的方法。孔道在浇筑前在楼板内预埋钢管，混凝土浇筑后，待终凝即可将钢管抽出。蒸汽养护结束后，将孔道用水泥砂浆或细石混凝土填塞。该法可用于厚度较大的构件。

外热法常用于垂直结构，如柱的混凝土加热养护。蒸汽通过在楼板内开成的通汽槽（称为毛管模板）以加热混凝土。这种方法使用蒸汽少，加热均匀，温度易控制，养护时间较短。但设备复杂，花费多且模板损失也较大。

蒸汽养护应确定加热的延续时间和升降温速度以及拆模时间等。

升降温速度见表 3-12。模板和保温层的拆除时间，应使混凝土温度冷却到 5 ℃后，混凝土与外界温度温差小于 20 ℃时进行。拆模以后混凝土表面应以保温材料覆盖，使构件表面缓慢冷却。未完全冷却的混凝土有较高的脆性，不得在冷却前，遭受冲击荷载或动力荷载的作用。

表 3-12　蒸汽养护混凝土时的升、降温速度

表面系数/m⁻¹	升温速度/(℃/h)	降温速度/(℃/h)
≥6	15	10
<6	10	5

（3）电热法。

电热法是利用通过不良导体混凝土或电阻丝发出的热量，加热养护混凝土。电热法加热期短，但耗电量较大，附加费用较高。电热法分为电极法、电热毯加热法及工频涡流加热法。常用的电极法效果良好。

电极法是在混凝土结构内部或表面设置电极，通以低压电流，由于混凝土的电阻作用，使

电能变为热能,产生热量对混凝土进行加热。

电热混凝土的电极布置应保证温度均匀,一般用钢筋或薄钢片制成。薄片形电极固定在模板内壁,用于少筋的墙、池壁、带形基础、梁或大体积混凝土结构中,如图 3 - 16 所示。由于弯钩、搭接等原因,混凝土内钢筋配制的不均匀,采用钢筋做电极将导致加温不匀,不能获得预期的加热效果。需采用专门作为电极的钢筋插入混凝土内部,以使混凝土加热均匀。电极较薄钢片的表面电极加热效果好。

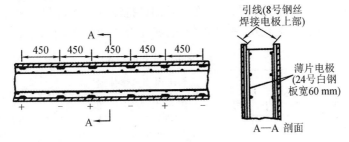

图 3 - 16　薄钢片电极

电热时,混凝土中的水分蒸发对最终强度影响较大,混凝土的密实度愈低,这种影响愈显著。电加热养护属高温感热养护,温度过高水分过分蒸发,导致混凝土脱水。故养护过程中,应注意其表面情况,当开始干燥时,应先停电,随之浇洒温水,使混凝土表面湿润。为了防止水分蒸发,亦应对外露表面进行覆盖。

电热装置的电压一般为 50~110 V,在无筋结构或含筋量不大于 50 kg 的结构中,可采用 120~220 V。随着混凝土的硬化、游离水的减少,混凝土电阻增加,电压亦应逐渐增加。

电热法养护混凝土的最高温度应控制在表 3 - 13 中的数值。

表 3 - 13　电热法养护混凝土最高温度(℃)

水泥强度等级	结构表面系数/m^{-1}		
	<10	10~15	>15
42.5		40	35

加热过程中,混凝土体内应有测温孔,随时测量混凝土温度,以便控制电压。

4. 负温下的冷混凝土施工(外掺剂法)

上述的各种方法,是将混凝土加热以保持在正温条件下硬化,并尽快达到抗冻临界强度或预期的强度要求。此外,在冬期还可以采用配制冷混凝土的方法来施工,混凝土可在 0 ℃～-10 ℃温度下硬化,而无须加热养护。

在冬期混凝土施工中加入适量的外掺剂,使混凝土强度迅速增长,在冻结前达到要求的临界强度,或降低水的冰点,使混凝土能在负温条件下凝结、硬化。这是混凝土冬期施工的有效、节能和简便的施工方法。

冷混凝土的应用范围可用于不易蓄热保温和加热措施,对强度增长速度要求不高的结构,如圈梁、过梁、挑檐、地面垫层以及围护管道结构、厂区道路、挡土墙等。

冷混凝土的工艺特点是将预先加热的拌合用水、砂(必要时也加热)、石与水泥、适量的负温硬化剂溶液混合搅拌,经浇筑成型的混凝土具有一定的正温度(不应低于 5 ℃)。浇筑后用保温材料覆盖,不需加热养护,混凝土就在负温条件下硬化。

负温硬化剂的作用是能有效地降低混凝土拌合物中水的冰点,在一定的负温条件下,可以使含水率低于10%,而液态水可以与水泥起水化反应,使混凝土的强度逐渐增长。同时,由于含冰率得到控制,防止了冰冻的破坏作用。

硬化剂由防冻剂、早强剂、减水剂和引气剂组成,可以起到早强、抗冻、促凝、减水和降低冰点的作用,使之在负温下加速硬化以达到要求的强度。

抗冻剂主要保证混凝土中的液态水存在。常用的抗冻剂有无机和有机化合物两类。无机化合物如氯化钙、亚硝酸钠、氯化钠、碳酸钾等,有机化合物如氨水、尿素等(见表 3-14)。

表 3-14　常用防冻剂的种类

名　称	化学式	析出固相共熔体时		附　注
		浓度/(g/100 g 水)	温度/℃	
食盐	$NaCl$	30.1	−21.2	致锈
氯化钙	$CaCl_2$	42.7	−55.0	致锈
亚硝酸钠	$NaNO_2$	61.3	−19.6	
硝酸钙	$Ca(NO_3)_2$	78.6	−28.0	
碳酸钾	K_2CO_3	56.5	−36.5	
尿素	$CO(NH_2)_2$	78.0	−17.6	
氨水	NH_4OH	161.0	−84.0	

负温硬化剂的组成中,抗冻剂起主要作用,由它来保证混凝土中的液态水存在。掺加负温硬化剂的参考配方示例如表 3-15 所示。

表 3-15　掺加负温硬化剂的参考配方

混凝土硬化程度/℃	参考配方(占水泥质量百分比/%)
0	食盐 2＋硫酸钠 2＋木钙 0.25 亚硝酸钠 2＋硫酸钠 2＋木钙 0.25
−5	食盐 2＋硫酸钠 2＋木钙 0.25 亚硝酸钠 4＋硫酸钠 2＋木钙 0.25 尿素 2＋硝酸钠 4＋硫酸钠 2＋木钙 0.25
−10	亚硝酸钠 7＋硫酸钠 2＋木钙 0.25 乙酸钠 2＋硝酸钠 6＋硫酸钠 2＋木钙 0.25 尿素 3＋硝酸钠 5＋硫酸钠 2＋木钙 0.25

冷混凝土的配制应优先选用强度等级 42.5 级或 42.5 级以上的普通硅酸盐水泥,以利强度增长。砂石骨料不得含有冰雪和冻块及能冻裂的矿物质。应尽量配制成低流动性混凝土,坍落度控制在 1~3 cm,施工配制强度一般要比设计强度提高 15% 或提高一级。为了保证外掺硬化剂掺和均匀,必须采用机械搅拌。加料顺序应先投入砂石骨料、水及硬化剂溶液,搅拌 1.5~2 min 再加入水泥,搅拌时间应比普通混凝土延长 50%。硬化剂中掺入食盐仅用于素混凝土。混凝土浇筑后的温度应不低于 5 ℃(应尽量提高),并及时覆盖保温,以延长正温养护时间和使混凝土温度在昼夜间波动较小。

在冷混凝土施工过程中,应按施工及验收规范的规定数量制作试块。试块在现场取样,并与结构物在同等条件下养护 28 d,然后转为标准养护 28 d,测得的抗压强度应不低于规范规定的验收标准。

3.3.2 混凝土的雨期施工

1. 雨期施工的准备工作

由于雨期施工时降雨往往带有随机性,因此应及早做好雨期施工的准备工作,具体包括以下方面:

(1)合理组织施工。根据雨期施工的特点,将不宜在雨期施工的工程提前或延后安排,对必须在雨期施工的工程制订有效的措施突击施工;晴天抓紧室外工作,雨天安排室内工作;注意天气预报,做好防汛准备工作。

(2)现场排水。施工现场的道路、设施必须做到排水畅通。要防止地表水流入地下室、基础场地内;要防止滑坡、塌方,必要时加固在建工程。

(3)防雨防潮。做好原材料、成品、半成品的防雨防潮工作。

(4)设施及设备安全。在雨期前对现场房屋及设备加强排水与防雨措施。

(5)材料准备。备足排水所用的水泵及有关器材,准备好塑料布、油毡等防雨材料。

2. 混凝土工程雨期施工注意事项

大雨天禁止浇筑混凝土,已浇筑部位要加以覆盖。现浇混凝土应根据结构情况,多考虑几道施工缝的留设位置。

模板涂刷隔离剂应避开雨天,支撑模板的地基要密实,并在模板支撑和地基间加好垫板,雨后及时检查有无下沉。

雨期施工时,应加强对混凝土粗细骨料含水量的测定,及时调整混凝土搅拌时的用水量。并须在有遮蔽的情况下运输、浇筑。雨后要排除模板内的积水,并将雨水冲坏的混凝土而形成的松散砂、石清除掉,然后按施工缝的要求处理。

大体积混凝土浇筑前,要了解 2~3 d 的天气预报,尽量避开大雨。混凝土浇筑现场要预备大量的防雨材料,以备浇筑时突然遇雨加以覆盖。

3.4 结构吊装工程

结构吊装是用起重机械将预先在工厂或施工现场制作的构件,根据设计要求和拟订的结构吊装施工方案进行组装,使之成为完整的结构物的全部施工过程。它是装配式钢筋混凝土施工的主导工程。本节主要介绍起重机械的选择、结构吊装方法等基本知识。

3.4.1 起重机的选择

合理选择起重机械是拟订吊装工程施工方案的主要内容,关系到构件吊装方法、起重机开行路线与吊装位置、构件布置等。起重机的选择包括选择起重机的类型、型号和确定数量。

1. 起重机类型的选择

结构吊装选用的起重机类型主要是根据结构特点和类型、构件质量、吊装高度以及施工现场条件和当地现有起重设备等确定。

一般中小型建筑结构多选择自行式起重机吊装(如贮水和水处理构筑物),在缺少自行式起重机的现场,可选择拔杆、人字拔杆或悬臂拔杆等吊装。当构(建)筑物的高度和长度较大时,通常采用塔式起重机进行吊装。大跨度的重型工业建筑结构,可以选择重型自行式起重机、牵缆桅杆式起重机、重型塔式起重机等综合吊装。为解决重型构件的吊装,也可以用双机抬吊等方法。

2. 起重机型号及起重杆长度的选择

起重机的类型确定之后,还需要进一步选择起重机的型号及起重臂的长度。所选起重机的三个工作参数如起重量、起升高度、起重半径应满足结构吊装的要求。

起重机的起重量必须大于所安装构件的重量与索具重量之和,起重机的起升高度必须满足所吊装构件的吊装高度要求。

在一般情况下,当起重机可以不受限制地开到构件吊装位置附近去吊装构件时,对起重半径没有什么要求。确定了起重量及起升高度之后,便可查阅起重机起重性能表或曲线来选择起重机型号及起重臂长度,并可查得在一定起重量及起升高度下的起重半径,作为确定起重机开行路线及停机位置时的参考。

3.4.2 吊装工程的技术要点

1. 准备工作

吊装工程的准备工作按不同阶段分为结构安装工程的准备和构件吊装前的准备。

结构安装工程准备工作包括:制订结构吊装方案、选择安装起重机械及组织机械进场;构件加工制作及构件的运输;场地的规划清理和平整压实;修建构件运输和起重机进场的临时道路;敷设水、电管线和做好焊机、焊条的供应准备;等等。

构件吊装前的准备工作包括:构件堆放、就位、拼装加固;构件质量检查;构件和基础弹线编号;等等。

2. 构件制作

制作构件的场地应平整、坚实,并应采取排水措施。当采用台座生产预制构件时,台座表面应光滑平整,2 m 长度内表面平整度不应大于 2 mm,在气温变化较大的地区宜设置伸缩缝。当采用平卧、垂直法制作构件时,其下层混凝土强度需达到 5 N/mm² 以上方可浇筑上层构件混凝土。

构件验收时,应检查构件不得有影响结构性能或安装使用的外观缺陷,其尺寸的允许偏差应满足规定要求。

3. 构件的运输和堆放

构件运输时的混凝土强度应达到设计规定要求,当设计无规定时,给水排水构筑物的构件不应低于 70%。

构件支撑的位置和方法应根据受力情况确定,不能引起超应力或构件损伤。

装运时,应绑扎牢固,防止途中移动或倾倒,对边缘的完整应有保护措施。

构件堆放场地应平整、坚实,并具有排水措施,构件底面与地面之间应留有空隙。堆放时,应按设计受力条件支垫并保持稳定,对曲梁应采用三点支撑。重叠堆放的构件高度应根据构件、垫木的承载能力及堆垛的稳定性确定;采用靠放时,倾斜角度应大于80°。

4. 吊装工艺方法的选择

单位工程的结构吊装,通常有分件吊装法、节间吊装法与综合吊装法三种组织形式。

1)分件吊装法

分件吊装是指起重机在单位吊装工程内每开行一次仅吊装一种或几种构件。本法的主要优点是施工内容单一,吊装效率高,便于管理,可利用更换起重臂长度的方法分别满足各类构件的吊装。此外,构件可分批供应、现场布置和构件校正比较容易。但起重机行走频繁,不能按节间及早为下道工序创造工作面。

2)节间吊装法

节间吊装法是起重机在吊装工程内的一次开行中,分节间吊装完各种类型的全部构件或大部分构件的吊装方法。本法的主要优点是起重机行走路线短,可及早按节间为下道工序创造工作面。但起重机臂长要一次满足吊装全部各种构件的要求,因而不能充分发挥起重机的技术性能;各类构件均须运至现场堆放,吊装索具更换频繁,管理工作复杂。

3)综合吊装法

综合吊装是吊装工程内一部分构件分件吊装,一部分构件采用节间吊装的方法。此法吸收了分件吊装和节间吊装法的优点。

装配式贮水池的结构吊装方法一般均采用自行式起重机单机吊装。吊装可按两阶段进行,吊装顺序是:第一阶段用分件吊装法吊装池内柱,经校正固定后,灌筑杯口。然后吊装曲梁(梁中部须加临时支撑),焊接后,吊装池内部的顶板;第二阶段用分件吊装在池外吊装壁板,经校正固定后,灌筑环槽内侧部分坑口,最后吊装最外一圈扇形板。当构件由工厂集中生产预制时,构件应布置在起重机械工作半径范围内堆置,避免吊装机械空驶和负荷行驶。柱的布置与壁板布置应与吊装工艺结合考虑。

5. 构件安装

构件吊升前应用吊索、卡环等索具将构件与起重机吊钩连接在一起,并保证构件在起吊中不致发生断裂和永久变形。绑扎要牢固可靠,操作简便。

构件安装时的混凝土强度应满足设计要求,当设计无要求时,给水排水构筑物的构件不应小于70%。

构件安装前,应在构件上标注中心线。应用仪器校核支承结构和预埋件的标高及位置,并在支承结构上划出中心线、标高及轴线位置。

构件应按设计位置起吊,吊绳与构件平面的夹角不应小于45°。

为提高起重机利用率,构件就位后应随即固定,使起重机尽快脱钩起吊下一构件。临时固定要保证构件校正方便,在校正与最后固定过程中不致倾倒。在对构件吊装的标高、垂直度、平面坐标等进行测量,使其符合设计和施工验收规范的要求后,按设计规定的连接方法(如焊接、浇筑接头混凝土等)进行最后固定。

3.5 砌体工程

砌体工程是指砖、石砌块和其他砌块的施工,砌体也就是由块体和砂浆砌筑而成的整体材料。根据砌体中是否配置钢筋,砌体分为无筋砌体和配筋砌体。对于无筋砌体,按照所采用的块体又分为砖砌体、石砌体和砌块砌体等。

砌体工程施工是一个综合的施工过程,包括材料准备、运输、搭设脚手架和砌筑等内容。由于砖石结构取材方便、施工简单、成本低廉,在给水排水工程中砌体工程较多用于规模较小的主体工程、附属工程和构筑物内部隔墙,施工以手工操作为主,劳动强度大,生产率低。

砌体工程所用材料主要是砖、石或砌块以及黏结材料(包括砌筑砂浆)等。

3.5.1 砌体材料

1. 砖

我国采用的砖按所用的制砖材料可分为黏土砖、页岩砖、煤矸石砖、粉煤灰砖、硅酸盐砖等,按焙烧与否可分为烧结砖与非烧结砖等,按砖的密实度可分为实心砖、空心砖、多孔砖及微孔砖等。因此,砖的品种、规格及强度等级的选用均应符合有关规定。

1)烧结空心砖

烧结空心砖是以黏土、页岩、煤矸石等为主要原料烧结而成的空心砖,孔洞率不小于40%,孔的尺寸大而数量少。烧结空心砖的外形为矩形体,在与砂浆的结合面上应设有增加结合力的深度 1 mm 以上的凹槽线。烧结黏土空心砖根据密度分为 800、900、1100 三个等级,按力学性能分为 MU5、MU3、MU2 三个强度等级。由于其强度等级较低,因而只能用于非承重砌体。该砖常用于土建工程中。

2)粉煤灰砖

粉煤灰砖是以粉煤灰、石灰为主要原料,掺和适量石膏和骨料压制而成的实心砖。粉煤灰砖的规格为 240 mm×115 mm×53 mm。粉煤灰砖按力学性能分为 MU30、MU25、MU20、MU15、MU10 五个强度等级,可作为承重用砖。该砖的耐水性差,不宜用于地下构筑物中。

3)烧结多孔砖

烧结多孔砖是以黏土、页岩、煤矸石、粉煤灰、淤泥(江河湖淤泥)及其他固体废弃物等为主要原料,经焙烧而成,孔洞率不大于 35%,孔的尺寸小而数量多。烧结多孔砖的规格较多,常用的有 290 mm×140 mm×90 mm、240 mm×115 mm×90 mm、140 mm×140 mm×90 mm、120 mm×115 mm×90 mm 等,按力学性能分为 MU10、MU15、MU20、MU25、MU30 五个强度等级,主要用于承重部位。

4)蒸压灰砂砖

蒸压灰砂砖规格与烧结普通砖相同,强度等级为 MU25、MU20、MU15、MU10 四个等级,可作为承重用砖。该砖耐水性差,不宜用于给水排水构筑物中。

5)非烧结垃圾尾矿砖

非烧结垃圾尾矿砖是以淤泥、建筑垃圾、焚烧垃圾等为主要原料,掺入少量水泥、石膏、石灰、外掺剂、胶结剂等胶凝材料,经粉碎、搅拌、压制成型、蒸压、蒸养或自然养护而成。其规格与烧结普通砖相同,强度等级为 MU25、MU20、MU15 三个等级,可作为一般房屋建筑墙体的材料。

目前,在我国城市建设中已全面禁止烧结普通黏土砖的使用及生产。

2. 石材

石材主要来源于重质岩石和轻质岩石。质量密度大于 1800 kg/m³ 者为重质岩石,质量密度不大于 1800 kg/m³ 者为轻质岩石。重质岩石抗压强度高,耐久性好,但导热系数大。轻质岩石容易加工,导热系数小,但抗压强度较低,耐久性较差。石材较易就地取材,在产石地区充分利用这一天然资源比较经济。

石材按其加工后的外形规则程度,分为料石和毛石两类。

1)料石

料石按其加工面的平整度分为细料石、半细料石、粗料石和毛料石四种。

2)毛石

毛石又分为乱毛石、平毛石。乱毛石系指形状不规则的石块,平毛石是指形状不规则,但有两个平面大致平行的石块。

根据石料的抗压强度值,石材的强度等级划分为 MU100、MU80、MU60、MU50、MU40、MU30、MU20。

3. 砌块

改进砌体材料的另一个重要途径是采用非黏土材料制成的砌块。砌块主要有混凝土、轻骨料混凝土和加气混凝土砌块,以及利用各种工业废渣、粉煤灰等制成的无熟料水泥煤渣混凝土砌块和蒸汽养护粉煤灰硅酸盐砌块。砌块常用规格有 600 mm×300 mm×300 mm、600 mm×250 mm×250 mm、600 mm×200 mm×200 mm。混凝土砌块抗压强度等级分为 MU3.5、MU5.0、MU7.5、MU10、MU15、MU20,在采用时应考虑给水排水结构的特殊要求。

3.5.2　黏结材料

砌体的黏结材料主要为砂浆,以下主要介绍砌筑砂浆的材料、性质、种类、制备及使用。

1. 砂浆材料组成

砂浆材料是由无机胶凝材料、细骨料及水所组成。

1)石灰

石灰属气硬性胶凝材料,即能在空气中硬化并增长强度,它是由石灰石经 900 ℃ 的高温焙烧而成。

石灰有生石灰、生石灰粉、熟石灰粉。在施工中,为了使用简便,有磨细生石灰及消石灰粉以袋装形式供应,消石灰粉的技术指标有钙镁含量、含水率、细度等。

2)石膏

石膏亦属气硬性胶凝材料,由于孔隙大、强度低,故不在耐水的砌体中使用。

3)水泥

水泥的品种及强度等级应根据砌体部位和所处环境来选择。砌筑砂浆所用水泥应保持干燥,分品种、标号、出厂日期堆放。不同品种的水泥,不得混合使用。水泥砂浆采用的水泥,其强度等级不宜小于 32.5 级;水泥混合砂浆采用的水泥,其强度等级不宜小于 42.5 级。

4)砂

砂浆所用的砂,一般采用质地坚硬、清洁、级配良好的中砂,其中毛石砌体宜采用粗砂。不得含有草根等杂质,含泥量应控制在 5% 以内。砌石用砂的最大粒径应不大于灰缝厚度的 1/4～1/5。对于抹面及勾缝的砂浆,应选用细砂。人工砂、山砂及特细砂作砌筑砂浆,应经试配、满足技术条件要求。

5)水

拌制砂浆所用的水应该满足《混凝土用水标准》(JGJ 63—2006)的要求。

2. 砂浆的技术性质

1)新拌砂浆的和易性

新拌制的砂浆应具有良好的和易性,以便于铺砌,砂浆的和易性包括流动性和保水性两方面。

(1)流动性。

砂浆的流动性也称稠度,是指砂浆在自重或外力作用下流动的性能。砂浆的流动性与胶结材料的用量、用水量、砂的规格等有关。砂浆流动性用砂浆稠度仪测定,其大小用沉入量(或稠度值)(mm)表示,即砂浆稠度测定仪的圆锥体沉入砂浆深度的毫米数。用砂浆稠度测定仪测定的稠度越大,流动性越大。即圆锥体沉入的深度越大,稠度越大,流动性越好。砂浆稠度的选择主要根据墙体材料、砌筑部位及气候条件而定。砌筑砂浆的稠度应符合表3-16的规定。

表3-16　砌筑砂浆的稠度

砌　体　种　类	砂浆稠度/mm
烧结普通砖砌体	70～90
轻骨料混凝土小型空心砌块砌体	60～90
烧结多孔砖、空心砖砌体	60～80
烧结普通砖平拱式过梁、空斗墙、筒拱 普通混凝土小型空心砌块砌体 加气混凝土砌块砌体	50～70
石砌体	30～50

(2)保水性。

砂浆混合物能保持水分的能力,称保水性,是指新拌砂浆在存放、运输和使用过程中,各项材料不易分离的性质。保水性好的砂浆,不仅能获得砌体的良好质量,同时可以提高工作效率。在砂浆配合比中,由于胶凝材料不足则保水性差,为此,在砂浆中常掺用可塑性混合材料(石灰膏或黏土膏),即能改善其保水性能。

2)硬化砂浆的强度

砂浆强度是以边长为7.07 cm×7.07 cm×7.07 cm的6块立方体试块,按标准养护28 d的平均抗压强度值确定的。水泥砂浆及预拌砌筑砂浆的强度等级可分为M5、M7.5、M10、M15、M20、M25、M30;水泥混合砂浆的强度等级可分为M5、M7.5、M10、M15。

影响砂浆抗压强度的因素较多。在实际工程中,要根据材料组成及其数量,经过试验而确定抗压强度的值。

砂浆试块应在搅拌机出料口随机取样、制作,人工拌合时至少从三个不同的地方取样制作。一组试样应在同一盘砂浆中取样,同盘砂浆只能制作一组试样,一组试样为6块。砂浆的抽样频率应符合:250 m³ 砌体中的各种类型及强度等级的砌筑砂浆,每台搅拌机应至少抽检一次。标准养护,28 d龄期,同品种、同强度砂浆各组试块的强度平均值应大于或等于设计强度,任意一组试块的强度应大于或等于设计强度的75%。

3. 砂浆的种类

建筑砂浆按用途不同可分为砌筑砂浆、抹面砂浆、防水砂浆、装饰砂浆4种。建筑砂浆也可按使用地点或所用材料不同分为石灰砂浆(石灰膏、砂、水)、混合砂浆(水泥、砂、石灰膏、水)、水泥砂浆(水泥、砂、水)和微沫砂浆(水泥、砂、石灰膏、微沫剂)等。

砂浆种类选择及其等级的确定,应根据设计要求。

1)砌筑砂浆

砌筑砂浆要根据工程类别及砌体部位选择砂浆的强度等级,有承重要求多采用≥M5;无承重要求采用≥M2.5;检查井、阀门井、跌水井、雨水口、化粪池等采用≥M5;隔油池、挡墙等采用≥M10;砖砌筒拱采用≥M5,石砌平拱采用≥M10。

2)抹面砂浆

抹面砂浆应分为两层或三层完成,第一层为底层,最后一层为面层,中间层为结构层。

在土建工程中,用于地上或干燥部位的抹面砂浆常采用石灰砂浆或混合砂浆,在易碰撞或潮湿的地方应用水泥砂浆。

3)防水砂浆

制作防水层的砂浆叫作防水砂浆。这种砂浆用于砖、石结构的贮水或水处理构筑物的抹面工程中。对变形较大或可能发生不均匀沉陷的建筑物,不宜采用此类刚性防水层。

在水泥砂浆中加入质量分数为3%~5%的防水剂制成防水砂浆。常用的防水剂有氯化物金属盐类防水剂、水玻璃防水剂及金属皂类防水剂等。这些防水剂在水泥砂浆硬化过程中,生成不透水的复盐或凝胶体,以加强结构的密实度。

水泥砂浆防水层所用的材料应符合下列要求:①应采用强度等级不低于32.5 MPa的硅酸盐水泥、碳酸盐水泥、特种水泥;严禁使用受潮、结块的水泥;②砂宜采用中砂,含泥量不大于1%;③外掺剂的技术性能符合国家该行业产品一等品以上的质量要求。

4. 砂浆制备与使用

砂浆的配料应准确,水泥、微沫剂的配料精确度应控制在±2%以内,其他材料的配料的精确度应控制在±5%以内。

1)砂浆搅拌

砂浆应采用机械拌合,自投料完算起,搅拌时间应符合下列规定:水泥砂浆和水泥混合砂浆不得少于2 min;水泥粉煤灰砂浆和掺用外掺剂的砂浆不得少于3 min;掺有机塑化剂的砂浆应为3~5 min。

无砂浆搅拌机时,可采用人工拌和,应先将水泥与砂干拌均匀,再加入其他材料拌和,要求拌和均匀,拌成后的砂浆应符合下列要求:设计要求的种类和强度等级;规定的砂浆稠度;保水性能良好(分层度不应大于30 mm)。

为了改善砂浆的保水性,可掺入黏土、电石膏、粉煤灰等塑化剂。

2)砂浆使用

砂浆拌成后和使用时,均匀盛入贮灰斗内。如砂浆出现泌水现象,应在砌筑前再次拌和。砂浆应随拌随用,常温下,水泥砂浆和水泥混合砂浆必须分别在拌和后3 h和4 h内使用完毕;如施工期间最高气温超过30 ℃,则必须分别在拌和后2 h和3 h内使用完毕。

3.5.3 砌体工程施工

砌体是由不同尺寸和形状的砖、石或块材使用砂浆砌成的整体。砌体工程施工中,砌筑质量的好坏,例如砂浆是否饱满、组砌是否得当、错缝搭接是否合理、接槎是否可靠等对砌体的稳定、较均匀地承受外力(主要是压力)等方面影响很大。

1. 砖砌体施工

砖砌体的砌筑通常包括找平、放线、摆砖样、立皮数杆、挂准线、铺灰、砌砖等工序。如是清水墙,则还要进行勾缝。

1)砌砖前准备

(1)材料准备。

砖的品种、强度等级必须符合设计要求,并应规格一致。用于清水墙、柱表面的砖,应边角整齐、色泽均匀。常温下,砖在砌筑前应提前1～2 d浇水湿润,烧结普通砖含水率宜为10%～15%,灰砂砖、粉煤灰砖含水率宜为8%～12%。有冻胀环境和条件的地区,地面以下或防潮层以下的砌体,不宜采用多孔砖。砌筑用砂浆的种类、强度等级应符合设计要求。

(2)找平、放线、制作皮数杆。

为了保证建筑物、构筑物平面尺寸和标高的正确,砌筑前必须准确地确定出平面位置、墙柱的轴线位置以及标高,以作为砌筑时的控制依据。

①找平。砌筑基础前应对垫层表面进行找平,高差超过30 mm处应用C15以上的细石混凝土找平后才可砌筑,不得仅用砂浆填平。砌墙前,先按标准的水准点定出各层标高,并用水泥砂浆或C10细石混凝土找平。

②放线。砌筑前应将砌筑部位清理干净并放线。根据龙门板上给定的轴线及图纸上标注的墙体尺寸,在基础顶面上用墨线弹出墙的轴线和墙的宽度线,并定出预留洞口位置线。为保证墙身的垂直度,可借助于经纬仪检测墙身中心轴,如图3-17所示。

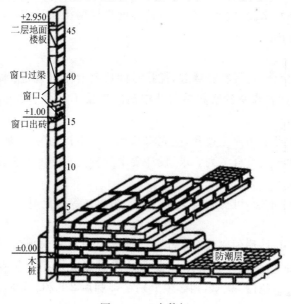

图 3-17 皮数杆

③立皮数杆。皮数杆亦称"皮数尺",即在其上划有砖皮数和砖缝厚度,以及门窗洞口、过梁、圈梁、楼板梁底等标高位置的标志杆。多用方木或角钢制作,是控制砌体竖向施工的标志,目的就是保证砌体的皮数、灰边厚度一致。除砌筑工程外,镶贴工程也用皮数杆。

2)砌体的组砌形式

砖墙的组砌方式指砖块在砌体中的排列方式。为了保证墙体的强度和稳定性,在砌筑时应遵循错缝搭接的原则,即在墙体上下皮砖的垂直砌缝有规律地错开。砖在墙体中的放置方式有顺式(砖的长方向平行于墙面砌筑)和丁式(砖的长方向垂直于墙面砌筑)。常见的砖墙的组砌方式有一顺一丁式、多顺一丁式、十字式(梅花定式)、全顺式、180墙砌法、370墙砌法,详见具体施工手册。

3)砖砌体砌筑工艺

砌筑砖砌体的一般工艺包括摆砖、立皮数杆、盘角和挂线、砌筑、标高控制等。

(1)摆砖(摆底)。

摆砖是在放线的基面上按选定的组砌形式用干砖试摆砖样,砖与砖之间留出10 mm竖向灰缝宽度。摆砖的目的是为了尽量使洞口、附墙垛等处符合砖的模数,偏差小时可通过竖缝调整,以尽可能减少砍砖数量,并使砌体灰缝均匀、组砌得当,保证砖及砖缝排列整齐、均匀,以提高砌砖效率。摆砖样在清水墙砌筑中尤为重要。

(2)立皮数杆。

皮数杆一般立于墙角、内外墙交接处、楼梯间及洞口较多的地方,一般要求不超过10~15 m设一根,其基准标高用水准仪校正,应使杆上所示标高线与找平所确定的设计标高相吻合。

(3)盘角和挂线。

砌体角部是确定砌体横平竖直的主要依据,所以砌筑时应根据皮数杆先在转角及交接处砌几皮砖,并保证其垂直平整,称为盘角。然后再在其间批准线,作为墙身砌筑的依据,每砌一皮或两皮,准线向上移动一次。依准线逐皮砌筑中间部分,一砖半厚及其以上的砌体要双面挂线。

(4)砌筑。

砌筑操作方法可采用"三一"砌筑法或铺浆法。"三一"砌筑法即一铲灰、一块砖、一挤揉并随即将挤出的砂浆沥去的操作方法,这种砌法灰缝容易饱满、黏结力好、墙面整洁。采用铺浆法砌筑时,铺浆长度不得超过750 mm;气温超过30 ℃时,铺浆长度不得超过500 mm。多孔砖的孔洞应垂直于受压面砌筑。

砖墙每天砌筑高度以不超过5 m为宜,以保证墙体的稳定性、抗风要求。雨期施工,每天砌筑高度以不超过1.2 m为宜,并用防雨材料覆盖新砌体的表面。

4)砖砌体质量保证措施

砖砌体的质量要求可概括为横平竖直、砂浆饱满、组砌得当、接槎可靠。

(1)横平竖直。

砖砌体的抗压性能好,而抗剪性能差。为使砌体均匀受压,不产生剪切水平推力,砌体灰缝应保持横平竖直,否则,在竖向荷载作用下,沿砂浆与砖块结合面会产生剪应力。竖向灰缝不得出现透明缝、瞎缝和假缝,必须垂直对齐,对不齐而错位,称游丁走缝,影响墙体外观质量。

(2)砂浆饱满。

砂浆的饱满程度对砌体传力均匀、砌体之间的连接和砌体强度影响较大。砂浆不饱满,一方面造成砖块间黏结不紧密,使砌体整体性差;另一方面使砖块不能均匀传力。为保证砌体的抗压强度,要求水平灰缝的砂浆饱满度不得小于80%。竖向灰缝的饱满度对砌体抗剪强度有明显影响。因而对于受水平荷载或偏心荷载的砌体,饱满的竖向灰缝可提高砌体的抗横向能力。还可避免砌体透风、漏水,且保温性能好。施工时竖缝宜采用挤浆或加浆方法,不得出现透明缝,严禁用水冲浆灌缝。

此外,为保证砖块均匀受力和使砌块紧密结合,还应使水平灰缝的厚薄均匀。水平缝厚度和竖缝宽度规定为10±2 mm,水平灰缝过厚,不仅易使砖块浮滑、墙身侧倾,而且由于砂浆的横向膨胀加大,造成对砖块的横向拉力增加,降低砌体强度。灰缝过薄,会影响砖块之间的黏结力和均匀受压。

(3)组砌得当、错缝搭接。

为了提高砌体的整体性、稳定性和承载力,各种砌体均应按一定的组砌形式砌筑。砌体排列的原则应遵循内外搭砌、上下两皮砖的竖缝应当错开的原则,避免出现连续的垂直通缝。在垂直荷载作用下,砌体会由于"通缝"丧失整体性而影响砌体强度。同时,内外搭砌使同皮的里外砌体通过相邻上下皮的砖块搭砌而组砌得牢固。错缝的长度一般不应小于60 mm,同时还要照顾到砌筑方便和少砍砖。

(4)接槎可靠。

接槎是指相邻砌体小能同时砌筑而设置的临时间断,便于先砌筑的砌体与后砌筑的砌体之间的接合。接槎方式合理与否对砌体的整体性影响很大,特别在地震区,接槎质量将直接影响到结构的抗震能力,故应给予足够的重视。

砌基础时,内外墙的基础应同时砌起。如因特殊情况不能同时砌起时,应留置斜槎,斜槎的长度不应小于斜槎高度。

砖墙的转角处和交接处应同时砌起,严禁无可靠措施的内外墙分砌施工。对不能同时砌起而必须留置的临时间断处,应砌成斜槎,斜槎的长度不应小于斜槎高度的2/3(见图3-18)。若留斜槎确有困难,可从墙面引出不小于120 mm直槎(见图3-19),直槎必须做成凸槎(阳槎),不得留阴槎,并沿高度加设拉结钢筋。但砌体的L形转角处,不得留直槎。

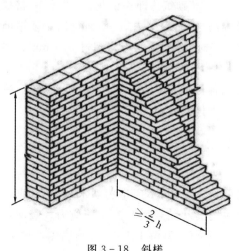

图3-18 斜槎

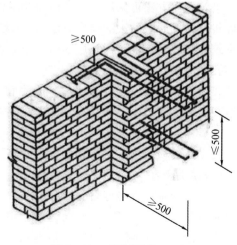

图3-19 直槎(单位:mm)

隔墙与承重墙不能同时砌筑而又不留成斜槎时,可于承重墙中引出凸槎(阳槎)。对抗震设防的工程,还应在承重墙的水平灰缝中预埋拉结钢筋,其构造与上述直槎相同,且每道墙不得少于 2 根。

砖砌体接槎时,必须将接槎处的表面清理干净,浇水湿润,并应填实砂浆,保持灰缝平直。框架结构房屋的填充墙,应与框架中预埋的拉结筋连接。隔墙和填充墙的顶面与上部结构接触处宜留侧砖或立砖斜砌挤紧。

2. 石砌体施工

石砌体一般用于水处理塘、水体堤岸、挡土墙、构筑物基础及检查井等。由于石砌体的形状不规则,因此在施工过程前存在石料加工的要求。石砌体施工包括了基础施工和墙体施工两种类型,施工过程及质量控制详见相关施工手册。

3. 抹灰

抹灰是对砌体表面进行美化装饰,并使建筑物达到一定的防水防腐蚀等特殊要求的工程。在整个建筑物的施工工程中,它有工程量大、工期时间长、劳动强度大、技术要求较高的特点。

抹灰分为一般抹灰工程、饰面板工程和清水砌体嵌缝工程。在给水排水工程中一般均采用防水砂浆对砌体、钢筋混凝土的贮水或水处理构筑物等进行抹灰。

抹灰前应对基材表面的松动物、油脂、涂料、封闭膜及其他污染物必须清除干净,光滑表面应予凿毛,用水充分润湿新旧界面,但在抹灰前不得留有明水。

抹灰厚度较大时可分层作业,分层抹灰时底层砂浆必须搓毛以利面层黏结。抹灰面积较大时,应留分格缝,以 4～6 m 为宜。

砂浆施工后必须进行养护,可用淋水的方式进行;不得使砂浆脱水过快,养护时间宜进行 7 d,以 14 d 以上为最好。

第4章 取水及配水构筑物施工

给水排水系统建设中包括各类水池、沉井、地下和地表取水构筑物的施工，由于这类构筑物本身的多样性、地区性和施工条件的差异，因而施工工艺和方法差异较大。本章主要介绍常见几类给排水取水及配水构筑物的施工技术及施工要点。

4.1 沉井施工技术

给水排水工程中，常会修建埋深较大而横断面尺寸相对不大的构筑物（如地下水源井、地下泵房等），在高地下水位、流砂、软土等地段及现场窄小地段采用大开槽方法修建这类构筑物时，为提高施工效率常采用沉井法施工。

沉井施工即先在地面上预制井筒，然后在井筒内不断将土挖出，井筒在自重或附加荷载的作用下，克服井筒外壁与土层之间摩擦阻力及筒体刃脚下土的反力而不断下沉直至设计标高为止，然后封底，完成井筒内的工程，施工程序包括基坑开挖、井筒制作、井筒下沉及封底。

井筒在下沉过程中，井壁成为施工期间的围护结构，在终沉封底后，又成为地下构筑物的组成部分。为了保证沉井结构的强度、刚度和稳定性要求，沉井的井筒大多数采用钢筋混凝土结构。井筒常用横断面为圆形或矩形，纵断面形状大多为阶梯形，如图 4-1 所示。

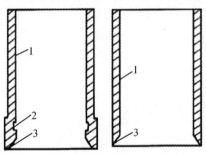

1—井壁；2—凹口；3—刃脚。

图 4-1　沉井纵断面

4.1.1　沉井施工方法

1. 井筒制作

井筒制作一般分一次制作和分段制作。一次制作指一次制作完成设计要求的井筒高度，适用于井筒高度不大的构筑物一次下沉工艺。分段制作是将设计要求的井筒进行分段现浇或预制，适用于井筒高度大的构筑物分段下沉或一次下沉工艺。

井筒制作根据修筑地点具体情况分为天然地面制作和水面筑岛制作。天然地面制作一般适用于无地下水或地下水位较低时，为了减少井筒制备时的浇筑高度，减少下沉时井内挖方量,清除表土层中的障碍物后,采用基坑内制备井筒下沉,其坑底最少应高出地下水位 0.5 m。水面筑岛制作适用于在地下水位高或在岸滩、浅水中制作沉井,先修筑土岛,井筒在岛上制作,然后下沉。对于水中井筒下沉时,还可在陆地上制备井筒,浮运到下沉地点下沉,这一方式在一些大型工程中可以显著提高施工效率。

1)基坑及坑底处理

井筒制备时,其重量借刃脚底面传递至地基,为了防止在井筒制备过程中产生地基沉降,应进行地基处理或增加传力面积。

当原地基承载力较大,可进行浅基处理,即在与刃脚底面接触的地基范围内,进行原土夯实,垫砂层、砂石垫层、灰土垫层等处理,垫层厚度一般为 30~50 cm。然后在垫层上浇筑混凝土井筒。这种方法称无垫木法。

若坑底承载力较弱,应在人工垫层上设置垫木,增大受压面积,所需垫木的面积,应大于由地基承载力和井筒自重所确定的最小垫护面积。

铺设垫木应等距铺设,对称进行,垫木面必须严格找平,垫木之间用垫层材料找平。沉井下沉前拆除垫木亦应对称进行,拆除处用垫层材料填平,应防止沉井偏斜。

为了减少垫木消耗,可采用无垫木刃脚斜土模的方法。井筒质量由刃脚底面和刃脚斜面传递给土台,增大承压面积。土台用开挖或填筑而成,与刃脚接触的坑底和土台处,抹 2 cm 厚的 1:3 水泥砂浆,其承压强度可达 0.15~0.2 MPa,以保证刃脚制作的质量。

筑岛施工材料一般采用透水性好、易于压实的砂或其他材料,不得采用黏性土和含有大块石料的土。岛的面积应满足施工需要,一般井筒外边与岛岸间的最小距离不应小于 5~6 m。岛面高程应高于施工期间最高水位 0.75~1.0 m,并考虑风浪高度。水深在 1.5 m、流速在 0.5 m/s 以内时,筑岛可直接抛土而不需围堰。当水深和流速较大时,需将岛筑于板桩围堰内。

2)井筒混凝土浇筑

井筒混凝土的浇筑一般采用分段浇筑、分段下沉、不断接高的方法。即浇一节井筒,井筒混凝土达到一定强度后,挖土下沉一节,待井筒顶面露出地面尚有 0.8~2 m 时,停止下沉,再浇制井筒、下沉,轮流进行直到达到设计标高为止。该方法由于井筒分节高度小,对地基承载力要求不高,施工操作方便。缺点是工序多、工期长,在下沉过程中浇制和接高井筒,会使井筒因沉降不均而易倾斜。

井筒混凝土的浇筑还可采用分段接高,一次下沉。即分段浇制井筒,待井筒全高浇筑完毕并达到所要求的强度后,连续不断地挖土下沉,直到达到设计标高。第一节井筒达到设计强度后抽除垫木,经沉降测量和水平调整后,再浇筑第二节井筒。该方法可消除工种交叉作业和施工现场拥挤混乱现象,浇筑沉井混凝土的脚手架、模板不必每节拆除。可连续接高到井筒全高,可以缩短工期。缺点是沉井地面以上的质量大,对地基承载力要求较高,接高时易产生倾斜,而且高空作业多,应注意高空安全。

除以上外还有一次浇制井筒、一次下沉方案以及预制钢筋混凝土壁板装配井筒、一次下沉方案等。

井筒制作施工方案确定后,具体支模和浇筑与一般钢筋混凝土构筑物相同,混凝土强度等级不低于C30。沿井壁四周均匀对称浇筑井筒混凝土,避免高差悬殊、压力不均,产生地基不均匀沉降而造成沉井断裂。井壁的施工缝要处理好,以防漏水。施工缝可根据防水要求采用平式、凸式或凹式施工缝,也可以采用钢板止水施工缝等。

3)井筒刃脚加固

井筒内壁与底板相接处有环形凹口,下部为刃脚。刃脚应采用型钢加固,如图4-2所示。为了满足工艺的需要,常在井筒内部设置平台、楼梯、水平隔层等,这些可在下沉后修建,也可在井筒制作同时完成。但在刃脚范围的高度内,不得有影响施工的任何细部布置。

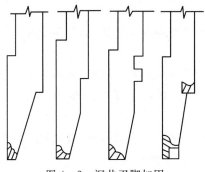

图4-2 沉井刃脚加固

2. 井筒下沉

井筒混凝土强度达到设计强度70%以上时可开始下沉。下沉前要对井壁各处的预留孔洞进行封堵。

1)沉井下沉计算

沉井下沉时,必须克服井壁与土间的摩擦力和地层对刃脚的反力,如图4-3所示。

沉井下沉质量应满足下式:

$$G-B \geqslant T+R=K \cdot f \cdot \pi \cdot D \cdot [h+1/2(H-h)]+R \tag{4-1}$$

式中 G——沉井下沉重力(N);

B——井筒所受浮力(N);

T——井壁与土间的摩擦力(N);

T——刃脚反力(N);

K——安全系数,取1.15~1.25;

f——单位面积上的摩擦力(Pa),见表4-1;

D——井筒外径(m);

H——井筒高(m);

h——刃脚高度(m)。

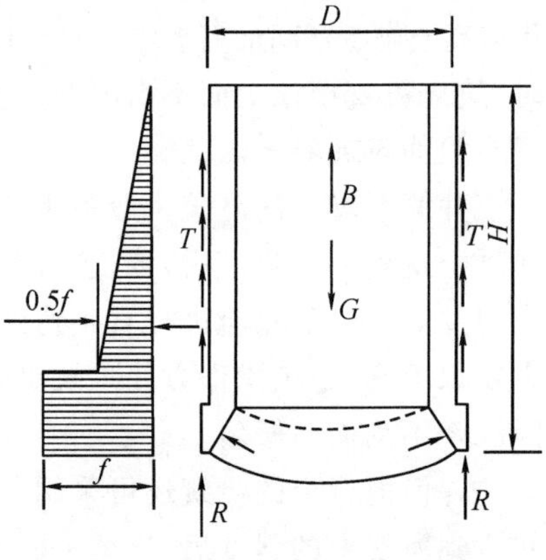

图4-3 沉井下沉力系平衡

如果将刃脚底面及斜面的土方挖空,则 $R=0$。

当沉井井壁穿过多层不同类型的土层时,取各层土与井壁单位面积摩擦力之和进行土层厚度加权计算后的平均值。

表4-1 土体作用在井筒外壁的单位面积上的摩擦力

序号	土壤类别	f/(KN/m²)	序号	土壤类别	f/(KN/m²)
1	砂卵石	18~30	5	可塑、软塑黏性土	12~25
2	砂砾石	15~20	6	流塑黏土、黏土	10~15

续表

序号	土壤类别	$f/(KN/m^2)$	序号	土壤类别	$f/(KN/m^2)$
3	砂土	12～25	7	泥浆套	3～5
4	硬塑黏性土	25～50			

2)井筒下沉方式

(1)排水下沉。

排水下沉是在井筒下沉和封底过程中,采用井内开设排水明沟,用水泵将地下水排除或采用人工降低地下水位方法排出地下水。它适用于井筒所穿过的土层透水性较差、涌水量不大、排水不致产生流砂现象而且现场有排水出路的地方。

井筒内挖土根据井筒直径大小及沉井埋设深度来确定施工方法。一般分为机械挖土和人工挖土两类。机械挖土一般仅开挖井中部的土,四周的土由人工开挖。常用的开挖机械有合瓣式挖土机、扒杆抓斗挖土机等,垂直运土工具有少先式起重机、扒杆抓斗挖土机、卷扬机、桅杆起重杆等。卸土地点应距井壁一般不小于 20 m,以免因堆土过近使井壁土方坍塌,导致下沉摩擦力增大。当土质为砂土或砂性黏土时,可用高压水枪先将井内泥土冲松稀释成泥浆,然后用水力吸泥机将泥浆吸出排到井外,如图 4-4 所示。

人工挖土应沿刃脚四周均匀而对称进行,以保持井筒均匀下沉。它适用于小型沉井,下沉深度较小、机械设备不足的地方。人工开挖应防止流砂现象发生。

排水下沉施工应符合下列规定:①应采取措施,确保下沉和降低地下水过程中不危及周围筑物、道路或地下管线,并保证下

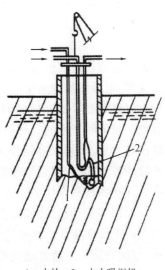

1—水枪;2—水力吸泥机。

图 4-4　水枪冲土下沉

沉过程和终沉时的坑底稳定;②下沉过程中应进行连续排水,保证沉井范围内地层水疏干;③挖土应分层、均匀、对称进行;对于有底梁或支撑梁的沉井,其相邻格仓高差不宜超过 0.5 m;开挖顺序应根据地质条件、下沉阶段、下沉情况综合确定,不得超挖;④用抓斗取土时,沉井内严禁站人;对于有底梁或支撑梁的沉井,严禁人员在底梁下穿越。

(2)不排水下沉。

不排水下沉是在水中挖土。当排水有困难或在地下水位较高的粉质砂土等土层,有产生流砂现象地区的沉井下沉或必须防止沉井周围地面和建筑物沉陷时,应采用不排水下沉的施工方法。下沉中要使井内水位比井外地下水位高 1～2 m,以防流砂。

不排水下沉时,土方也由合瓣式抓铲挖出,当铲斗将井的中央部分挖成锅底形状时,井壁四周的土涌向中心,井筒就会下沉。如井壁四周的土不易下滑时可用高压水枪进行冲射,然后用水力吸泥机将泥浆吸出排到井外。

为了使井筒下沉均匀,最好设置几个水枪,水枪的压力根据土质而定。每个水枪均设置阀门,以便沉井下沉不均匀时,进行调整。

不排水下沉施工应符合下列规定:①沉井内水位应符合施工方案控制水位;下沉有困难时,据内外水位、井底开挖几何形状、下沉量及速率、地表沉降测资料综合分析调整井内外的水

位差;②机械设备的配备应满足沉井下沉以及水中开挖、出土等,运行正常;废弃土方、泥浆应专门处置,不得随意排放;③水中开挖、出土方式应根据井内水深、周围环境控制要因素选择。

3)下沉过程控制

(1)下沉过程中障碍物处理。

下沉时,可能因刃脚遇到石块或其他障碍物而无法下沉,松散土中还可能因此产生溜方,引起井筒倾斜,见图4-5。小石块用刨挖方法去除,或用风镐凿碎,大石块或坚硬岩石则用炸药清除。

(2)井筒裂缝的预防及补救措施。

下沉过程中产生的井筒裂缝有环向和纵向两种。环向裂缝是由于下沉时井筒四周土压力不均造成的。为了防止井筒发生裂缝,除了保证必要的井筒设计强度外,施工时应使井筒达到规定强度后才能下沉。此外,也可在井筒内部安设支撑,但会增加挖运土方困难。井筒的纵向裂缝是由于在挖土时遇到石块或其他障碍物,井筒仅支于若干点,混凝土强度又较低时产生的。爆震下沉,亦可能产生裂缝。如果裂缝已经发生,必须在井筒外面挖土以减少该方向的土压力或撤除障碍物,防止裂缝继续扩大,同时用水泥砂浆、环氧树脂或其他补强材料涂抹裂缝进行补救。

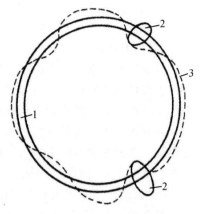

1—井筒;2—孤石(块石);
3—刃脚处实际挖土范围(溜方范围)。

图4-5 孤石产生溜方

(3)井筒下沉过快或沉不下去。

由于长期抽水或因砂的流动,使井筒外壁与土之间的摩擦力减少,或因土的耐压强度较小,会使井筒下沉速度超过挖土速度而无法控制。在流砂地区常会产生这种情况。为防止产生这种情况,一般多在井筒外将土夯实,增加土与井壁的摩擦力。在下沉将到设计标高时,为防止自沉,可不将刃脚处土方挖去,下沉到设计标高时立即封底。也可在刃脚处修筑单独式混凝土支墩或连续式混凝土圈梁,以增加受压面积。

沉井沉不下去的原因,一是遇有障碍,二是自重过轻,应采取相应方法处理。

根据沉井下沉条件而设计的井壁厚度,往往使井筒不能有足够的自重下沉,过分增加井壁厚度也不合理。可以采取附加荷载以增加井筒下沉质量,也可以采用振动法、泥浆套或气套方法以减少摩擦阻力使之下沉。

为了在井壁与土之间形成泥浆套,井筒制作时在井壁内埋入泥浆管,或在混凝土中直接留设压浆通道。井筒下沉时,泥浆从刃脚台阶处的泥浆通道口向外挤出,如图4-6所示。在泥浆管出口处设置泥浆射向围圈,如图4-7所示,以防止泥浆直接喷射至土层,并使泥浆分布均匀。为了使井筒下沉过程中能储备一定数量的泥浆,以补充泥浆套失浆,同时预防地表土滑塌,在井壁上缘设置泥浆地表围圈。泥浆地表围圈用薄板制成,拼装后的直径略大于井筒外径。埋设时,其顶面应露出地表0.5 m左右。

选用的泥浆应具有较好的固壁性能。泥浆指标根据原材料的性质、水文地质条件以及施工工艺条件来选定。在饱和的粉细砂层下沉时,容易造成翻砂,引起泥浆漏失,因此,泥浆的黏度及静切力都应较高。但黏度和静切力均随静置时间增加而增大,并逐渐趋近于一个稳定值。为此,在选择泥浆配合比时,先考虑相对密度与黏度两个指标,然后再考虑失水量、泥皮、静切力、胶体率、含砂率及 pH。泥浆相对密度在 $1.15\sim1.20$。泥浆可选用的配合比为：纯膨润土用量占比 $23\%\sim30\%$；水用量占比 $70\%\sim77\%$；碱（Na_2CO_3）用量占比 $0.4\%\sim0.6\%$；羧甲基纤维素用量占比 $0.03\%\sim0.06\%$。

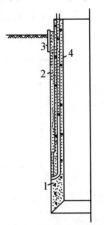

1—刃脚；2—泥浆套；
3—地表围圈；4—泥浆管。

图 4-6 泥浆套下沉示意

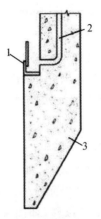

1—射口围圈；
2—泥浆通道；3—刃脚。

图 4-7 泥浆射口围圈

3. 井筒封底

一般地，采用沉井方法施工的构筑物必须做好封底，保证不渗漏。

井筒下沉至设计标高后，应进行沉降观测，当 8 h 下沉量不大于 10 mm 时，方可封底。井筒底板的结构如图 4-8 所示。当施工现场无地下水时采用图 4-8(a) 的结构形式，当施工现场有地下水时，其封底方法有不排水封底和排水封底，如图 4-8(b) 和图 4-8(c) 所示。

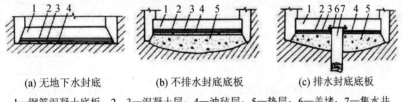

(a) 无地下水封底　　(b) 不排水封底底板　　(c) 排水封底底板

1—钢筋混凝土底板；2、3—混凝土层；4—油毡层；5—垫层；6—盖堵；7—集水井。

图 4-8 沉井底板的结构

排水下沉的井筒封底，必须排除井内积水。超挖部分可填石块，然后在其上做混凝土垫层。浇筑混凝土前应清洗刃脚，并先沿刃脚填充一周混凝土，防止沉井不均匀下沉。垫层上做防水层、绑扎钢筋和浇捣钢筋混凝土底板。封底混凝土由刃脚向井筒中心部位分层浇筑，每层约 50 cm。

为避免地下渗水冲蚀新浇筑的混凝土，可在封底前在井筒中部设集水井，用水泵排水。排水应持续到集水井四周的垫层混凝土达到规定强度后，用盖堵封等方法封掉集水井，然后铺油毡防水层，再浇筑混凝土底板。

不排水下沉的井筒，需进行水下混凝土的封底。井内水位应与原地下水位相等，然后铺垫砾石垫层和进行垫层的水下混凝土浇筑，待混凝土达到应有强度后将水抽出，再做钢筋混凝土底板。

4.1.2 质量检查与控制

井筒在下沉过程中,由于水文地质资料掌握不全,下沉控制不严,以及其他各种原因,可能发生土体破坏、井筒倾斜、筒壁裂缝、下沉过快或不继续下沉等事故,应及时采取措施加以校正。

1. 土体破坏

沉井下沉过程中,可能产生破坏土的棱体,如图 4-9 所示。土质松散,更易产生。因此,当土的破坏棱体范围内有已建构筑物时,应采取措施,保证构筑物安全,并对构筑物进行沉降观察。

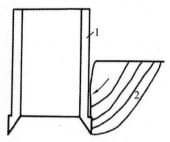

1—沉井;2—土破坏棱体。

图 4-9　沉井施工的土破坏棱体

2. 井筒倾斜的观测及其校正

井筒下沉时,可能发生倾斜,如图 4-10 所示,A 和 B 为井筒外径的两端点,由于倾斜而产生高差 h。倾斜误差校正结果有可能使井筒轴线水平位移,如图 4-11 所示。井筒在倾斜位置 I 绕 A 转动,校正到垂直位置 II,如果继续转动到位置 III,下沉至 IV,再绕 B 转动到垂直位置 V,II 和 V 二个垂直位置的轴线水平位移为 a。下沉完毕后的允许偏差见表 4-2。

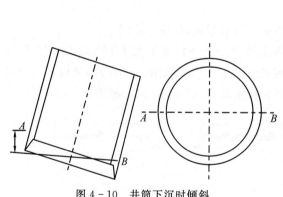

图 4-10　井筒下沉时倾斜

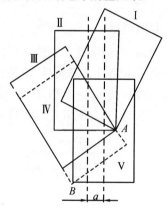

图 4-11　井筒倾斜的校正过程

表 4-2　沉井下沉允许偏差

项目		允许偏差/mm
沉井刃脚平均标高与设计标高差		≤100
沉井水平偏差 a	下沉总深度为 H	≤1%H
	下沉总深度<10 m	≤100
沉井四周任何两对称点处的刃脚底面标高差 h	二对称点间水平距离为 L	≤1%L 且≤300
	二对称点间水平距离<10 m	≤100

井筒发生倾斜的主要是由刃脚下面的土质不均匀,井壁四周土压力不均衡,挖土操作不对称,以及刃脚某一处有障碍物所造成的。

井筒是否倾斜可采用井筒内放置垂球观测、电测等方法确定,或在井外采用标尺测定、水准测量等方法确定。

由于挖土不均匀引起井筒轴线倾斜时,用挖土方法校正。在下沉较慢的一边多挖土,在下沉快的一边刃脚处将土夯实或做人工垫层,使井筒恢复垂直。如果这种方法不足以校正,就应在井筒外壁一边开挖土方,相对另一边回填土方,并且夯实。

在井筒下沉较慢的一边增加荷载也可校正井筒倾斜。如果由于地下水浮力而使加载失效,则应抽水后进行校正。

在井筒下沉较慢的一边安装振动器振动或用高压水枪冲击刃脚,减少土与井壁的摩擦力,也有助于校正井筒轴线。

4.2 取水构筑物施工

给水水源可以分为地表水源和地下水源,其相应的取水构筑物根据给水水源的不同可以分为地下水取水构筑物和地表水取水构筑物。

地表水源主要有江河水、湖泊水、水库水和海水,相应的取水构筑物按照构造形式分为固定式、活动式和特种取水式三类。固定式地表水取水构筑物的种类较多,主要有岸边式、河床式、斗槽式,不论哪一种形式,主要组成部分一般都包括进水口、水平集水管、集水井。河床式取水构筑物如图4-12所示。

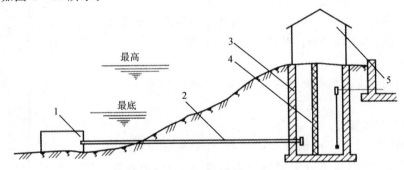

1—取水头部;2—进水管;3—集水井;4—格网;5—泵房。

图4-12 河床式取水构筑物

地下水源主要有潜水、承压水、裂隙水和泉水等,根据水下地质情况和取水量的大小,地下水取水构筑物可分为管井、大口井、复合井、辐射井和水平的渗渠等,如图4-13所示。

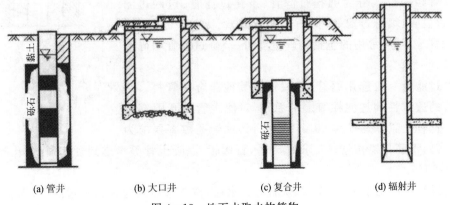

(a) 管井   (b) 大口井   (c) 复合井   (d) 辐射井

图4-13 地下水取水构筑物

4.2.1　地下水取水构筑物

地下水取水构筑物施工的特点如下:①与地表水取水构筑物相比,土石方量比较小,施工周期短。②取水构筑物置于地层下部,施工时和发生事故后的处理都比较复杂。施工质量的好坏在很大程度上影响到构筑物的产水量和耐久性。③取水构筑物施工与工程地质、水文地质等关系极为密切。施工前,必须掌握和了解足够的资料,才能保证施工的顺利进行;施工过程中实际的地质情况会直接影响滤水结构的设置。

用地下水作为供水水源时,应有确切的水文地质资料,取水量必须小于允许开采量,严禁盲目开采。地下水取水构筑物的位置,应根据水文地质条件选择,应位于水质良好、不受污染的富水地段;施工期间应避免地面污水及非取水层水渗入取水层;应靠近主要用水地区;施工、运行和维护方便。

1. 管井

管井是集取深层地下水的地下取水构筑物,主要由井壁管、过滤器、沉淀管、人工填砾层和井口封闭等组成。其结构如图 4 - 14 所示。

管井的井孔深度、井孔直径,采用井壁管的种类、规格,过滤管的类型及安装位置,沉淀管的长度,填砾层的厚度、规格、填入量,井口封闭,隔离有害含水层和抽水设备的型号等取决于取水地区的地质构造、水文地质条件及供水设计要求等。

1)管井材料

管井常用的施工材料有井壁管、沉淀管、过滤管和填入的砾石等。

(1)井壁管和沉淀管。

井壁管和沉淀管多采用钢管和铸铁管,其中钢管包括无缝钢管和焊接钢管,有时也可以采用包括钢筋混凝土管、塑料管、缸瓦管、砖管等在内的其他非金属管材。

铸铁管一般采用管箍丝扣连接或螺栓拉板连接;钢管采用管箍丝扣连接或拉板焊接;钢筋混凝土管采用拉板焊接。

(2)过滤管。

过滤管结构形式分为圆孔过滤管、条孔过滤管、包网过滤管、缠丝过滤管、填砾过滤管、砾石水泥过滤管、无缠丝过滤管、贴砾过滤管等,一般常用的包括缠丝过滤管、填砾过滤管和砾石水泥过滤管。

管井过滤管一般选用钢管、铸铁管或其他非金属管材。基于滤水管的透水性和过滤性兼顾的原则,对滤水管的孔隙率做出要求。钢管孔隙率要求为 $30\%\sim35\%$,铸铁管孔隙率要求为 $23\%\sim25\%$,钢筋骨架孔隙率要求为 50%,石棉管、混凝土管等考虑到管壁强度,孔隙率要求为 $15\%\sim20\%$。

缠丝过滤管适用于中砂、粗砂、砾石等含水层,按骨架材料分为铸铁过滤管、钢制过滤管、

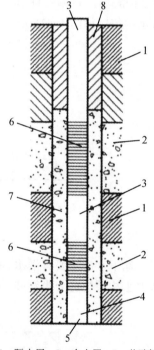

1—隔水层;2—含水层;3—井壁管;
4—沉淀管;5—井底;6—过滤管;
7—人工填砾;8—人工封闭物。

图 4 - 14　管井结构图

钢筋骨架过滤管和钢筋混凝土过滤管等。

砾石水泥过滤管是以砾石为骨料，用强度等级 32.5 级以上普通水泥或矿渣水泥胶结而成的多孔管材。

(3)过滤管填砾。

对于砾石、粗砂、中砂、细砂等松散含水层，为防止细砂涌入井内，提高过滤管的有效孔隙率，增大管井出水量，延长管井的使用年限，在缠丝过滤管周围，应再充填一层粗砂和砾石。井管填砾滤料的规格、形状、化学成分和质量与管井的产水量和水质密切相关。滤料粒径过大，容易产生涌砂现象，粒径过小，会减少管井的出水量。施工时，应按含水层的颗粒级配，正确选择缠丝间距和填砾粒径，严格控制。

填砾的要求包括：①填砾规格。一般为含水层颗粒中 d50～d70 的 8～10 倍。②填砾厚度。一般单层填砾厚度为粗砂以上地层为 75 mm，中、细、粉砂地层为 100 mm；双层填砾一般内层为 30～50 mm，外层为 100 mm，内层填砾的粒径一般为外层填砾粒径的 4～6 倍。填砾高度应高出过滤器管顶 5～10 m。③砾石滤料备料。砾石应坚硬，磨圆度好，需严格筛分清洗，不含杂物，不合格的砾石不得超过 15%，严禁使用碎石。一般宜采用石英质砾石，不宜采用石灰质砾石作滤料。

2)施工方法

(1)管井的施工方法及适用条件。

管井施工应根据设计要求、水文地质资料、现场条件和设备能力等，选择经济、合理的施工方法。常用的管井施工方法及适用条件见表 4-3。

表 4-3　管井常用的施工方法

钻进方法	主要工艺特点	适用条件
回转钻进	钻头回转切削、研磨破碎岩石，清水或泥浆正向循环。分为取芯钻进及全面钻进	砂土类及黏性土类松散层；软至硬的基岩
冲击钻进	钻具冲击破碎岩石，抽筒捞取岩屑。有钻头钻进及抽筒钻进之分	碎土石类松散层，井深在 200 m 以内
潜孔锤钻进	冲击、回转破碎岩石，冲洗介质正向循环。潜孔锤有风动及液动之分	坚硬基岩，且岩层不含水或富水性差
反循环钻进	回转钻进中，冲洗介质反向循环。有泵吸、气举、射流 3 种方式	除漂石、卵石(碎石)外的松散层；基岩
空气钻进	回转钻进中，用空气或雾化清水，雾化泥浆、泡沫、充气泥浆等作冲洗介质	岩层漏水严重或干旱缺水地区施工
半机械化钻进	采用锅锥人力回转施工或采用抽砂筒半机械抽砂挖土钻进	黏土、亚砂土、砂土及卵石(直径≤100 m)含量≤30% 的砾石层

(2)施工准备。

管井的施工准备包括以下工作：管井结构设计，一般包括井深结构、过滤器类型及井管配置、人工填砾的规格及厚度和位置、黏土封闭的位置和材料、管井的附属设施等；确定井孔位置及现场施工条件调查;施工前,做好"三通一平"的准备工作;编制施工组织设计,确定施工方案和钻孔方法,选好钻机、钻具和配套设备;按照工程计划准备好施工材料;施工设备准备;钻机、钻具的选择;护壁和冲洗。

3)钻进施工

管井常用的钻进方法有冲击钻进、回转钻进和锅锥钻进三种。

(1)冲击钻进。

冲击钻进是靠冲击钻头直接冲碎岩石形成井孔,主要有绳索式和钻杆式两种冲击钻进。

绳索式冲击钻进适用于松散砾石层与半岩层,较钻杆式冲击钻机更为轻便,其冲程为0.45~1.0 m,每分钟冲击40~50次;钻杆式冲击钻进是由发动机提供动力,通过传动机构来提升钻具上下冲击的,一般机架的高度为15~20 m,钻头上举高度为0.50~0.75 m,每分钟可冲击40~60次。如图4-15和图4-16所示。

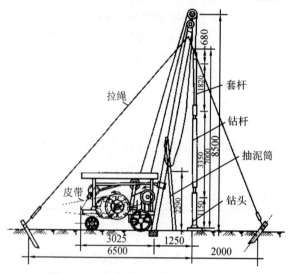

图4-15 绳索式冲击钻进(单位:mm)

图4-16 钻杆式冲击钻进

(2)回转钻进。

回转钻进的工作原理是依靠钻进的旋转,使钻具在外界压力的作用下慢慢地切碎岩层而形成井孔,其优点是钻进速度快、机械化程度高,并适用于坚硬的岩层钻进;缺点是设备比较复杂。各种地层的岩性不同,回转钻进采用的钻具、钻进参数及作业方法也不相同,应正确选用。

(3)人力或半机械化钻进。

锅锥是人力与动力相配合的一种半机械化回转式钻机,这种钻机制作与修理都较容易,取材方便;耗费动力小,操作简单,容易掌握;开孔口径大,可安装砾石水泥管、砖管、陶土管等井管,钻进成本较低。

锅锥钻进的最大开孔直径为1100 mm,最大深度40~50 m,适用于黏土、亚砂土、砂土及卵石(直径≤100 mm)含量≤30%的砾石层。

4)井管安装

井管安装(下管)的方法很多,常采用的方法有直接提吊法、提吊加浮板(浮塞)法、钢线绳托盘法、钻杆托盘及两次以上(多级)下管法。应根据下管深度、管材强度及钻探设备等因素选择。

(1)井管自重(浮重)不超过井管允许抗拉力和钻探设备安全负荷时,宜用直接提吊下管法;

(2)井管自重(浮重)超过井管允许抗拉力或钻机安全负荷时,宜用托盘下管法或(和)浮板下管法;

(3)井身结构复杂或下管深度过大时,宜用多级下管法。

井管安装常用的安装方法及管节连接方式见表4-4。

表4-4 井管安装常用的安装方法及操作要点

下管方法		管材	管节连接方式
直接提吊法		钢管,铸铁管	管箍丝扣连接
			对口拉板焊接
			螺栓连接
浮板活塞法		钢管、铸铁管、钢筋混凝土管	管箍丝扣连接
			对口拉板焊接
			螺栓连接
托盘法	钢丝绳托盘法	钢管、铸铁管、混凝土管	各种连接形式
	钻杆托盘法		
多级下管法		钢管、铸铁管、混凝土管	各种连接法

5)填砾

填砾方法和砾料质量直接影响管井的出水数量和出水质量,必须认真仔细地做好填砾工作。

(1)填砾准备。

填砾前,除自流井外,宜再次稀释泥浆。按照设计,将计划填入井内的不同规格砾石的数量和高度进行计算,并准备一定的余量。填砾的质量,应按设计规格筛选,不合规格的砾石不得超过15%;填砾的磨圆度要好,不得用碎石代替;最好用硅质砾石。填入井内的不同规格砾石,应进行筛分,并将筛分成果列入报告书。

(2)填砾方法。

填砾方法,一般采用静水填砾法或循环水填砾法;必要时,可下填砾管将砾石送入井内。

(3)填砾施工注意事项。

填砾时,砾石应沿井管四周均匀连续地填入,填砾的速度应适当。随填随测填砾深度,发现砾石中途堵塞,应及时排除,双层填砾过滤器,笼内砾石应在地面装好并振实后下入井内。笼外及其以上8 m,均应填入外层规格的砾石。采用缠丝过滤器的管井,井管外空隙较大时,应回填粒径为10~20 mm的砾石。

砾料的填入高度一般应高出滤水管上端10 m,最小不应少于5 m,但不能影响对不采用的含水层的封闭。填砾时,不论井孔深浅,应一次填充,因故需要间断时,间断时间不应超过1 h。

6)井管外封闭

进行井管外封闭的目的是做好取水层的隔离,并防止地表水渗入地下,使井水受到污染。

井口封闭一般采用黏土封闭,封闭时将黏土捣成碎块填入井孔至井口,并夯实,封闭用的黏土球或黏土块半干时投入,一般填砾石间歇2~3 h后再填黏土球,投入黏土球速度应适当。有特殊需要时,可用混凝土封闭。

高压含水层的封闭,可用水泥砂浆封闭。水泥砂浆的配合比为1∶1(水泥∶砂子),一般采用泥浆泵泵入或提筒注入。在钻探过程中,使用水泥浆封闭,应待水泥凝固后,进行封闭效果检查,不符要求时,应重新进行封闭。

7)洗井

洗井是为了清除在钻孔过程中孔内岩屑和泥浆对含水层的填塞,同时排出滤管周围含水层中的细小颗粒,从而疏通含水层,借以增加滤管周围地层的渗透性能,减小进水阻力,以达到应有的出水量,延长管井的使用寿命。

洗井必须在下管、填砾、封井后立即进行,否则会造成孔壁泥皮固结,致使洗井困难,甚至失败。当水中含砂量小于或等于1/200000(体积比)时停止抽水清洗。

洗井必须及时,可采用活塞、空气压缩机、水泵、复磷酸盐、酸、二氧化碳等交替或联合的方法进行。洗井方法应根据含水层特性、管井结构和钻探工艺等因素确定,详见施工手册。

8)抽水试验

为了确定管井的实际出水量,洗井后必须进行抽水试验。抽水试验前应做好准备工作,选择适当的抽水设备、工具,校正测水位的仪器,开挖排水系统,以便将抽出的水排泄到抽水影响范围之外。

抽水试验的水位下降次数,一般为一次,下降值不得小于设计抽降,抽水量不少于井的设计水量。如需要时,可适当增加下降次数。

抽水试验的水位和水量的延续稳定时间,基岩地区为8~24 h,松散层地区为4~8 h。

抽水试验前应准确测量井内静止水位,并做好记录。抽水试验时,动水位和出水量应同时进行观测,观测时间宜在抽水开始后的第5 min、10 min、15 min、20 min、25 min、30 min各测一次,以后每隔30 min观测一次。连续在3 h内出水量的差值小于平均出水量的5%时,即可认为水量已稳定,连续稳定时间达到规定要求时,即认为抽水试验结束。在抽水试验结束后,应立即观测水位恢复情况,最初每隔1~2 min观测一次,以后每隔5 min观测一次,再每隔30 min观测一次,如水位在3~4 h内上下波动不超过1 cm,即可认为水位已经恢复。

抽水试验结束前,应对水质进行理化分析和细菌分析。理化分析水样不少于2000 ml;细菌分析水样不少于1000 ml。从取样到开始分析的时间不得超过8 h。

取样用的容器必须充分洗涤,并做灭菌处理。水样采取后,应严密封井,并贴上标签,说明取水深度、日期、地点等。

9)管井的验收

管井验收时,施工单位应提供下列资料:井的结构、地质柱状图;岩土样及填砾的颗粒分析成果表;抽水试验资料;水质分析资料;管井施工及使用说明书。

管井竣工后,应由设计、施工及使用单位的代表,在现场按下列质量标准验收:

(1)管井的单位出水量与设计单位出水量基本相符。管井揭露的含水层与设计依据不符时,可按实际抽水量验收。

(2)管井抽水稳定后,井水粗砂含量应小于0.002%,中砂含量应小于0.005%,细砂含量应小于1%(体积比)。

(3)超污染指标的含水层应严密封闭。

(4)井内沉淀物的高度不得大于井深的5‰。

(5)井深直径不得小于设计直径20 mm;井深偏差不得超过设计井深的±2‰。

(6)井管应安装在井的中心,上口保持水平。井管与井深的尺寸偏差,不得超过全长的2‰。过滤器安装位置偏差不得超过300 mm。

关于管井的其他规定,可参见国家标准《供水管井技术规范》(GB 50296)的规定。

2. 大口井

1)大口井的构造及类型

大口井是一种吸取浅层地下水的构筑物,一般由井筒和进水结构组成。井深一般不大于15 m。井径应根据设计水量、抽水设备布置和便于施工等因素确定,一般为4~8 m,但不宜超过10 m。

大口井的类型:按取水形式分,有完整井和非完整井;按井筒结构材料分,有钢筋混凝土井壁、无砂混凝土井壁、石砌井壁、砖砌井壁;按进水形式分,有井壁进水、井底进水和井壁井底共同进水。

当含水层为承压水时,一般采用井底进水,在井底敷设滤水层;当含水层为潜水时,常采用井壁井底共同进水,井壁设进水孔,孔内填滤料,或用无砂混凝土作为井壁材料,井底敷设反滤层。

2)大口井井壁进水孔

(1)井壁进水孔预留。

大口井采用井壁进水时,应在井壁上预留进水孔。进水孔形式有水平进水孔、斜形进水孔和无砂混凝土透水井壁。

水平进水孔一般做成直径$\phi100\sim200$ mm的圆形孔或做成100 mm×150 mm×250 mm的矩形孔;斜形进水孔,一般做成$\phi50\sim150$ mm的圆孔,孔的斜度按壁厚和钢筋布置考虑一般不超过45°。

井壁进水孔应在井壁浇筑时一次做好,依进水孔尺寸,预制两个角铁钢框,按设计对进水孔的布置要求安装在井壁内,外壁与井壁内外层用钢筋固定。浇筑井壁混凝土前用水泥袋纸将浸透过水的木楔或木盒包起来,插入预制钢框架内。混凝土浇筑凝固后将木楔凿除。

在进水孔外壁角钢框架焊上钢丝网,钢丝网外焊上保护钢筋。

(2)井壁进水孔反滤层的铺设。

滤料的质量必须符合设计要求。滤料筛选后,按不同规格分开堆放,运输和铺设过程中防止不同规格滤料的互相混杂及污染。滤料在铺设前应清洗干净,其含泥量应小于1‰(质量比)。凡采用基坑开挖法施工的大口井,井筒下沉到位后要恢复井壁周围已破坏的透水地层。

反滤层铺设要点:①井筒下沉就位后,应按设计要求整修井底,清除杂物。②井壁进水孔的反滤层必须按设计要求分层铺设,层次分明,装填密实。如采用沉井法下沉井筒,在下沉前铺设进水孔反滤层时,应在井壁的内侧将进水孔临时封闭。井底反滤层铺设应先沿刃脚处铺设。刃脚处第一层滤料填铺至设计厚度后,再铺设井中心的滤料。依次铺设第二层、第三层,直至达到设计要求,每层滤料不得小于设计厚度。③滤料铺设时,不得由高处向下倾倒,应采用溜槽或其他方法将滤料送至井底。

井壁进水孔填装滤料应符合:①凿除预留进水孔中的木楔或木盒。②依设计要求将滤料分层装填进水孔内,层间用钢丝网隔开。③装填完滤料后,将钢格栅安装在井内壁的角钢框架上。④安装 15 mm 钢丝网,再用螺栓将 10 mm 厚钢板固定在角钢框架上,压紧钢丝网。

3)井底反滤层

大口井井底宜做成凹弧形。反滤层可以做成 3~4 层,每层厚度宜为 200~300 mm。大口井井底铺设反滤层时,应将井中水位降到井底以下;并且必须在前一层铺设完毕并经检验合格后,再铺设次层。

4)大口井施工

大口井施工同沉井较为相似,其井筒制作、下沉方法以及下沉中容易出现的问题均可参照沉井施工。

大口井在施工时不得碰撞管井,并且也不得将管井作为任何支撑使用。

采用基坑开挖法施工的大口井,井筒下沉到位后要恢复井壁周围已破坏的透水地层。

大口井应设置下列防止污染水质的措施:人孔应采用密封的盖板,高出地面不得小于 0.5 m;井口周围应设不透水的散水坡,其宽度一般为 1.5 m;在渗透土壤中,散水坡下面还应填厚度不小于 1.5 m 的黏土层。

井筒下沉就位后应按设计要求整修井底,并经检验合格后方可进行下一工序。

当井底超挖时应回填,并填至井底设计高程。井底进水的大口井,可采用与基底相同的砂砾料或写基底相邻的滤料回填;封底的大口井,宜采用粗砂、砾石或卵石等粗颗粒材料回填。

大口井周围散水下填黏土层时,黏土应呈松散状态,不含有大于 5 cm 的硬土块,且不含有卵石、木块等杂物;不得使用冻土;分层铺设压实,压实度不小于 95%;黏土与井壁贴紧,且不漏夯。

大口井施工完毕经检验合格后应进行抽水清洗,清洗前应将大口井中泥沙和其他杂物清除干净;抽水清洗时大口井应在井中水位降到设计最低动水位以下停止抽水;抽水时应取水样测定含沙量;设备能力已经超过设计产水量而水位未达到上述要求时,可按实际抽水设备的能力抽水清洗,当水中含砂量小于或等于 1/200000(体积比)时停止抽水清洗。清洗过程中应及时记录抽水清洗时的静水位、水位下降值、含沙量的测定结果。

5)抽水试验

大口井抽水试验要点:

(1)抽水试验前测定大口井内静水位,并做记录;

(2)抽出的水排至降水影响半径以外,防止抽出的水渗入井内,影响测定精度;

(3)按设计产水量抽水,并测定井中相应的动水位。当含水层的水文地质情况与设计不符时,应测定实际产水量及相应水位,并做记录;

(4)测产水量时,水位和水量稳定延续时间应符合设计要求;设计无要求时,松散地层不少于 4 h,基岩地层不少于 8 h;

(5)宜采用薄壁堰测定产水量;

(6)及时记录产水量及其相应的水位下降值检测结果;

(7)宜在枯水期测定产水量。

4.2.2 地表水取水构筑物

随着我国城市化进程的推进,取水工程建设必须兼顾城市水体环境质量提升和优良宜居环境建设的要求,因此移动式取水构筑物的建设逐渐减少,以下仅介绍几种主要的固定式取水构筑物施工技术。

1. 围堰法

围堰法是指在拟建取水构筑物地址临河一面,修筑一段月牙堤,包围取水构筑物基坑,使其与河心隔开,或用钢板桩在河中间做堰挡水,并在抽干堰内水的情况下进行施工的方法。

1)围堰的类型

围堰的结构形式很多,在取水构筑物施工中常用的有土围堰、土石围堰和木、钢板桩围堰。

(1)土围堰。

岸边式取水构筑物施工时,在最大水深 2 m、最大流速 0.5 m/s 时,就可采用土围堰。围堰迎水坡经常受到水流冲刷与波浪作用。因此,常用草袋或抛石防护。土围堰是把土壤抛入水中填筑的,一般土壤均可建造,最好是沙壤土。堰顶宽度不小于 2 m。为了避免背水面滑坡,常用堆石或草袋填筑排水棱体。

(2)土石围堰。

在最大水深 5 m、最大流速 3 m/s 时,可以采用土石围堰。在堰的背水面堆石,迎水面用土填筑。一般是先抛石,后筑反滤层,最后筑土料斜墙。土石围堰在江河流速较大的情况下采用,但它的拆除比较困难。土石围堰结构形式如图 4-17 所示。

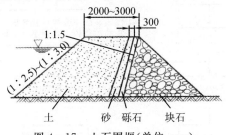

图 4-17　土石围堰(单位:mm)

(3)木、钢板桩围堰。

在最大水深为 5 m、最大流速为 3 m/s,河床为可透水性时,可用木、钢板桩围堰。

2)围堰的基本要求

围堰的基本要求包括:围堰的结构和施工,应保证其可靠的稳定性、坚固性、不透水性和施工的便易性;防止围堰基础与围堰本身的土壤发生管涌现象;施工的围堰和基槽边界之间,应当留有足够的距离,以满足施工排水与施工作业的需要;决定堰顶高程时,应考虑波浪壅高和围堰沉陷,围堰的超高一般在 0.5～1.5 m 以上;围堰的构造应当简单,能迅速进行施工、修理和拆除,并符合就地取材的原则;围堰布置时,应采取防止水流冲刷围堰的措施。

围堰施工的方案应包括以下主要内容:围堰平面布置图;水体缩窄后的水面曲线和波浪高度验算;围堰的强度和稳定性计算;围堰断面施工图;板桩加工图;围堰施工方法与要求,施工材料和机具选定;拆除围堰方法与要求;堰内排水安全措施。围堰施工参见《给水排水构筑物施工及验收规范》(GB 50141)及相关施工手册。

2. 浮运法

浮运法是将在岸上制作的取水头部(如沉箱类),通过设置的滑道下水,或靠涨水时,借助头部(沉箱)自行浮起的方法移运下水;头部(沉箱)也可借助于设在上游的专用趸船进行浮运,将头部移至与基础成一直线上、距设计位置的上游约 2 m 处,暂停止浮运,必要时停靠岸边,待基槽验证无误即转向平移到位、下沉、调整、收缆。再经过浇灌水下混凝土固定头部及基础四周抛石卡固后,纠偏,收缆,锚固,即完成取水头部的浮动施工。

1)施工设计内容及流程

浮运法施工设计的内容包括:取水头部施工平面位置及纵、横断面图;取水头部制作;取水头部的基坑开挖;水上打桩;取水头部的下水措施、浮运措施;取水头部的下沉、定位及固定措施;混凝土预制构筑物水下组装。

施工流程见图 4-18。

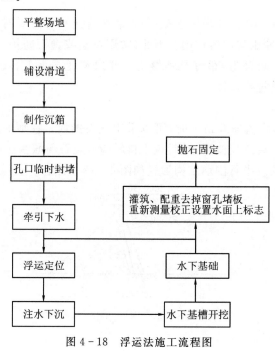

图 4-18 浮运法施工流程图

2)取水头部的下水方法

取水头部的下水方式包括滑道法下水、利用河流天然水位下水、浮船浮运下水等方式。

3. 浮吊法

浮吊法施工是把在岸上或在工装驳船上制作的或拼装的取水头部,用浮吊运至设计地点吊放下沉就位。

在岸上浇制取水头部,其制作地点应靠近水面,使其满足浮吊吊运时的水深要求,并在起吊的范围之内。取水头部是分节制作还是整体制作,要根据浮吊起重能力来决定。与浮运法相比较,其优点是不需要修建滑道,不受水位影响,头部结构简单,制作方便,施工进度快。但是,浮吊法需要有浮吊船或其他浮吊设备,并要保证工装驳船吃水深。

4.3 泵房施工

4.3.1 泵房种类及施工方法选择

1. 泵房种类及特点

给水排水工程中的泵房,按照其作用分为给水系统泵房和排水系统泵房,其中给水系统泵房又可分为水源井、取水、送水、加压、循环等泵房;排水系统泵房分为污水、雨水、合流及污泥等泵房;按泵房平面形状分为矩形和圆形泵房;按水泵层设置位置与地面的相对标高分为地上式、半地下式和地下水泵房;按水泵吸水条件分为自灌式和抽吸式泵房。

各种类型泵房在结构形式的选择中,除考虑工艺要求外,还应考虑地形、地质、施工和材料供应等因素,常用的结构形式如下:

1)平底泵房,见图 4-19(a)

平底泵房由圆柱壳、平底板组成,结构简单、节省材料、施工方便,应用较广泛,适用于一般工程地质条件的中小型分建式泵房。在主体结构中设置隔墙,如图 4-20(b)所示,泵房刚性较好,但施工复杂,适用于合建式泵房。

2)球底泵房,见图 4-19(c)

球底泵房由圆柱壳、环梁及球底壳组成,受力情况较好,但球底施工较复杂。常用于直径大于 15 m 的大中型泵房。

3)瓶式泵房,见图 4-19(d)

瓶式泵房由圆柱壳、圆锥壳、环梁、底板组成,所受浮力较小且壁较薄,但通风运输条件较差,施工较复杂,适用于水位落差较大,且宜自动化控制的泵房。

4)石砌泵房,见图 4-19(e)

石砌泵房可利用建设地区石料修建,可节约三材,适用于深 7~20 m 分建式中小型泵房。

5)挡土墙式泵房,见图 4-19(f)

挡土墙式泵房无地下水,且泵房埋深较浅,地质条件良好,挡土墙可利用当地的石料,其形式简单,便于施工。

如有地下水,且泵房埋深较大,地质条件较差时,挡土墙可采用钢筋混凝土结构,其受力条件良好,但施工较复杂。

6)框架式泵房,见图 4-19(g)

框架式泵房的墙的竖肋、泵房楼板梁及底梁构成一个框架系统,其刚度大,整体性好,适用于规模大、埋置较深的泵房。

2. 泵房施工方法

泵房施工方法选择见表 4-5。

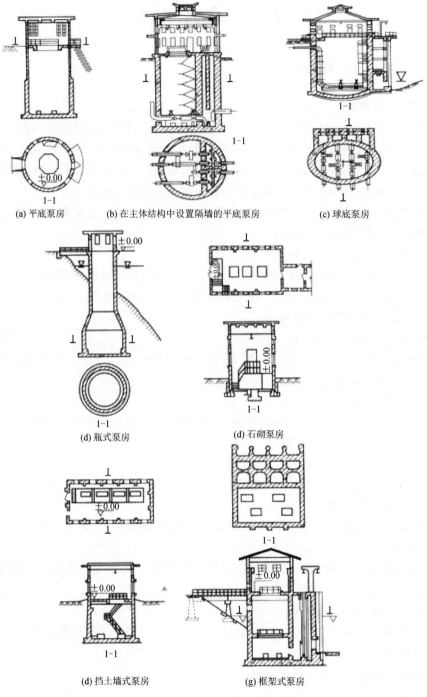

(a) 平底泵房　　(b) 在主体结构中设置隔墙的平底泵房　　(c) 球底泵房

(d) 瓶式泵房　　　　　(d) 石砌泵房

(d) 挡土墙式泵房　　　　　(g) 框架式泵房

图 4-19　泵房常用的结构形式

表 4 - 5　泵房施工方法选择

施工方法			选择参考条件
常规施工	砖、石砌体结构		适用于一般的送水泵房、加压泵房、循环泵房等及其他在干式地点的开槽施工泵房建设
	现浇钢筋混凝土结构		
沉井施工	在水中或岸边	筑岛法	水深在 2 m 以内,水流速小于 0.5 m/s 时可采用
		围堰法	水深小于 3.5 m,水流速小于 2.0 m/s 的水中施工
		浮运、浮吊法	水深接近或超过 5 m,与其他施工方法比较更为经济的情况下选用
	排水施工		用水泵将沉井井筒内地下水排除或采用人工降低地下水位的施工方法。地下水位不高,或地下水补给量不大,且排水不困难时选用
	不排水施工		井筒内外不降水,保持沉井内原有水位,地下水位高或地下水补给量大且排水困难时选用

泵房施工方法的选择,应从实际出发,因地制宜,力求可靠易行,经济合理。

4.3.2　常规施工泵房

采用常规施工,泵房结构部分主要包括现浇钢筋混凝土结构、砖石砌体结构等。

地上部分的混凝土和砖石砌体施工方法可参照一般建筑施工的有关内容进行,地下部分的混凝土和砖石砌体施工可参考水池的相关要求进行。泵房地下和水下部分应按防水要求进行施工,其内壁、隔墙不得渗水,穿墙管均应采用预制防水套管在土建施工中预埋,且保证管道外壁与套管间的沉降空隙满足要求,待泵房沉降平稳后再安装管线,并用柔性防水材料填塞。同时应做好泵房地面的排水及机组基础与泵站底板间施工缝的处理。

1. 现浇钢筋混凝土结构工程

在泵站施工中,钢筋混凝土结构工程占有很重要的地位,因钢筋具有抗拉、抗压、强度高的特点而被大量地采用,并作为泵站构筑物的主要承力部分。现浇钢筋混凝土工程包括模板工程、钢筋工程、混凝土工程等内容。

2. 砖石砌体结构工程

砖石砌体结构常用的砌筑材料是普通黏土砖和水泥砂浆。水泥砂浆在配制时,其配料应当准确,砂浆应随拌随用,常温下水泥砂浆应在拌和后 3 h 内使用完毕,如砂浆出现泌水现象,应在砌筑前再次拌和。如温度超过 30 ℃,则必须在 2 h 内使用完毕。若采用水泥混合砂浆,则时间可以适当延长。

砖砌结构所用砂浆必须饱满,砌筑要平整、错缝,不应有通缝。清水墙面应保持清洁,刮缝深度应适宜,勾缝应密实,深浅一致,横竖缝交接处应平整。为保证砖块均匀受力和使砌块紧密结合,还应使水平灰缝的厚度均匀。水平缝厚度和竖缝宽度应为(10±2) mm。在结构接槎处,必须将接槎表面清理干净,浇水湿润。

4.3.3　沉井施工泵房

在给水排水工程中当泵站埋深较大,或所在地区地下水位较高,或需在水中完成泵房施工的情况下,为降低施工造价,避免因采用开槽施工带来的技术问题,可采用沉井方法施工。泵房沉井施工的步骤主要包括:施工准备→基坑开挖→沉井制作→沉井下沉→沉井封底→泵房内水泵→设备安装等。

1. 施工准备

泵站基坑开挖前,应当做好相应的准备工作,收集所在地区地质、水文、气象资料,了解施工区域内的原有构筑物、管线及障碍物情况,修建临时水、电等供应设施,做好挖土、弃土和运输的各项准备等,做好施工组织计划,保证施工方案合理、经济,确保工程质量。

2. 基坑开挖

根据设计图纸中的坐标确定基坑在地面的位置。基坑开挖通常采用机械和人工相结合的施工方法,这样既可以节约成本,又能保证基坑尺寸的精确性,并可加快施工进程;小型基坑也可采用人工开挖。基坑开挖要做好基坑底部排水工作,防止基底土壤受泡。随时对施工进行检测,并将偏差控制在允许偏差范围之内。

如需在河岸或浅水中进行基坑开挖,可以根据水的深浅、水流速度的大小选择筑岛或围堰施工。

达到设置标高后,对基坑底做处理,根据原有地基承载力不同,铺设相应的承垫物。

3. 沉井制备

沉井井筒的制作分为两部分,即刃脚的制作和井壁的制作。制作刃脚,先在支模上放出大样,安上刃脚侧面的角钢,按大样立内、外模板及撑架,绑扎钢筋,然后浇筑混凝土。井壁的制作同刃脚制作。制作的同时做好基坑排水工作,以免土体塌方。当沉井井壁高度大于 12 m 时,宜分段制作。

4. 沉井下沉

根据沉井所通过土层的条件和地下水的情况,沉井施工可分为排水挖土下沉、不排水挖土下沉。当沉井所穿土层比较稳定,地下水渗水量不大,或者渗水量虽大但排水不困难,且不影响沉井附近原有建筑物和管线的安全时,适合选择排水挖土下沉;若土质结构不稳定,地下水涌水量很大或翻砂鼓水,或因降水导致原有构筑物、管线等受到影响时,应选择不排水下沉的施工方法。

在沉井的下沉过程中应做好监测工作,一旦发现沉井偏移应立即予以纠正。为保证沉井的顺利下沉可采取相应的辅助措施。

5. 沉井封底

沉井封底可根据地质条件结合沉井下沉的方法,选择干封底或带水封底。

沉井施工完成后,必须对其进行必要的检验,如沉井下沉后内壁不得有渗漏现象,底板表面应平整,亦不得有渗漏现象,并保证沉井泵站偏差在规定范围之内。常用的检验工具有经纬仪、水准仪等。

4.4 水泵机组的安装

水泵机组安装是泵站建设的重要环节,其安装的正确与否,直接影响着机组的运行效率及其使用寿命,对泵站系统能否安全运行有着重大的意义。因此必须严格按照技术要求、施工规范进行水泵机组的安装。

通常水泵机组的安装程序为:先进行基础制作,然后安装水泵,再安装电机,最后进行吸水管、压水管、附件和辅助设备的安装。

4.4.1　基础制作

水泵和电机安装在共同的基础上,可以保证其运行平稳。因此基础必须坚实牢固,并要浇制在坚实的地基上,不允许产生沉陷,一般情况下为混凝土块体基础。在水泵安装前,应首先确定水泵机组基础的尺寸。

1. 基础尺寸确定

基础尺寸大小一般均按所选水泵安装尺寸提供的数据确定,如无上述资料,以卧式泵为例。

1)带底座的小型水泵

基础长度 L＝底座长度 L_1＋(0.15～0.20)(m)

基础宽度 B＝底座螺孔间距(在宽度方向上)b_1＋(0.15～0.20)(m)

基础高度 H＝底座地脚螺钉的长度 L_2＋(0.15～0.20)(m)

2)不带底座的大、中型水泵

其基础尺寸可根据水泵或电动机(取其宽者)地脚螺孔的间距加上 0.4～0.5 m 来确定其长度和宽度,基础高度确定方法同上。地脚螺栓在基础内的长度见表4-6。

表4-6　水泵地脚螺栓选用表(mm)

地脚螺栓孔直径	12～13	14～17	18～22	23～27	28～33	34～40	41～48	49～55
地脚螺栓直径	10	12	16	20	24	30	36	42
地脚螺栓埋入基础内的长度	200～400				500		600～700	

基础的高度还可以用下述方法进行校核:基础质量应大于机组总质量的2.5～4.0倍,在已知基础平面尺寸的条件下,根据基础的总质量、混凝土容重(γ＝23520 N/m³)可以算出其高度。基础高度一般应不小于500～700 mm,并应比机器间地面高100～200 mm。

2. 混凝土浇筑

1)浇筑方法

在混凝土浇筑前,必须将地脚螺栓固定牢固,常用的方法有两种:一次灌浆法、二次灌浆法。

(1)一次灌浆法。

一次灌浆法是将水泵机组的地脚螺栓固定在基础模板上,然后,将地脚螺栓直接浇筑在基础混凝土中。这种方法通常用于带有底座的小型水泵的安装。在制作中要保证基础模板尺寸、位置及地脚螺栓的尺寸、位置必须符合设计及水泵机组安装要求,不能有偏差,并应调整好螺栓标高及螺栓垂直度,如图4-20所示。

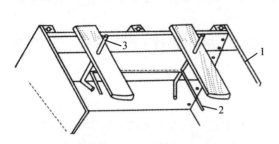

1—模板；2—固定钢筋；3—地脚螺栓。

图 4-20　一次灌浆法立模

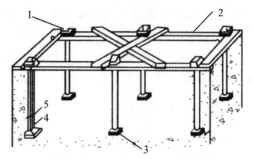

1—螺母；2—样板架；3—垫片；4—套管；5—地脚螺栓。

图 4-21　悬挂地脚螺栓的样板架示意

（2）二次灌浆法。

二次灌浆法就是在水泵基础施工时，先预留出水泵机组地脚螺栓孔洞，待水泵机组就位并上好螺栓后，再次向预留孔内浇灌混凝土，以固定水泵机组的地脚螺栓。采用二次灌浆法时，须预先立好模框，并在地脚螺栓位置处立上预留孔模板，预留孔尺寸一般比地脚螺栓直径大 50 mm，如为弯钩地脚螺栓，则应比弯钩尺寸大 50 mm；洞深一般比地脚螺栓的埋设大 50～100 mm。如不预留孔模板，也可在地脚螺栓外面套一根直径比螺栓直径大 1.5～2 倍粗的铁管或竹管，把地脚螺栓固定在如图 4-21 所示的样板架上，使地脚螺栓稍能偏动，便于对准底座上的地脚螺栓孔。二次灌浆法因混凝土的浇筑分两次进行，会影响地脚螺栓的稳固性。

2）施工步骤

（1）放样、基坑开挖。

在确定基础平面尺寸和厚度后，即可用经纬仪和拉线先行测定出水泵进出口的中心线、水泵的轴线位置及高程，然后依此用石灰标出基础平面尺寸的范围。基坑的长和宽，应比基础的实际尺寸大 100～150 mm，开挖基坑深度应保证基础的计算高度，并使基础面比泵房地面高出 100～200 mm。

基坑开挖后，坑底为坚实地基时，基础底部应铺有碎石或砂垫层夯实，其厚度为 100～150 mm。地基太软时应加厚垫层。地脚螺栓安装的具体要求见规范。

（2）混凝土的浇筑。

混凝土的配合比可用质量比来计算，一般水泥：黄砂：石子为 1：2：5 或 1：2：4 或 1：3：6。采用哪种配合比，可根据建筑物的重要性以及水泥的质量选用；水灰比一般为 0.4。大的基础可投加石块，大小以 150～200 mm 为宜，数量以基础体积的 10%～20% 为宜。一个基础必须连续一次浇筑完毕，在浇筑过程中，必须振动捣实，并应防止地脚螺栓或其预留孔模板歪斜、移位及上浮等现象发生。

基础顶面要平整，否则用水泥砂浆找平。

浇筑完成后，应进行必要的养护工作，如防止日晒、浇水等，7 d 后可拆除模板，核查基础顶面的平整性和标高是否符合设计要求。

3. 其他需注意的问题

（1）大型水泵机组通常不带底座，为便于机组的安装与调平找正，也可用槽钢制成整体式底座，在浇筑混凝土基础时可采用一次或二次浇筑法将钢制机组底座稳固在设计位置上（见图 4-22）。该种施工方法的优点是钢制底座与混凝土的结合较牢固，整体性较好。

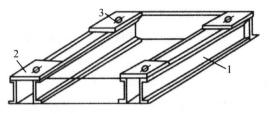

1—槽钢制底座架；2—表面光洁垫铁；3—螺栓孔。

图4-22 钢制整体式底座

（2）如泵房地面为整体的连续钢筋混凝土板，可将机组安装在地板上凸起的基础座上。

（3）深井泵基础的施工基本上与卧式离心泵的安装方式相同，区别在于深井泵基础中央有一井壁管，在浇筑混凝土基础之前，应在井壁管外壁设隔离层。深井泵基础的高度应考虑维修工作的方便，通常高出地坪300～500 mm。为保证基础能承受较大的荷载，基础形状应是上小下大的四棱台形或圆台形，其基础顶面与并壁管中心应保持垂直。在浇筑混凝土基础时，需要预留水位探测孔及补充滤料投入孔，并加盖保护，防止杂物进入井内。

其基础上应设四个地脚螺栓，用来固定深井泵，也可以在混凝土基础表面上设置方形钢板一块，其尺寸由深井泵机座的尺寸而定，一般钢板厚20 mm，并由地脚螺栓固定于基础之上，如图4-23所示。

（4）立式泵基础上的管孔则应注意中心位置及与其他相关尺寸的准确，孔径必须按设计要求进行，不能过大，以免影响基础牢度；不能过小，否则无法安装管道。中小型立式轴流泵也可安装在钢筋混凝土排架或特制的水泵梁上。

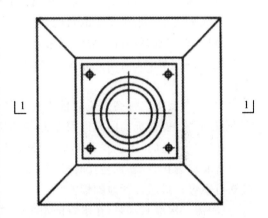

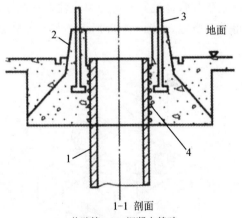

1-1 剖面

1—井壁管；2—混凝土基础；
3—地脚螺栓；4—草绳。

图4-23 深井泵基础

4.4.2 水泵和电机安装

在水泵安装前，应做好机泵检查：①基础复查。混凝土基础的强度必须符合要求，表面应平整；大小、位置、标高要符合设计要求；地脚螺栓的规格、位置、露头应符合设计或水泵机组安装要求；对于有减振要求的基础，应符合设计要求。②水泵及附件检查。对主要设备及附件进行清点，水泵型号、数量是否正确，质量是否符合规定，必要时可解体检查。准备好安装工具、吊装设备及消耗材料等，按图纸明确机组布置以及吸、压水管路布置形式、附件设置情况，明确泵轴高程及坐标等。③电机安装前检查。电动机安装检查项目和内容包括：电动机转子——盘动转子不得有碰卡现象；轴承润滑脂——无杂质，无变色，无变质和硬化现象；电动机引出线——引出线接线铜接头焊接或压接良好,且编号齐全;电刷提升装置——绕线式电机的电刷提升装置应标有"启动""运行"的标志,动作顺序应是先短路集电环,然后提升电刷。

1. 卧式离心泵安装

1)无底座水泵的安装

无底座水泵按照以下工序进行安装:

(1)将水泵吊放在基础上,使泵体地脚螺栓孔对准基础上的地脚螺栓。

(2)水泵位置找正。将水泵机组纵横中心线划在基础表面上,从水泵进出口中心及泵轴中心向下吊垂线,调整水泵使垂线与基础上的标记线重合,见图4-24。

3)水平找正。水平找正的目的是调整水泵,使其成水平状态。常用的方法有吊垂线法或用水平尺,即在水泵的进出口向下吊垂线或将水平尺紧靠进出口的法兰表面,见图4-25,调整机座下的垫铁,从而达到轴向水平即水泵两端的轴水平,径向水平即进出口的法兰必须垂直。

(4)标高找正。标高找正的目的是使实际安装的水泵轴线高程与设计的高程一致,一般用水准仪测量。安装标高的允许误差为:单机组不大于±10 mm;多机组不大于±5 mm。

在进行调整时,各项找正工作之间会相互影响,可利用调整机座底部的垫铁反复调整,直至符合要求为止,调整铁垫片时最厚的放在下面,最薄的放在中间,并将各垫铁相互焊接(铸铁垫铁可不焊),最后拧紧地脚螺栓。

(5)需二次灌浆水泵,在水泵的水平位置和轴中心标高调整完毕后,用水泥砂浆从缝口填塞基础与泵体地脚间的空隙。注意在灌浆时四周应用木板挡住,不让浆体流出,并保证里边不得存有空隙,如图4-26所示。待水泥砂浆凝固后,拧紧地脚螺栓。

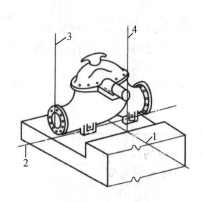

1,2—纵横中心线;3—水泵进、出中心;4—泵轴中心。

图4-24　水泵纵横中心找正法

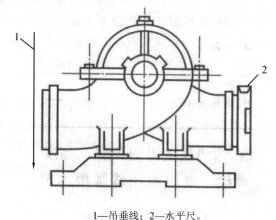

1—吊垂线;2—水平尺。

图4-25　用吊垂线或水平尺找平

2)有底座水泵安装

小型离心泵一般都与电机有共同底座,带底座的水泵必须先安装好底座后,再将水泵装上。由于整个机组都要装在底座上面,因此底座的安装质量对水泵安全运行起着至关重要的作用。

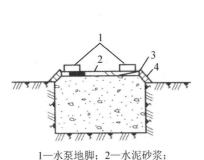

1—水泵地脚；2—水泥砂浆；
3—楔形；4—挡板。

图4-26　水泥砂浆填塞口空隙

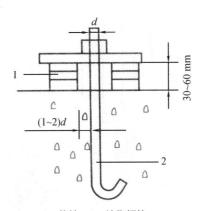

1—垫铁；2—地脚螺栓。

图4-27　垫铁示意图

(1)安装底座。

①底座的水平找正。同上述水泵找正方法。底座与基础面之间加垫的楔形垫铁或薄铁片,其起垫高度最好在30～60 mm范围内,如图4-27所示。过低会影响二次灌浆,过高会使水泵在基础上不容易稳定。垫铁放在地脚螺栓的两旁,离螺栓的距离为1～2倍的地脚螺栓直径,太近和太远都是不恰当的。垫铁必须很平稳,每堆垫铁的数目不超过三块,以免过多时会发生滑动或弹跳等现象。

②灌浆。当垫铁放置的位置、高度、块数适当,接触情况以及底座的位置和水平等均符合要求后,便可拧紧地脚螺栓,再用水泥砂浆填入机座的下面,进行二次灌浆。待水泥凝固养护一段时间后,再安装水泵。

③减振安装。对于水泵机组需进行减振安装时,必须按照设计要求安置减振器或减振垫。

(2)安装水泵和电机。

①安装水泵。根据水泵质量大小,可采用泵房内设置的永久起重设备(手动单梁起重机等)或临时设置的起重设备(三脚架葫芦等),将水泵吊放到基础上,按照无底座水泵安装要求,找正水泵位置至符合设计要求,拧紧水泵与底座的螺栓,然后用水平尺检查水平是否有变动,如无变动即可进行电动机安装。

②安装电动机(无底座水泵电动机安装可参照此方法)。将电动机吊放到基础上,与水泵联轴器连接,调整电动机的位置,重点保证轴向间隙和同心度。

A.轴向间隙。轴向间隙是指两联轴器之间的间隙,是用来防止水泵轴或电动机轴窜动时互相影响,因此这个间隙一般应大于两轴的窜动量之和,详见相关规范,也可参考下列数据进行调整:小型水泵(300 mm以下)机组的轴向间隙为2～4 mm;中型水泵(300～500 mm)机组的轴向间隙为4～6 mm;大型水泵(500 mm以上)机组的轴向间隙为6～8 mm。

轴向间隙要均匀,可用直角尺初校,再用平面规和塞尺在联轴器中间分上、下、左、右四点测,如图4-28所示。使用塞尺时要注意不能用力过大,以稍感拖滞为宜,而且每次用力要均匀一致。四周间隙允许偏差不超过0.3 mm,如超过规定数值应进行调整。在调整联轴器间隙时应注意:每次测量必须注意联轴器的轴向移动。

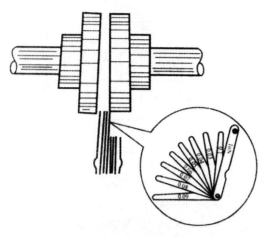

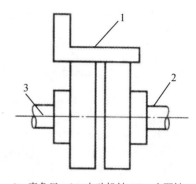

1—直角尺；2—电动机轴；3—水泵轴。

图4-28 用塞尺测量轴向间隙图　　图4-29 用直角尺测量同心度

B.同心度。为保证安装精度,使水泵轴和电机轴在同一直线上,其要求应符合表4-7的规定。两联轴器的同心度可以采用如图4-29所示的方法检查,具体做法就是把直角尺平放在两个联轴器上,对称检查上、下、左、右四点。如果直角尺与两个联轴器表面之间贴得很紧,没有缝隙,说明两联轴器同心。如果一个联轴器与尺面接触很紧,另一个联轴器与尺面有空隙,再检查对面一点时,情况正好相反,说明两轴不同心,其允许偏差不得超过0.1 mm,如超过此值,应当调整。

表4-7　水泵和电动机两轴不同心度要求

联轴节外形最大外径/mm	轴不同心度不应超过	
	径向位移/mm	倾斜/mm
105～260	0.05	0.2/1000
290～500	0.10	

调整的方法是:在电动机底脚下增加或减少铁垫片,或者用撬棒稍微撬动一下电动机的方向进行调整,直到符合要求后,再拧紧电动机地脚螺栓和联轴器螺栓。调整时应注意电动机机座下只能垫薄铁片,不能垫木片、竹片之类易于压缩变形或破裂的东西。另外,每次调整后必须在拧紧电动机地脚螺栓后再行测量。

2. 深井泵机组的安装

深井泵泵体安装示意图如图4-30所示。

1)安装准备

(1)检查管井。检查井孔内径是否符合水泵入井部分的外形尺寸,井管的垂直度是否符合要求,清除井内杂物,测量井的深度(包括井总深、水深、静水位、动水位等),井水含砂量不超过0.5%。

(2)检查地基。检查基础表面是否平整、地脚螺栓间距和直径大小是否符合要求。外管管口伸出基础相应平面不小于25 mm。

(3)检查设备。叶轮轴是否转动灵活,检查叶轮实际轴向间隙、传动轴弯曲度符合要求,泵轴、泵管、轴承支架等零部件上的螺纹均应清除锈斑、毛刺、伤痕。检查电机转动是否灵活。

130

2）井下部分安装

安装顺序是滤水管、水泵传动轴、轴承支架、水泵泵体及输水管。

（1）用管卡夹紧泵体上端，将具吊起，徐徐放入井内，使管卡搁在基础之上的方木上。如有条件，应将滤水网与泵体预先装配好同时安装。

（2）用另一管卡夹紧短泵管的一端，旋下保险束节，并将传动轴（短轴）插入支架轴承内。联轴器向下，用绳将联轴器扣住，将它吊起。将传动轴的联轴器旋入泵体的叶轮轴伸出端，用管钳上紧。

（3）将短输水管慢慢下降，使之与泵体螺纹对齐（如采用法兰连接，则将螺栓孔对准），旋紧后再将短泵管吊起。松下泵体上的管卡，让其慢慢下降，使泵体下入井内。将泵管上的管卡搁在基础的方木上。然后用安装短输水管的方法安装所有长输水管和泵轴。

（4）将泵座下端的进水法兰拆下，并将其旋入最上面的一根输水管的一端，然后按上述方法进行安装。

（5）每装好几节长输水管和泵轴后，应旋出轴承支架，观察泵轴是否在输水管中心，如有问题应予校正。

3）井上部分安装

（1）取下泵座内的填料压盖、填料，并将涂有黄油的纸垫放在进水法兰的端面上。将泵底座吊起，移至中央对准电机轴慢慢放下。电机轴穿过泵座填料箱孔与法兰对齐，用螺栓紧固。

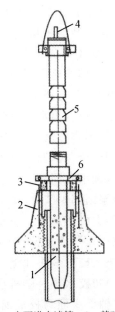

1—水泵进水滤管；2—基础；
3—垫木；4—泵轴；5—水泵；
6—夹板。

图4-30　深井泵泵体安装示意图

（2）稍稍吊起泵座，取掉管卡和基础上的方木，将泵座放在基础上校正水平。完成后将地脚螺栓进行二次灌浆。待砂浆达到设计强度后，固定泵座。

（3）装上填料、填料压盖。卸下电机上端的传动盘，起吊电机，使电机轴穿过电机空心转子，将电机安放在泵座上并紧固，检查电机轴是否在电机转子孔中央。然后进行电机试运转，检查电机旋转方向无误后，装上传动盘，插入定位键。最后将调整螺母旋入电机轴上，调整轴向间隙，安上电机防水罩。

4）安装注意事项

（1）起吊各部件时不能碰撞、划伤，不得沾有泥沙等污物。

（2）凡有螺纹及结合面的地方，均应均匀地涂上一层黄油，橡胶轴承衬套应涂滑石粉，并注意不能与油类接触。

（3）每安装好一根输水管，都应用样板或量具检查泵轴与输水管口是否同心。每装好3～5节输水管，应检查传动部分能否用手转动，否则应予调整。

3. 轴流泵机组的安装

1）进出口变径流道施工

大型轴流泵进出口变径流道一般采用现浇钢筋混凝土，与泵房土建施工同时进行。在支模和预制变径流道的胎模时，除应预留出抹灰量外，尚应富余一定的量，以保证混凝土浇筑及抹灰后，其变径流道的截面面积不小于设计规定。同时，在安装胎模时，要防止混凝土浇筑后，胎膜无法取出。

变径流道内壁抹灰,宜从上到下进行,抹灰要求密实、连续且表面光滑。

2)泵体的安装

泵体安装前,先将进水喇叭口、叶轮头、导叶吊放到安装位置,再将水泵机座、中间接管、弯管等部件吊放在水泵基础上,然后进行安装。

具体安装顺序和方法如下(参见图4-31):

(1)泵体部件就位。先将泵的进水喇叭口吊入进水室内,再将泵体弯管和导叶体的组合件吊到水泵梁上就位,使其地脚螺栓孔与梁上的顶留螺孔对准,垫上校正垫铁,检查弯管,使其符合出水方向后,穿上地脚螺栓。

螺帽不要拧紧,注意地脚螺栓应自下向上穿入。一般小型轴流泵出厂时,其导叶体连同泵体弯管是组装在一起的,上、下两轴承孔同心已基本处理完毕,可以一齐起吊。大、中型轴流泵因部件笨重,其导叶体与泵体要分开起吊。

(2)上机座就位。将电机座吊到电机梁上,同样使机座地脚螺栓孔与梁上预留孔对准。就位后自下而上穿上地脚螺栓,垫上校正垫铁,螺帽不拧紧。

(3)初校水平。电机座以轴承座面为校准面,泵体弯管上橡皮轴承座面为校准面,它们均为精加工面。校水平时,先校电机座,后校泵体弯管。

一般用方形水平仪或铁水平尺,不能用木质水平尺。一般小型轴流泵调整水平时,不用调整垫铁,而用厚薄不匀的塞铁片来改变底座四角的相对高度。

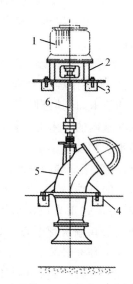

1—电动机;2—上机座;3—电机梁;
4—水泵梁;5—水泵;6—传动轴。

图4-31 立式轴流泵安装示意图

(4)找正校平。找正就是找出机座上的传动轴孔与泵体弯管上的泵轴孔垂直同心。其步骤是:先找两轴孔中心点,后找两中心点在同一垂线上。找正时,一般以电机座为准,撬动泵体弯管。如果水泵梁地脚螺栓孔活动余地有限不能撬准时,也可撬动电机座,直到测锤尖端与下木板中心重合时为止。找正的同时要找平,多次反复进行,直到水平和垂直同心完全符合要求后才能结束。

这种方法虽然简单易行,但精度不高。大中型轴流泵机组,一般弯管与导叶体需分开安装,则水泵本身上、下橡胶导轴承孔的同心垂直以及它们同上机座的轴承孔三者的垂直同心都需校正,使偏差在允许的范围内,所以有条件时最好用激光标靶法。

(5)固定地脚螺栓。上机座与泵体对正找平后,就可拧紧地脚螺栓。在拧紧过程中,仍需不断地注意对中和校平。地脚螺栓也应拧得松紧一致。

(6)泵轴和叶轮安装。地脚螺栓固定后,即可把泵轴吊装插入泵体内,然后装上叶轮。叶轮在安装前,应对其叶片的安装角进行校正。校正时主要是使各叶片的安装角一致,这样水泵运行才能平稳。

叶轮安装以后,用手盘叶轮并用塞尺测量和调整叶片外缘与球形体内壁的间隙,使其四周均匀,不能有偏向一边的现象。叶轮装好后,就可将进水喇叭口装上。

(7)传动轴的安装。先把滚动轴承和轴套压装到传动轴上,同时把轴承、传动轴上的圆螺母、推力盘上的上钢圈等也都统统装上,然后装上弹性联轴器,再将推力轴承装入电机座内的轴承体内,把传动轴吊装插入机座轴孔中,传动轴下端装上刚性联轴器,拧紧螺母。把传动轴和滚动轴承一齐压人轴承体内,拧紧轴承压盖螺栓。随后检查传动轴的垂直度,其允许误差应小于 0.03 mm/m。

用方形水平仪放在传动轴弹性联轴器平面上复查水平,要求传动轴在任何转动部位上,方形水平仪的水准泡居中。若水泡不居中,可进行适当调整使其水平,此时传动轴也处于铅垂位置,然后将传动轴与水泵轴连接。再检查二者的垂直度和刚性联轴器的同心度,待符合要求后拧紧对销螺栓。

最后调节传动轴上的圆螺母,使叶轮与导叶体的间隙符合要求。注意叶轮要调得比规定标准略高一些为好。

(8)基础灌浆。待整个泵体和机座安装完毕后,用水泥砂浆将地脚螺栓孔和底座接触梁面的空隙全部填实。砂浆最好在底座四周浇高 50 mm 左右,便于以后检查定位。

(9)吊装电机。将电动机吊装到电机座上,装好联轴器、拧紧地脚螺栓,然后待试车检验。

4. 潜水泵机组安装

潜水泵即泵、机一体,通常设置在集水井(坑)内工作。其安装方式与其他类型的水泵安装方法相类似,通常的做法是:先进行水泵基础施工,待机组基础验收合格后,进行泵体及出水管、附件的安装。

1)安装方法

安装方法可分为固定式安装与移动式安装两种形式。

(1)移动式安装。该方法较简单,常用于小型水泵的安装,出水管通常采用软管。

(2)固定式安装。该方法较为复杂,通常用于带有自动耦合装置的较大型潜水泵。

2)安装步骤

(1)浇筑混凝土基础。机组基础通常采用标号为 C15 或 C20 的混凝土浇筑,采用一次浇筑法施工。为保证基础承受较大的荷载,通常将基础做成上小下大的棱台形状,或与集水井(坑)底板浇成一体,基础顶面应水平,并预埋地脚螺栓。

(2)导杆及泵座的安装。吊起泵座,缓慢下降至机组基础上,泵座上的螺栓孔正对基础上预埋的地脚螺栓,泵座用水平尺找平后,拧紧地脚螺栓。导杆的底部与泵座采用螺纹、螺栓或插入式连接,顶部与支撑架相连接,支撑架与导杆通常用碳钢管、不锈钢管或镀锌钢管制成。

(3)泵体的安装。吊起泵体,将耦合装置(耦合装置、水泵及电机通常制成整体设备)放置到导杆内,使泵体沿着导杆缓慢下降,直到耦合装置与泵座上的出水弯管相连接,水泵出水管与出水弯管进口中心线重合,见图 4-32。

(4)出水管及附件的安装。水泵出水管与出水弯管采用法兰连接,出水管上的附件一般包括闸阀、膨胀节及逆止阀等,均采用法兰连接。

泵体进行检修时,人不必进入集水井(坑)内,可采用人工或机械的办法将泵体从集水井(坑)中,用与泵体相连接的铁链提出。根据泵体质量的大小及实际需求,提升支架可制成永久性支架和临时性支架两种。提升支架上设电动、手动葫芦或滑轮与提升铁链相连接。

5. 螺旋泵机组的安装

螺旋泵基础及槽壁(槽壁宽应比螺旋泵槽宽大 50~100 mm)混凝土浇筑后,养护达到或大于设计程度的 70% 时,即可进行螺旋泵机组的安装。

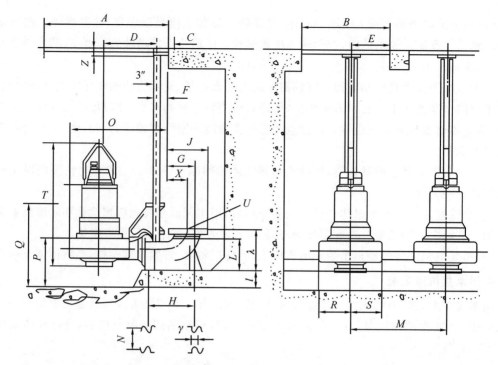

图 4-32　潜水泵基础及安装示意图(图中字母含义为水泵的结构尺寸,
不同型号水泵其结构尺寸不同)

1)斜槽(泵壳)的安装

螺旋泵槽的施工常采用螺旋泵转动成型法。

首先校正安装的螺旋泵的位置、角度,达到设计要求后,进行螺旋泵的空运行,如一切正常,拆下螺旋泵的联轴叶片,清理干净基础表面后,开始进行螺旋泵槽的成型施工。

把斜槽预制成 1 m 长的砌块,放置在斜槽的基础上,然后安装螺旋泵,并逐块调整砌块与泵之间的间隙,最后灌浆固定好砌块。预制砌块的凹槽稍大于螺旋直径。待螺旋泵安装就位后,使其慢慢转动,螺旋叶片将多余的砂浆刮出凹槽。取出螺旋叶片后,对槽面进行人工压实抹光。最好使叶片和泵壳之间保持 1 mm 左右的间隙。图 4-33 为斜槽安装断面尺寸示例。

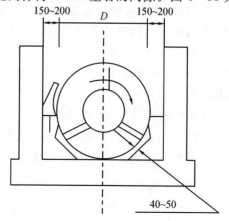

图 4-33　斜槽安装断面尺寸示例图(单位:mm)

小型螺旋泵其泵壳一般采用金属材料卷焊制成,也可用玻璃钢、塑料等材料制作。

2)电动机安装方式

由于螺旋泵的转速较低,不能由电动机直接带动,必须采取减速措施。在设计传动机件时,应考虑单台布置或多台并列布置的空间问题。螺旋泵机组的几种布置如图4-34所示。

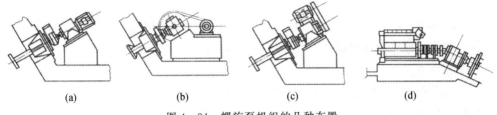

| (a) | (b) | (c) | (d) |

图4-34 螺旋泵机组的几种布置

图4-34(a)适用于单台布置。整座泵机在一条轴线上,用法兰使电动机直接靠在减速箱体上。其特点是结构紧凑、占地面积小,但这种连接方式的减速齿轮比较大。

图4-34(b)是电动机经过三角皮带与齿轮箱连接。这种布置方式电动机房的长度将有所增加,如几台泵机并列布置,则占地面积大。

图4-34(c)是将电动机安装在减速箱上方,中间用三角皮带连接,布置紧凑,适用于泵机台数较多的场合。

以上三种布置方式的缺点是会导致减速箱和电动机倾斜放置,使齿轮箱内齿轮不能全部浸在油里,电动机轴承也易磨损。安装同心度要求高。因此,还可以采用图4-34(d)的布置方式,即采取改变上轴承座和减速箱进出轴角度的办法,使减速箱和电动机均保持在水平位置。

一般情况下,电动机和减速箱均用三角皮带传动,因为这种方式除了能使齿轮比较小以外,还可灵活有置,也有利于启动和提升固体物。

6. 进、出口管道及附件安装

水泵进、出口管道管材可以选择钢管或给水铸铁管。钢管以焊接为主,需拆装与检修处采用法兰连接;给水铸铁管主要以法兰连接。泵站内管道可敷设在地沟中、泵站的地板上、机器间下面的地下室中,管道安装要考虑便于安装、维修、吊装、通行等需要。

1)进水(吸水)管道安装及注意事项

(1)不积气。离心泵水平吸水管上采用偏心渐缩管;管路沿水流方向有连续上升坡度 $i \geqslant 0.005$,并应防止由于施工误差和泵站与管道产生不均匀沉降而引起吸水管路的倒坡,必要时可采用较大的坡度。

(2)不漏气。保证水泵吸水管路的接口必须严密。

(3)不吸气。吸水井(室)内的吸水喇叭口必须有足够的淹没水深(0.5~1.0 m),若淹没深度不能满足要求,可在管子末端装置水平隔板。

当吸水井(室)内设有多台泵吸水时,各吸水管之间及吸水管与井(室)壁间要有适当的间距,避免互相干扰。

(4)水泵泵体与进出口法兰的安装,其中心线允许偏差为5 mm。

2)压水管道安装及注意事项

压水管经常承受高压,所以要坚固不漏水,其管材和连接方式和吸水管相似。给水泵站中压水管上经常安装止回阀和闸阀;在排水泵站中一般不设止回阀。在管路安装中要做到定线正确,连接严密,坡度符合设计要求,并在必要的地方(如弯头、三通或四通、阀门、转弯等)装置支墩、拉杆等以承受内压力所造成的推力。

4.3.5 水泵运行调试

水泵安装完毕,要进行必要的试运行,以保证泵站输配水系统的安全性。

1. 离心泵运行调试及常见故障

1)启动前检查

在水泵启动前,操作人员应进行如下检查工作以确保水泵的安全运行。

(1)检查供配电设备是否完好。

(2)检查各种与水泵运行有关的仪表、开关是否完好。

(3)检查各处螺栓、螺钉连接是否紧固,不得松动。

(4)检查轴承中的润滑油和润滑脂是否足够、纯净,润滑脂的量以轴承室体积的 2/3 为宜,润滑油应在油标规定的范围内。

(5)检查水泵转动是否灵活、平稳。用手慢慢转动联轴器或皮带轮,观察泵内有无杂物;填料松紧是否适宜;皮带松紧是否适度。轴承有无杂音或松紧不匀等现象,如有异常,应先进行调整。

(6)检查电动机转向是否符合水泵要求。正常工作前,开动电动机检查转向,如转向相反,可将 3 根电动机引入导线中任意两根换接。

2)引水

非自灌式水泵,应根据设计的引水方案进行引(灌)水。在引(灌)水时,用手转动联轴器或皮带轮,使叶轮内空气排尽。

3)启动

离心泵应关闭闸阀启动。启动后闸阀关闭时间不宜过久,一般不超过 3~5 min,与此同时观察机组的电流表、真空表、压力表读数、噪声等情况,待压力表读数上升至水泵零流量时的空转扬程时,可逐渐打开压力闸阀直至全部开启。机组启动时,周围不要站人。运行现场最好设有急停开关,以作应急之用。

4)运行

在设计负荷下,水泵机组连续运转不应少于 2 h。在此期间,操作人员应严守岗位,加强检查,做到发现问题及时解决,其主要注意事项如下:

(1)检查各种仪表工作是否正常,如电流表、电压表、真空表、压力表、流量计等。如发现读数过大、过小或指针剧烈跳动,应及时查明原因予以排除。

(2)电机温升、轴承温升等是否符合设备技术文件要求,高温会使润滑失效,烧坏轴瓦或引起滚动体破裂,甚至会引起断轴或泵轴热胀咬死的事故。轴承温升一般不应超过 30~40 ℃,滚动轴承最高温度不应高于 75 ℃;滑动轴承最高温度不应高于 70 ℃。如温升过高时应马上停车检查原因,及时排除。

(3)运转中有无异常声音,有无较大振动,各连接部件是否松动。

(4)轴封处的泄露量是否正常。水泵运行时一般泄露量控制如下:填料密封不超过 10~20 滴/分钟;机械密封不大于 3 滴/分钟(10 mL/h),以免出现抱轴。

同时检查离心泵的安全、保护装置是否灵敏、可靠,如上述检查结果均为正常即可视为水泵安装合格。

(5)停泵。试运行结束后,离心泵实行闭闸停车,即先关闭水泵的压水管阀门,然后停泵。水泵及附属系统的所有阀门全部关闭,按要求放净泵内积存的介质,防止泵被锈蚀、冻裂、堵塞,并根据运行记录签字验收。

2. 其他水泵运行调试及常见故障

其他水泵的运行调试大体与离心泵相同,因水泵各自特性的不同在具体操作中也存在不同之处,现以轴流泵、潜水泵为例说明。

1)轴流泵

(1)开车前的准备工作。

①检查泵轴和传动轴是否由于运输过程遭受弯曲,如有则需校直。

②检查水泵的安装标高是否符合产品说明书的规定,保证满足启动要求和防止气蚀发生。

③检查水泵叶片的安装角度是否符合要求、叶片是否有松动现象。

④检查所有螺栓、螺母是否旋紧。

⑤检查润滑剂量是否足够、洁净。启动前盘动联轴器三四转,注意是否有轻重不匀等现象。

⑥检查电机的旋转方向是否正确。

(2)启动。

① 轴流泵采用开闸启动,即出水管上阀门完全开启。

② 水泵启动前,应向上部填料函处的短管内引注清水或肥皂水,用来润滑橡胶或塑料轴承,待水泵正常运转后,即可停止。

(3)轴流泵运行时注意事项。

① 叶轮浸水深度是否足够,以免影响流量,或产生噪声乃至发生气蚀。

② 叶轮外圆与叶轮外壳是否有磨损,叶片上是否绕有杂物,橡胶或塑料轴承是否过紧或烧坏。

③ 螺栓是否松动,泵轴和传动轴中心是否一致,以防机组振动。

对运行数据进行记录,即可停车。

2)潜水泵运行调试

(1)开车前的准备工作。

①检查电缆线有无破裂、折断现象。使用前既要观察电缆线的外观,又要用万用表或兆欧表检查电缆线是否通路。电缆出线处不得有漏油现象。

②新泵使用前或长期放置的备用泵启动之前,应用兆欧表测量定子,其外壳的绝缘应不低于 1 MΩ,否则应对电机绕组进行烘干处理,提高其绝缘等级。潜水电泵出厂时的绝缘电阻值在冷态测量时一般均超过 50 MΩ。

③检查潜水泵是否漏油。潜水电泵的可能漏油途径有电缆接线处、密封室加油螺钉处的密封及密封处 O 形封环,检查时要确定是否真漏油。造成加油螺钉处漏油的原因是螺钉未旋紧,或是螺钉下面的耐油橡胶衬垫损坏。如果确定 O 形封环密封处漏油,则多是因为 O 形封环密封失效,此时需拆开电泵换掉密封环。

④盘动叶轮后再行启动,防止部件锈死启动不出水而烧坏电动机绕组。这对充水式潜水

电泵更为重要。

（2）启动。

潜水泵属离心泵，其启动同样采用闭闸启动。

（3）潜水泵运行时注意事项。

① 潜污泵在无水的情况下试运转时，运转时间严禁超过额定时间。

② 应使吸水池中的水位足够高，可确保电机的冷却效果，同时可避免水泵频繁启动和停机，大中型潜污泵的频繁启动对泵的性能影响很大。

③ 当湿度传感器或温度传感器发出报警时，或泵体运转时出现振动、噪声等异常现象时，或输出水量水压下降、电能消耗显著上升时，应当立即对潜污泵停机进行检修。

④ 停机后，在电机完全停止运转前，不能重新启动。

⑤ 潜水泵工作时，不要在附近洗涤物品、游泳或放牲畜下水，以免电泵漏电时发生触电事故。

⑥ 检查电泵时必须切断电源。

第5章 水处理构筑物施工

水处理构筑物的功能差异大、分类方法众多,其中按照平面形式、结构形式、有无盖和地板形式等进行的分类见表 5-1。

表 5-1 水处理构筑物分类

水池分类		常用构筑物名称
按平面形状	圆形	清水池、调节池、竖流式及辐流式沉淀池、消化池、混合井
	同心圆形	虹吸滤池、脉冲澄清池、悬浮澄清池
	矩形	沉淀池、曝气池、调节池、滤池、反应池、气浮池、混合井、溶药池
按结构及材料	现浇钢筋混凝土水池	大、中型永久性水池、调节池、沉淀池、滤池、曝气池、反应池、气浮池、消化池、溶液池、溶药池
	预应力混凝土水池	大型圆形、方形清水池和蓄水池
	砖(石)砌水池	小型临时性水池:蓄水池、沉淀池
	钢制水池	小型、工业化生产的水池,一体化水处理构筑物
按有盖无盖	敞口水池	预沉池、澄清池、反应池、沉淀池、滤池、曝气池、气浮池
	有盖水池	吸水井、集水井、溶液池、清水池、蓄水池、调节池、消化池、吸水井
按底板形式	平板式	配水井、吸水井、滤池、反应池、沉淀池、曝气池、一沉池、调节池
	无梁楼盖式	清水池、调节池
	有梁板式	清水池、调节池
	旋转壳体式(锥体、穹体)	澄清池、辐流式沉淀池、竖流式沉淀池、消化池
	组合底式	清水池、澄清池

根据构筑物类型、结构形式和使用材料的不同,水处理构筑物的施工方法及其选择见表 5-2。

表 5-2 水处理构筑物施工方法及选择

结构分类	适用水池种类	常用施工方法
现浇钢筋混凝土水池	大、中型给水排水工程中的永久性水池:蓄水池、调水池、滤池、沉淀池、反应池、曝气池、气浮池、消化池、溶液池等	现浇钢筋混凝土施工
装配式预应力混凝土水池	大型圆形、方形清水池和蓄水池 大型圆形清水池和蓄水池	装配式施工 后张预应力施工
砌石砌体水池	小型或临时性给水排水工程水池:蓄水池、沉淀池、滤池等	砌砖施工 石砌施工

结构分类	适用水池种类	常用施工方法
无黏结预应力钢筋混凝土水池	大、中型永久性水池,消化池等	无黏结预应力施工

给排水构筑物施工时,应按"先地下后地上、先深后浅"的顺序施工,并应避免各构筑物交叉施工相互干扰。对建在地表水水体中、岸边及地下水位以下的构筑物,其主体结构宜在枯水期施工,抗渗混凝土宜避开低温及高温季节施工。

大部分水处理构筑物按照构造型式可以归类为钢筋混凝土水池。这其中,装配式钢筋混凝土水池由于布设施工缝,存在由此产生的整体严密性的潜在风险。另外,砌石砌体水池抵抗变形和不均匀沉降的性能较差,因此,在目前的水处理构筑物施工中这两种施工方法已较少采用。下面仅对现浇钢筋混凝土水池的施工进行介绍,同时对一些典型的水处理构筑从保证工艺效能的角度提出一些专属性的施工要求。本章中涉及施工过程中各构件及设备的安装要求,可参见相关设计要求及施工手册。

5.1 现浇钢筋混凝土水池

5.1.1 水池模板支设

1. 水池常用模板的种类

常用模板可分为五类,见表 5 - 3。

表 5 - 3 常用模板分类

按材料分类	用途	优缺点
木模	主要用于现浇钢筋混凝土结构和现场预制构件	使用方便,适用于一切模板工程,木模不能多次重复使用,成本较高
钢模		可重复使用多次,装拆方便,成本较低
土模	用于钢筋混凝土结构的埋地部分,如锥形池底、水塔壳形基础等	方便,成本低,要求地基的土质稳定
装拼模板	适用于大型垂直型钢筋混凝土结构的施工	安装方便,模板能多次重复使用(钢模)
滑升式模板	适用于垂直型钢筋混凝土结构,如水塔、冷却塔、蓄水池等	可以最合理地重复利用模板

2. 水池支模板施工要点

现浇钢筋混凝土水池支设模板应符合以下规定:

(1)池壁与顶板连续施工时,池壁内模立柱不得同时作为顶板模板立柱,顶板支架的斜杆或横向连杆不得与池壁模板的杆件相连接。

（2）池壁模板可先安装一侧，绑完钢筋后，分层安装另一侧模板，或采用一次安装到顶面分层预留操作窗口的施工方法。

（3）在安装池壁最下一层模板时，应在适当的位置预留清扫杂物用的窗口。在浇筑混凝土前，应将模板内部清扫干净，经检验合格后，再将窗口封闭。

（4）池壁整体式内模施工，当木模板为竖向木纹使用时，除应在浇筑前将模板充分湿润外，还应在模板适当的位置设置八字缝板；拆模时，先拆内模。

（5）模板应平整，且拼缝严密不漏浆，固定模板的螺栓（或铁丝）不宜穿过水池混凝土结构，以避免产生沿穿孔缝隙渗水的问题。

（6）当必须采用对拉螺栓固定模板时，应在螺栓上加焊止水环，止水环直径一般为 8～10 cm。

整体现浇混凝土模板安装的允许偏差满足《混凝土结构工程施工质量验收规范》（GB 50204—2015）的规定。

5.1.2 水池钢筋

1. 钢筋绑扎

水池钢筋绑扎包括以下要点：

（1）钢筋绑扎牢固，以防浇灌振捣混凝土时绑扣松散、钢筋移位，造成露筋。

（2）留设保护层，应以相同配比的细石混凝土或水泥砂浆制成垫块垫起钢筋，严禁以钢筋垫钢筋或将钢筋用铁钉、铁丝直接固定在模板上。

（3）若采用铁马凳架设钢筋时，在不能取掉的情况下，应在铁马凳上加焊止水环，防止水沿铁马凳渗入混凝土结构。

（4）当钢筋排列稠密以致影响混凝土正常浇筑时，应与设计人员商量采用适当措施保证浇筑质量。

2. 池壁开洞的钢筋布置

池壁开洞的钢筋布置应遵循以下规定：

（1）当水池池壁预埋管及预留孔洞的尺寸小于 300 mm 时，可将受力钢筋绕过预埋管件或孔洞，不必加固。

（2）当水池池壁预埋管及预留孔洞的尺寸在 300～1000 mm 时，应沿预埋管或孔洞每边配置加强钢筋，其钢筋截面积不小于在洞口宽度内被切断的受力钢筋面积的 1/2，且不小于 2 根 $\phi 10$ 钢筋。

（3）当水池池壁预埋管及预留孔洞的尺寸大于 1000 mm 时，宜在预留孔或预埋管四周加设小梁。

5.1.3 水池混凝土的浇筑

1. 混凝土浇筑条件

混凝土浇筑应满足以下条件：

（1）浇筑前应清理模板内杂物，并以水湿润模板。

（2）浇筑水池的混凝土强度不得小于 C20，且不得采用氯盐作为防冻、早硬的掺和料。水池的抗渗,须以混凝土本身的密实性来实现和满足,混凝土抗渗等级宜进行试验并符合规范要求。当混凝土抗渗等级的试验有困难时,对混凝土的抗渗要求应符合:①水灰比不应大于0.55;②水泥宜采用普通硅酸盐水泥;③骨料应选择良好级配,严格控制水泥用量。

(3)浇筑混凝土的自落高度不得超过 1.5 m,否则应使用溜槽、串筒等工具进行浇筑。

(4)冬期施工的混凝土应能满足冷却前达到要求的强度,并宜降低入模温度。在日最高气温高于 30 ℃的热天施工时,可根据情况选用下列措施:

①利用早晚气温较低的时间浇筑混凝土;

②适当增大混凝土的坍落度;

③掺入缓凝剂;

④石料经常洒水降温,或加棚盖防晒;

⑤混凝土浇筑完毕后及时覆盖养护,防止曝晒,并应增加浇水次数,保持混凝土表面湿润。

2. 浇筑间歇时间

浇筑混凝土应连续进行。当需要间歇时,间歇时间应在前层混凝土凝结之前,将次层混凝土浇筑完毕。混凝土从搅拌机卸出到次层混凝土浇筑压槎的间歇时间,当气温小于 25 ℃时,不应超过 3 h;气温大于或等于 25 ℃时,不应超过 2.5 h;如超时,应留置施工缝。

3. 池底板浇筑

对于面积较小、深度较浅的构筑物,可将池底和池壁一次浇筑完毕。面积较大而又深的水池应将底板和池壁分开浇筑。在浇筑大面积底板混凝土时,可分组浇筑,但先后浇筑混凝土的压槎时间应符合混凝土浇筑间隔时间的规定。

池底板混凝土浇筑的施工包括以下特点:

(1)池底分平底和锥底两种。锥形底板应从中央向四周均匀浇筑(见图 5-1),浇筑时,混凝土不应下坠,因此应根据底板水平倾角大小来设计混凝土的坍落度。

(2)为了控制水池底板、管道基础等浇筑厚度,应设置高程标桩,混凝土表面与标桩顶取平;或设置高程线控制。

(3)浇筑倒锥壳底板或拱顶混凝土时,应由低向高、分层交圈、连续浇筑。

(4)底板应连续浇筑,不留施工缝。当设计有变形缝时,宜按变形缝分层浇筑。施工缝应做成垂直的结合面,不得做成斜坡结合面,并注意结合面附近混凝土的密实情况。

(5)施工间歇时间不得超过混凝土的初凝时间。如混凝土在运输过程中产生初凝或离析现象,应在现场搅拌板上进行二次搅拌,方可入模浇捣。底板厚度在 20 cm 以内,可采用平板振动器振捣,当板的厚度较厚时,则采用插入式振动器。

(6)柱基模板采用悬空架设,下面用临时小方木撑在垫层上,边浇混凝土边取出小方木。

(7)为防止混凝土拌和物在硬化过程中产生干裂缝,底板混凝土浇筑时也可采用分块浇筑的方法,如图 5-2 所示。

4. 池壁浇筑

浇筑池壁混凝土时,应分层交圈、连续浇筑。其施工要点包括:

(1)为了避免施工缝,混凝土池壁一般采用连续浇筑。连续浇筑时,在池壁的垂直方向上分层浇筑。在分层浇筑时,每层厚度不宜超过 300～400 mm,相邻两层浇筑时间间隔不应超过混凝土拌和物的初凝期,当超过时应留置施工缝。

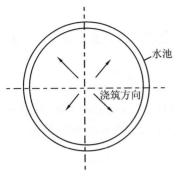 

图5-1 底板中央向四周浇筑方向示意图　　　图5-2 底板混凝土分块浇筑示意图

（2）浇筑混凝土的自落高度不得超过1.5 m，否则应使用溜槽、串筒等工具进行浇筑。

（3）一般情况下，池壁模板是先支设一侧，另一侧模板随着混凝土浇筑而向上支设。先支起里模还是外模，要根据现场情况而定。同时，钢筋的绑扎、脚手架的搭设也随着浇筑而向上进行。

（4）施工时，在同一施工层或相邻施工层进行钢筋绑扎、模板支设、脚手架支架、混凝土拌和物浇筑的平行流水作业中，当预埋件和预留孔洞很多时，还应预留有检查预埋件的时间。

（5）为使各工序平行作业，应将池壁分成若干施工段。每施工段长度应保证各项工序都有足够的工作面，当池壁长度较大时，可划分若干区域，并在每个区域实行平行流水作业。

5. 混凝土振捣

在确定混凝土的浇筑方案时，应尽量减少施工次数。水池的主体部分宜分2～3次施工，即池底一次，池壁和顶板一次。浇筑混凝土时宜先低处后高处、先中部后两端连续进行，避免出现冷缝。应确保足够的振动时间，使混凝土中多余的气体和水分排出，对混凝土表面出现的泌水应及时排干，池底表面在混凝土初凝前应压实抹光，从而得到强度高、抗裂性好、内实外光的混凝土。

混凝土的振捣应采用机械振捣，不应采用人工振捣。机械振捣能产生振幅不大、频率较高的振动，使骨料间摩擦力降低，增加水泥砂浆的流动性，骨料能更充分被砂浆所包裹，同时挤出混凝土拌和物中的气泡，以利增强密实度。

采用振动器捣实混凝土时，每一振点的振动延续时间应保证使混凝土表面呈现浮浆，不再沉落。采用插入式振动器捣实混凝土的移动间距，不宜大于作用半径的1.5倍。振动器距离模板不宜大于振动器作用半径的1/2，并应尽量避免碰撞钢筋、模板、预埋管（件）等。振动器应插入下层混凝土5 cm。表面振动器的移动间距，应能使振动器的平板覆盖已振实部分的边缘。浇筑预留孔洞、预埋管、预埋件及止水带等周边混凝土时，应辅以人工插捣振实。

钢筋混凝土水池池壁有无撑和有撑两种支模方法。有撑支模是常用的方法，当矩形池壁较厚时，内外模可在钢筋绑扎完毕后一次立好。浇捣混凝土时，操作人员可进入模内振捣，或开门子板，将插入式振动器放入振捣，并应用串筒将混凝土灌入，分层浇捣。

在结构中若有密集的管道、预埋件或钢筋稠密处不易使混凝土捣实时，应改用相同抗渗等级的细石混凝土进行浇筑和辅以人工插捣。遇到预埋大管径套管或大面积金属板时，可以在管底或金属板上预留浇筑振捣孔，以利浇捣和排气，浇筑后进行补焊。

6. 混凝土养护

混凝土浇筑后应保持湿润环境 14 d,防止混凝土表面因水分散失而产生干缩裂缝,减少混凝土的收缩量。

7. 模板拆除

在混凝土浇筑完成后,即可进行模板及支架的拆除工作,对于侧模板,应在混凝土强度能保证其表面及棱角不因拆除模板而受损坏时,方可拆除;底模板则应在与结构同条件养护的混凝土试块达到表 5-4 的规定强度时,方可拆除。

表 5-4　整体现浇混凝土底模板拆模时所需混凝土强度

结构类型	结构跨度/m	达到设计强度的百分率/%
板	≤2	50
	>2,≤8	70
梁	≤8	70
	>8	100
拱、壳	≤8	70
	>8	100
悬臂构件	≤2	70
	>2	100

8. 加设滑动层和压缩层

考虑到较长的水池受地基和桩基的约束,可在水池的垫层上表面和底板下表面间贴一毡一油作为滑动层。

在承台梁两侧和池内水沟的里侧,设置 1~3 cm 厚的聚苯乙烯硬质泡沫塑料压缩层,以减少地基对水池侧面的阻力。

5.1.4　施工缝的处理

1. 施工缝设置

底板和顶板混凝土应连续浇筑,不得留施工缝。池壁一般只允许留设水平施工缝,其位置不应留在剪力与弯矩最大处或底板与侧壁交接处,一般宜留在高出底板上表面不小于200 mm的池壁上。池壁设有孔洞时,施工缝距孔洞边缘不宜小于 300 mm。如必须留设垂直施工缝时,应留在结构的变形缝处。水池施工缝设置要求见表 5-5。

表 5-5　水池施工缝设置要求

施工缝设置位置		要求
池底、池顶		不易留施工缝
池壁	与底板连接无腋角时,据底板	≥20 cm
	与底板连接有腋角时,据腋角上	≥20 cm
	与顶板连接,留在顶板下	≥20 cm

2. 施工缝的形式

常见的施工缝有平口缝、企口缝和钢板止水缝三种。施工缝的形式及选择见图5-3和表5-6。

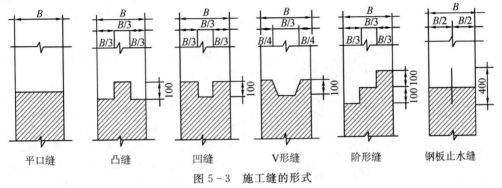

平口缝　　凸缝　　凹缝　　V形缝　　阶形缝　　钢板止水缝

图5-3 施工缝的形式

表5-6 施工缝的选择

形式		优点	缺点	备注
平口缝		施工简单	界面结合差	
企口缝	凸缝	接缝表面容易清理施工简便界面结合较好	支模费时	较常用
	凹缝		清理困难,易积杂物	
	V形缝	渗水线路延长	支模困难	较常用
	阶形缝	渗水线路延长	支模困难	
钢板止水缝		防水效果可靠	耗费钢材	

3. 施工缝浇筑

在施工缝处继续浇筑混凝土时,应符合下列规定:

(1)已浇筑混凝土的抗压强度不应小于 2.5 N/mm²;

(2)在已硬化的混凝土表面上,应凿毛和冲洗干净,并保持湿润,但不得积水;

(3)在浇筑前,施工缝处应先铺一层与混凝土配合比相同的水泥砂浆,其厚度宜为15~30 mm;

(4)混凝土应细致捣实,使新旧混凝土紧密结合。为了加强新老混凝土的结合,在浇捣新混凝土之前,在原有混凝土结合面先铺一层 1 cm 厚 1∶2 水泥砂浆。

5.1.5 穿池壁管件的防水处理

1.预埋铁件和穿壁螺栓

预埋铁件和穿壁螺栓的防水做法见表5-7。

表 5 - 7　预埋铁件和穿壁螺栓的防水做法

图示		做法要点
预埋铁件	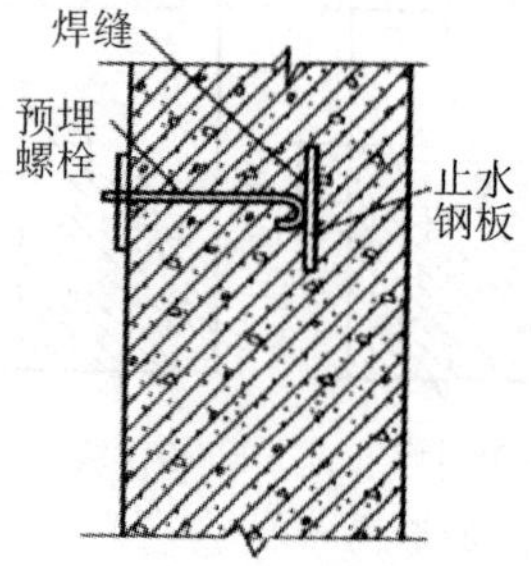	1.预埋铁件上焊一止水钢板 2.施工时注意将预埋铁件及止水钢板周围的混凝土浇捣密实,保证质量 3.预埋铁件较多较密时,可采用多个预埋件共用一块止水钢板的做法
穿壁螺栓		1.如固定模板用的螺栓必须穿过防水混凝土结构时,应采取止水措施。一般采用在螺栓或套管上加焊止水环,止水环必须满焊,环数应符合设计要求 2.固定设备用的锚栓等预埋件,应在浇筑混凝土前埋入。如必须在混凝土中预留错孔时,预留孔底部须保留至少 150 mm 厚的混凝土 3.当预留孔底部的厚度小于 150 mm 时,应采取局部加固措施

2. 穿越池壁、池底管的做法

穿越池壁、池底管的常用做法见表 5 - 8。

表 5 - 8　穿越池壁、池底管的常用做法

图示		做法要点
防水套管施工	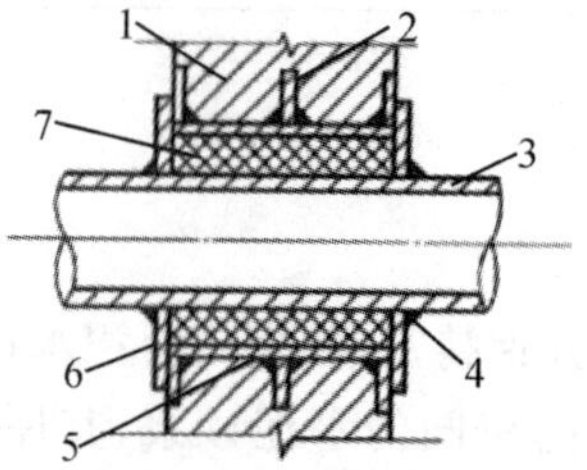	1.预埋套管应加止水环,钢套管外的止水环应满焊严密 2.池壁混凝土浇筑到距套管下面 20～30 mm 时,将套管下混凝土捣实、振平; 3.对套管两侧呈三角形均匀、对称地浇筑混凝土,此时振捣棒要倾斜,并辅以人工插捣,此处一定要捣密实; 4.将混凝土继续填平至套管上皮 30～50 mm,不得在套管穿越池壁处停工或接头; 5.管道穿越预埋套管后,用石棉水泥以打口形式或膨胀水泥等封闭充填其空间
管道直埋施工	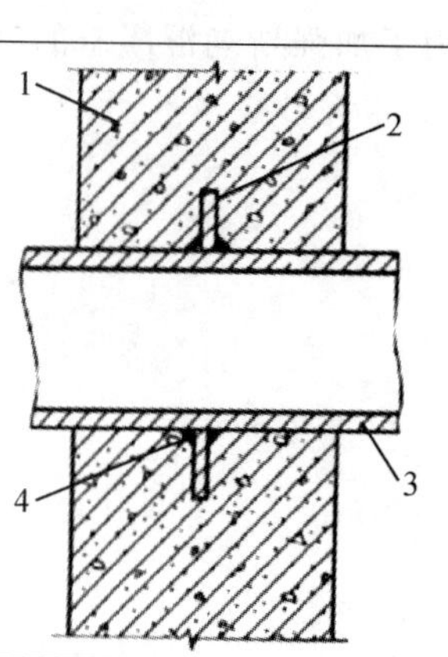	1.混凝土浇捣过程及注意事项同防水套管施工; 2.管道的位置、高度及管道的角度要求相当精确,因为固埋后,没有活动的余地

续表

图示	做法要点
预留孔洞后装管施工	1.施工时,在管道通过位置留出带有止水环的孔洞 2.在孔洞里装管道方法:①石棉水泥打口方法:像管道接口一样,首先用油麻缠绕在管道上,打入孔洞内,打实后用石棉水泥填塞,然后打口(详见管道石棉水泥接口)。注意孔洞不宜留得过大。②将管道焊止水环后,放入孔洞内从两面浇筑混凝土,并捣实
油毡防水层	1.将双面焊有螺栓的短管套管浇筑在混凝土池壁内 2.在池壁一侧用短管上的螺栓和夹板将数层油毡纸固定于池壁边,然后用水泥砂浆座一层保护层

注:1—池壁;2—止水环;3—管道;4—焊缝;5—食管;6—钢板;7—填料。

5.1.6 水池变形缝的处理

当混凝土底板和顶板设计有变形缝时,宜按变形缝分仓浇筑。

1.变形缝类型及要求

1)伸缩缝

地下式或设有保温措施的构筑物和管段,由于施工条件因素,外露时间较长时,宜按露天条件设置伸缩缝。伸缩缝宜做成贯通式,将基础断开,缝宽不宜小于 2 cm。矩形水池伸缩缝间距可参考表 5-9。

表 5-9 矩形水池伸缩缝间距参考表　　单位:mm

结构类型		岩 基		土 基	
		露天	地下式或有保温措施	露天	地下式或有保温措施
砌体	砖	30		40	
	石	10		15	
现浇混凝土		5	8	15	
钢筋混凝土	装配整体式	20	30	40	
	现浇	15	20	30	

2)沉降缝

当构筑物或管道的地基上有显著变化或构筑物的竖向布置高差较大时,应设置沉降缝。沉降缝应在构筑物或管道的同一剖面上贯通,缝宽不应小于 3 cm。

2.止水带(片)安装

1)金属止水带(片)

金属止水带(片)应平整、尺寸准确,其表面的铁锈、油污应清除干净,不得有砂眼、钉孔;接头应按其厚度分别采用折叠、咬接或搭接;搭接长度不得小于 20 mm,咬接或搭接必须采用双面焊接;金属止水带(片)在伸缩缝中的部分应涂防锈涂料和防腐涂料。

2)塑料或橡胶止水带(片)

塑料或橡胶止水带(片)的形状、尺寸及其材质的物理性能,均应符合设计要求,且无裂纹、无气泡。接头应采用热接,不得采用叠接;接缝应平整牢固,不得有裂口、脱胶现象。T 字接头、十字接头和 Y 字接头应在工厂加工成型,常见止水带(片)的形状见本书第 3 章 3.1 节。图 5-4 所示为采用埋入式橡胶或塑料止水带的变形缝示意图。

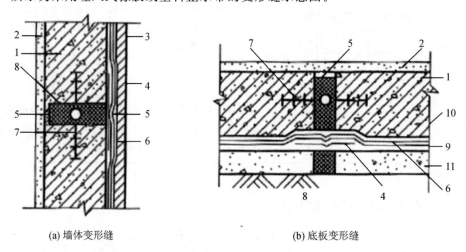

(a) 墙体变形缝   (b) 底板变形缝

1—防水结构;2—水泥砂浆面层;3—保护墙;4,6—油毡防水层;5—填缝油膏;7—止水带;
8—填缝材料;9—水泥砂浆找平层;10—水泥砂浆保护层;11—混凝土垫层。

图 5-4 采用埋入式橡胶成塑料止水带的变形缝示意图

止水带(片)安装应牢固、位置准确,与变形缝垂直;其中心线应与变形缝中心线对正,不得在止水带上穿孔或用铁钉固定就位。

为保护变形缝缝板和止水带不被损坏,在变形缝的外侧(混凝土外表面的 3 cm 的沟槽)填以嵌缝材料——嵌缝胶。

嵌缝胶应是不透水的黏性材料。在变形缝内,与混凝土有良好的附着力,形成密封。在结构混凝土完全干燥的条件下,按照嵌缝材料说明书的要求进行操作。

5.1.7 现浇混凝土水池的养护

现浇混凝土水池的养护包括以下方面:

(1)混凝土浇筑完毕后,应根据现场气温条件及时覆盖和洒水,养护期不少于 14 d。池外壁在回填土时,方可撤除养护。一般情况下,现浇钢筋混凝土水池不宜采用电热法养护。

(2)当采用蒸汽养护时,应使用低压饱和蒸汽均匀加热,最高温度不宜大于 30 ℃;升温速度不宜大于 10 ℃/h;降温速度不宜大于 5 ℃/h。

(3)当采用池内加热养护时,池内温度不得低于 5 ℃,且不宜高于 15 ℃,并应洒水养护,保持湿润,池壁外侧应覆盖保温。

(4)当室外最低气温不低于 −15 ℃时,应采用蓄热法养护。对预留孔洞以及迎风面等容易受冻部位,应注意防止结冰,加强保温措施。

5.1.8 水池混凝土质量的评定

1. 试块制作组数

根据测试项目和评价目的的不同来确定试块制作的组数,见表 5－10。

表 5－10 试块制作组数表

试块种类		试块制作组数
强度试块	标准养护与结构同条件养护	每工作班不少于一组试块,每拌制 100 m³ 混凝土不少于一组,每组 3 块,按拆模、施加预应力和施工期间临时荷载等实验需要的数量留置
抗渗试块	池底板、池壁、池顶板	少于 1 组,每组 6 块
抗冻试块	冻融循环 25 与 50 次	留 3 组,每组 3 块
	冻循环 100 次以上	留 5 组,每组 3 块

2. 试块的评定

试块的评定项目及评定指标见表 5－11。

表 5－11 试块评定指标表

项 目		指 标
抗压试块的强度	同批试块强度平均值	$\geq 1.05R$ 标
	同批试块最小值	$\geq 0.9R$ 标
抗渗试块的抗渗标号		不得低于设计抗渗等级
抗冻试块	抗压极限强度下降	$\leq 25\%$
	质量损失	$\leq 5\%$

5.1.9 水池防渗与抗浮

1. 水池渗漏及闭气试验

1)满水试验

满水试验是按构筑物工作状态进行的检查构筑物渗漏量和表面渗漏是否满足要求的功能性检验,满水试验不应在雨天进行。

(1)试验条件及工作准备。

水池满水试验应满足下列条件:池体的混凝土或砖石砌体的砂浆已达到设计强度;现浇钢筋混凝土水池的防水层、防腐层施工以前以及回填土以前;装配式预应力混凝土水池在施加预应力以后,保护层喷涂以前;砖砌水池在防水层施工以后,石砌水池在勾缝以后;一般在基坑回填以前,若砖、石水池按有填土条件设计时,应在填土后达到设计规定以后。

试验前的准备工作包括:将池内清理干净,修补池内外的缺陷,临时封堵预留孔洞、预埋管口及进、出水孔等,并检查进水及排水阀门,不得渗漏;设置水位观测标尺,标定水位测计;准备现场测定蒸发量的设备;充水的水源应采用清水且做好充水和放水系统设施的准备工作。

（2）充水

向水池内充水宜分三次进行，第一次充水为设计水深的 1/3；第二次充水为设计水深的 2/3；第三次充水至设计水深。对大、中型水池，可先充水至池壁底部的施工缝以上，检查底板的抗渗质量，当无明显渗漏时，再继续充水至第一次充水深度。

充水时的水位上升速度不宜超过 2 m/d。相邻两次充水的间隔时间不应小于 24 h。

每次充水宜测读 24 h 的水位下降值，计算渗水量，在充水过程中和充水以后，应对水池做外观和沉降量检查。当发现渗水量或沉降量过大时，应停止充水，待做出处理后方可继续充水。

当设计单位有特殊要求时，应按设计要求执行。

（3）水位观测。

充水时的水位可用水位标尺测定。充水至设计水深进行渗水量测定时，应采用水位测针和千分表测定水位。水位测针的读数精度应达 0.1 mm，其安装示意见图 5-5。充水至设计水深后至开始进行渗水量测定的间隔时间，应不少于 24 h。测读水位的初读数与末读数之间的间隔时间，应为 24 h。连续测定的时间可依实际情况而定，如第一天测定的渗水量符合标准，应再测定一天；如第一天测定的渗水量超过允许标准，而以后的渗水量逐渐减少，可继续延长观测。

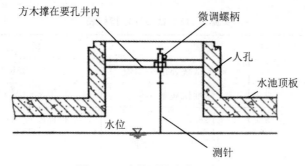

图 5-5　水位测针安装示意图

（4）蒸发量测定。

池体有盖时蒸发量忽略不计，无盖时必须进行蒸发量测定。现场测定蒸发量的设备，可采用直径约为 50 cm、高约为 30 cm 的敞口钢板水箱，并设有水位测针。水箱应检验，不得渗漏。水箱应固定在水池中，水箱中充水深度可在 20 cm 左右。测定水池中水位的同时，测定水箱中的水位。

（5）水池的渗水量。

水池的渗水量按下式计算：

$$q = \frac{A_1}{A_2}\big[(E_1 - E_2) - (e_1 - e_2)\big] \tag{5-1}$$

式中　q——渗水量（L/m²·d）；

A_1——水池的水面面积（m²）；

A_2——水池的浸湿总面积（m²）；

E_1——水池中水位测针的初读数，即初读数（mm）；

E_2——测读 E_1 后 24 h 水池中水位测针的末读数，即末读数（mm）；

e_1——测读 E_1 时水箱中水位测针的读数(mm);

e_2——测读 E_2 时水箱中水位测针的读数(mm)。

按上式计算结果,渗水量如超过规定标准,应经检查处理后重新进行测定。规范规定:对于钢筋混凝土结构水池,1 m^2 的浸湿面积每 24 h 的漏水量不得大于 2 L。

当连续观测时,前次的 E_2、e_2,即为下次的 E_1 及 e_1。

2)闭气试验

污水处理厂的消化池,除在泥区进行满水试验外,在沼气区尚应进行闭气试验。

闭气试验是观察 24 h 前后的池内压力降。按规定,消化池 24 h 压力降不得大于 0.2 倍试验压力。一般试验压力是池体工作压力的 1.5 倍。

(1)主要试验设备。

①压力计。可采用 U 形管水压计或其他类型的压力计,刻度精确至毫米水柱,用于测量消化池内的气压。

②温度计。用以测量消化池内的气温,刻度精确至 1 ℃。

③大气压力计。用以测量大气压力,刻度精确至 10 Pa。

④空气压缩机一台。

(2)测读气压。

池内充气至试验压力并稳定后,测读池内气压值,即初读数,间隔 24 h,测读末读数。在测读池内气压的同时,测读池内气温和大气压力,并将大气压力换算为与池内气压相同的单位。

(3)池内气压降的计算。

可按下式计算池内气压降:

$$\Delta P = (P_{d1} + P_{a1}) - (P_{d2} + P_{a2})(273 + t_1)/(273 + t_2) \qquad (5-2)$$

式中　ΔP——池内气压降(Pa);

P_{d1}——池内气压初读数(Pa);

P_{d2}——池内气压末读数(Pa);

P_{a1}——测量 P_{d1} 时的相应大气压力(Pa);

P_{a2}——测量 P_{d2} 时的相应大气压力(Pa);

t_1——测量 P_{d1} 时的相应池内气温(℃);

t_2——测量 P_{d2} 时的相应池内气温(℃)。

2. 水池渗漏的处理

1)施工缝渗漏处理措施

造成施工缝渗漏的原因主要有:①施工缝未做糙化处理,未清理干净积水就直接浇筑混凝土;②施工缝干燥或砂浆不足、振捣不实、浇筑混凝土过厚而漏振;③当施工缝混凝土强度不足时就开始对混凝土凿毛、用工具刮、锤子砸,破坏了水泥砂浆,松动了石子。

对于施工缝的渗漏采取降水与内外同时修补的方法。若仅由背水面单侧修补,虽然可以堵住大部分渗漏,但解决不了钢筋锈蚀和混凝土的耐久性问题。

首先,将渗漏的施工缝部位剔成深 3~5 cm、宽 2~3 cm 的沟槽,然后用钢丝刷和压力水将槽内浮渣清除干净,不留积水,再用水泥砂浆进行修补。所用水泥砂浆配合比为 1:2:(0.55~0.60)(水泥:砂:水),其中,水泥为出厂不超过三个月的 32.5 级普通硅酸盐水泥;砂为洁净的过筛的中粗砂,最大颗粒不超过 3 mm。

修补时,基层应湿润不流淌。沟槽全深应分层填实 2~3 次,特别有露筋的部位更要仔细填塞。分层修补时间间隔不少于 8 h。分层填塞前,底层刷素水泥浆。每层的水泥砂浆都要压实,但不要过多往返压光,以免水分集中后砂浆与混凝土基层脱落。

施工缝位于墙与底板的角部,则应涂抹三角水泥砂浆加固层。平接的施工缝渗水部位修补后,可加水泥砂浆加强带,以增强其防水抗渗的能力。

2)变形缝渗漏处理措施

造成变形缝渗漏的原因主要是止水带破损、搭接、发生偏移或其周围的混凝土未捣实等。

如局部轻微渗漏,可采取加深变形缝嵌缝密封腻子的深度和外贴防水材料的办法,来增强其抗渗能力。将渗漏部位以外 1 m 以内的缝板剔净,但不要损坏止水带,并用热风机吹干,然后用密封腻子将内外缝分层填实。在池外部缝宽 30 cm 范围内贴两层抗拉强度高、延伸率大的三元乙丙-丁基橡胶或氯丁橡胶类的卷材防水层。

如止水带部位混凝土严重漏振或止水带严重移位,则应局部剔凿修补混凝土后,再按上述做法修补内外缝。

3)混凝土裂缝渗漏处理措施

混凝土裂缝形成的原因很多,如地基不均匀沉降、早期养护不好、施工管理不善、混凝土计量配合比不准、坍落度大等,均可造成混凝土表面裂缝。但这些裂缝有些是表面、局部、轻度性质的,有的则属于结构或是较为严重的内在性质的。对混凝土裂缝的修补,只限于轻度性质的裂缝修补范围,对较为严重的裂缝的修补,要根据具体情况与有关方面研究确定处理方法。常用的修补方法有表面密封法和注浆法。表面密封法适用于裂缝宽度小于 0.2 mm 的稳定性裂缝以及多而集中的微裂缝;当裂缝大于 0.2 mm、裂缝较深时,采用注浆法。

(1)表面密封法。常用的密封材料为无毒、耐水、耐碱的环氧树脂胶泥。密封前应将混凝土裂缝表面 5 cm 宽范围内用钢丝刷刷毛、清理干净,用热风烘干后直接涂刷环氧树脂胶泥 2~3 道,每道间隔 12 h。

(2)注浆法。注浆前,应在裂缝处预先黏结注浆嘴,其间距为 50~100 cm,并在裂缝表面涂刮密封带。

注浆时应由一端开始,宜由低向高,将环氧树脂浆液或丙凝注浆材料用气动灌浆装置或电动灌浆装置,按试验规定的配合比压入裂缝中。待临近多个注浆嘴出浆后,即封闭已满的注浆嘴,然后将注浆管移向下段继续注浆,直至全部注满。

此外,对于局部穿墙孔、管、埋铁部位发生的渗漏,可将渗漏部位适当扩大地剔除,清理吹洗干净后,按施工缝修补的方法进行修补。

对于构筑物局部混凝土,由于浇灌时浇灌层厚、漏振或混凝土的和易性差等原因造成的渗漏,当渗漏部位较轻时,可将渗漏部位表面凿毛、刷净,按防水水泥砂浆五层做法,做表面处理;对于渗漏较为严重的部位,应视情况剔掉松散的混凝土,然后分层按水泥砂浆防水层做法,补平后再加抹 10~15 mm 厚的加强防水层。

3.水池抗浮措施

水池常用的抗浮方式如下:

(1)配重抗浮。在池底板上加低标号混凝土压重或在底板下加低强度混凝土挂重,必要时配重混凝土与底板钢筋混凝土之间需用钢筋拉结。

（2）锚固抗浮。利用底板下地基土与打入锚杆间的抗拔力来抗浮。但锚杆施工需有适用机具和进行前期土层锚杆的定性试验、工效试验等。

（3）注水。向已初步建好的池内注水，利用注水配重来消耗水池体的浮力。采用本措施时要考虑注水对池体结构和下步工序是否有影响。

（4）打开底板的排水阀，放水进池，使池内部的水位与池外部水位相同，消除水对池体的浮力。

5.2 装配式预应力混凝土水池

预应力就是在荷载作用之前，先对混凝土预加压力，产生人为的压应力，它可以抵消由荷载所引起的大部分或全部拉应力，致使构件在使用时拉应力显著减少或不出现拉应力，这样，在荷载作用下，能延迟裂缝的产生或不产生裂缝，从而延迟了由于裂缝的出现而造成的构件刚度的降低，因而预应力构件的挠度将比非预应力构件小。通常情况下，预应力钢筋混凝土水池多采用装配式，采用的施工方法是绕丝法、电热张拉法和径向张拉法。各种施工方法的特点见表 5-12。

表 5-12 各种施工方法的特点

施工方法	特 点
绕丝法	施工速度快、质量好，但需专用设备
电热张拉法	设备简单，操作方便，施工速度快，质量较好
径向张拉法	工具设备简单，操作方便，施工费低，较绕丝法、电热张拉法低 12%～23%

5.2.1 绕丝法

绕丝法是在绕丝机做圆周运动的过程中把预应力强行缠绕到圆形混凝土构筑物上，实现预加应力的方法，该方法广泛用于水池、油罐或其他圆形构筑物等。

1）施工准备

（1）从上到下检查池体半径、壁板垂直度，容许误差在 10 mm 以内，将外壁清理干净，壁缝填灌混凝土，毛刺应铲平，高低不平的凸缝应凿成弧形。

（2）检查钢丝的质量和卡具的质量。

（3）绕丝机在地面组装后，安装大链条。大链条在离底 500 mm 高处沿水平线绕池一周，穿过绕丝机，调整后，空车试运行并将绕丝机提到池顶。

（4）开动钢丝倒盘机，将大盘钢丝倒在小钢丝盘上，倒好的小盘应有 5～6 个储备，以便及时更换，不影响绕丝。

（5）围绕池壁外 2～3 m 的圆周位置，埋设防护栏一圈，防止绕丝时因断丝弹出伤人。

2）钢丝接头

钢丝接头常采用前接头法，即将一根钢丝在牵制器前剩下 3 m 左右时停止，卸去空盘，换上重盘，将接头在牵制器前接好，将后钢丝盘反向转动，使钢丝仍然绷紧。接好后，使接头缓缓通过牵制器，在应力盘上绕好，同时调整应力盘上钢丝接头，以防压叠或挤出，直到钢丝接头走出应力盘，再继续开车。

钢丝接头应采用18~20号钢丝密排绑扎牢固,其搭接长度不应小于250 mm。

3)预应力绕丝施工

(1)预应力绕丝方向应由上向下进行,第一圈距池顶的距离应按设计规定或依绕丝机设备能力确定,且不宜大于500 mm,每根钢丝开始打的正卡具是越拉越紧,末端打同一种卡具,但方向相反,绕丝机前进时,末端卡具松开,钢丝绕池一周后才开始张拉打紧。

(2)一般张拉应力为高强钢丝抗拉强度的65%,控制在±1.0 kN误差范围内,并要始终保持绕丝机拉力不小于20 kN,当超张拉应力在23~24 kN时,就要不断地调整大弹簧。

(3)已缠绕的钢丝,不得用尖硬物或重物撞击。

(4)应力测定点从上到下宜在一条竖直线上,便于进行应力分析。可在一根槽钢旁选好位置,打卡具、测应力同时进行。

(5)施加应力时,每绕一圈钢丝应测定一次钢丝应力,并做记录。

(6)池壁两端不能用绕丝机缠绕的部位,应在顶端和底端附近部位加密或改用电热法张拉。

5.2.2 电热张拉法

电热张拉法是利用钢筋热胀冷缩原理,在钢筋上通过低电压、强电流使钢筋热胀伸长,待钢筋伸长值达到额定长度时,立即锚固,并切断电流,钢筋冷缩,进而达到建立预应力的目的。通过电热张拉粗钢筋,可以使混凝土结构裂缝得到消除及控制。

1)施工材料

预应力钢筋通常采用普通钢筋或高强钢丝。普通钢筋在张拉前应进行冷拉处理。冷拉应力与伸长率由试验确定,通常要求预应力张拉后的钢筋屈服点提高到不小于550 MPa,屈服比>108%,冷拉控制应力为520~530 MPa,延伸率为3.2%~3.6%,不超过5%,不小于2%。

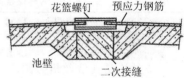

图5-6 花篮螺钉锚固

2)施工工具

电热张拉可采用螺丝端杆、墩粗头插U形垫板、帮条锚具U形垫板或其他锚具。锚具应固定在锚固槽、锚固肋或锚固柱上。图5-6为花篮螺钉锚具固定在锚固槽内的示意图。

3)预应力钢筋位置

一般采用不连续配筋,即将钢筋一根一根地在池壁上张拉,每池周安置钢筋根数应考虑到张拉钢筋时尽可能地缩短曲弧长度,使张拉应力均匀,并以在冷却后建立应力过程中摩阻范围缩小为原则。每根预应力钢筋之间靠锚具连接,为了减少相邻钢筋锚具松动影响,采用上下两圈钢筋锚具交错排列,如图5-7所示。

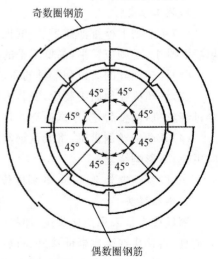

图5-7 预应力钢筋分段

4)钢筋下料

预应力钢筋张拉时的伸长值按下式计算:

$$\Delta L = \Delta L_1 + \Delta L_2 + \Delta L_3 \qquad (5-3)$$

$$\Delta L_1 = \frac{\sigma_0 l}{E_a} \qquad\qquad (5-4)$$

$$\Delta L_2 = \frac{\Delta \sigma_1 l}{E_a} \qquad\qquad (5-5)$$

$$\Delta L_3 = \frac{\Delta \sigma_2 l}{E_a} \qquad\qquad (5-6)$$

式中 ΔL——钢筋张拉控制伸长值(cm);

ΔL_1——按张拉时控制应力计算的伸长值(cm);

ΔL_2——钢筋不直产生的预应力损失值(cm);

ΔL_3——锚具变形应弥补的伸长值(cm);

l——电热张拉前每段钢筋长度;

σ_0——钢筋张拉控制应力;

σ_1——钢筋不直产生的预应力损失值;

σ_2——锚具变形产生的预应力损失;

E_a——钢筋的弹性模量。

每根钢筋下料长度按下式计算:

$$S = \pi(D + 2h + d)/n \qquad\qquad (5-7)$$

式中 S——每根钢筋长度(m);

D——水池内径(m);

h——池壁厚度(m);

d——预应力钢筋直径(m);

n——每池周钢筋根数,一般采用2~8根。

5)电热张拉

电热张拉是指将钢筋通电升温,使钢筋长度延伸到一定程度后将两端固定,当撤去电源钢筋冷却后,便产生了温度应力。预应力钢筋可以一次张拉,也可以多次张拉,一般张拉2~4次。电热张拉施工的电热参数见表5-13。

表 5-13 电热张拉施工的电热参数

项目	参数	项目	参数
升温/℃	200~300	电流/A	400~700
升温时间/min	5~7	Ⅲ级钢筋电流密度/(A/cm²)	>150
电压/V	35~65		

电热张拉的注意事项如下:

(1)张拉顺序可由池壁顶端开始,逐圈向下基于先下后上再中间的顺序,即先张拉池下部1~2环,再张拉池顶一环,然后从两端向中间对称进行张拉,把最大环张力的预应力钢筋安排在最后张拉,尽量减少预应力损失。

(2)与锚固肋相交处的钢筋应有良好的绝缘处理,端杆螺栓接电源处应除锈,并保持接触紧密。

(3)通电前,钢筋应测定初应力,张拉端应刻划伸长标记。

（4）通电后，应进行机具、设备、线路绝缘检查，测定电流、电压及通电时间。

（5）在张拉过程中及断电后 5 min 内，应采用木锤连续敲打各段钢筋，使钢筋产生弹跳以帮助钢筋舒展伸长，调整应力。

（6）伸长值的允许偏差不得超过＋10％、－5％；经电热张拉达到规定伸长值后，应立即进行锚固，锚固必须牢固可靠。

（7）每一环预应力钢筋应对称张拉，并不得间断。

（8）电热张拉应一次完成。当必须重复张拉时，同一根钢筋的重复次数不得超过 3 次，当发生裂纹时，应更换预应力钢筋。

（9）通电张拉过程中，当发现钢筋伸长时间超过预计张拉时间过多时，应立即停电检查。

电热张拉预应力钢筋应力值的测定，应在每环钢筋中选一根钢筋，在两端和中间附近各设测点一处。测点的初读数应在钢筋初应力建立后，通电前测读，末读数应在断电并冷却后测读。

5.2.3 径向张拉法

1）施工准备

钢筋对焊接头应在冷拉前进行，接头强度应不低于钢材本身，冷弯 90°合格。螺丝端杆是常用的连接锚具，可用同级冷拉钢筋制作，如果用 45 号钢，热处理后强度应不低于 700 MPa，伸长率大于 14％。与预应力钢筋对焊接长时，用带丝扣的套筒连接。套筒常用不低于 3 号钢材质的热轧无缝钢管制作。

螺杆与套筒精度应符合标准，分层配合良好，配套供应施工过程中应采取措施，保护丝扣免遭损坏。

对于环筋分段长度，应视冷拉设备和运输条件考虑，一般每环分为 2～4 段，长 20～40 m。

2）径向张拉施工

预应力钢筋按指定位置进行安装时，应尽力挤紧连套筒，再沿圆周每隔一定距离用简单的张拉器将钢筋拉离池壁约计算值的一半，并填上垫块，最后用测力张拉器逐点调整张力达到设计要求，再用可调撑顶住。为了使各点离壁的间隙基本一致，张拉时宜同时用多个张拉器均匀地同时张拉，如图 5-8 所示。

环筋张拉点数，应视水池直径大小、张拉器能力和池壁局部应力等因素而定，点与点的距离一般不大于 1.5 m，预制板以一板一点为宜。张拉点应避开对焊接头，距离不少于 10 倍钢筋直径，不进行超张拉。

张拉时，径张系数一般取控制应力的 10％，即粗钢筋不大于 120 MPa，高强钢丝束不大于 150 MPa，以提高预应力效果。

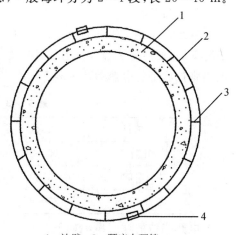

1—池壁；2—预应力环筋；
3—可调撑垫；4—连接套筒。

图 5-8 径向张拉示意

施工完成后，如欲对其进行测定，则应在池壁上沿高度布若干点，用百分仪测定。施加预应力后，测径向内缩值；装满水后，测径向外张值。当径向压缩值大于外张值时，则壁板始终处于受压状态，预应力效果良好。

5.2.4 水泥砂浆保护层

预应力钢筋保护层的施工应在满水试验合格后的满水条件下进行。试水结束后,应尽快进行钢丝保护层的喷浆,以免钢丝暴露在大气中发生锈蚀。

1)枪喷水泥砂浆

枪喷水泥砂浆的配合比应符合设计要求,经试验确定。当无试验条件时,应符合表5-14的要求。

表5-14 枪喷水泥砂浆要求

砂			配合比	
粒径/mm	刚度模数	含水量/%	灰砂比	水灰比
≤5	2.3~3.7	1.5~5.0	0.3~0.5	0.25~0.35

2)喷浆作业

(1)喷浆前,必须对受喷面进行除污、去油、清洗等处理,并沿池壁搭设操作脚手架,脚手架的内侧距池壁2.5 m,架宽1.2 m。

(2)喷浆机罐内压力宜为0.5 MPa,供水压力应相适应。输料管长度不宜小于10 m,管径不宜小于25 mm。

(3)砂浆应拌和均匀,随拌随喷,存放时间不得超过2 h。

(4)喷浆应沿池壁的圆周方向自池身上端开始;喷口至受喷面的距离应以回弹物较少、喷层密实来确定;每次喷浆厚度为15~20 mm,共喷三遍,总的保护层厚度不小于40 mm。

(5)喷枪应与喷射面保持垂直,当受障碍物影响时,其入射角不应大于15°。

(6)喷浆时应连环旋射,出浆量应稳定和连续,不得滞射或扫射,并保持层厚均匀密实。

(7)喷浆宜在气温高于15 ℃时进行,当有大风、冰冻、降雨或当日最低气温低于0 ℃时,不得进行喷射作业。

3)保护层养护

喷射完的水泥砂浆保护层,凝结后应加遮盖,保持湿润并不应少于14 d。如采用长流水方法养护,则应在池壁顶部外侧安装沿池周长的环状管道。管道内侧开孔,孔距3 cm,并沿环形管每隔15 m左右安装截门一个,以便按照喷浆的进度分段进行养护。

4)喷浆质量要求

水泥砂浆保护层须坚实牢固,表面应厚度均匀圆滑,层厚度允许偏差为1.5 cm。在进行下一工序前,应对水泥砂浆保护层进行外观和黏结情况检查,当有空鼓现象时,应凿开检查。水泥砂浆保护层施工和质量检查应做记录。

5.3　混合与水力絮凝池

5.3.1　混合设备的种类

水处理混合设备的种类及技术要求见表 5 - 15。

表 5 - 15　混合设备的种类及技术要求

方式	类型	技术要求
管式混合器	管道混合器	管内流速 1.2~1.5 m/s；投药后管道水头损失≥(0.3~0.4) m
	孔板式混合器	管内流速 0.8~1.0 m/s；局部水头损失≥(0.3~0.4) m
	文氏管式混合器	管内流速 0.8~1.0 m/s；局部水头损失≥(0.3~0.4) m
	扩散混合器	孔板面积/进水管总面积＝3/4；锥形帽截面积/净水管总面积＝1/4
	静态混合器	流速＜(1~1.5) m/s，总损失＜0.5 m
混合池	隔板式	缝隙处流速为 1 m/s，最后一道隔板后槽中水深≥(0.4~0.5) m
	跃水式	缝隙水深≥(100~150) mm
	水跃式	(0.3~0.4) m≤套管内外水位差≤1 m
	涡流式	进口处上升流速为 1~1.5 m/s，上口处流速为 25 mm/s
	穿孔式	孔眼流速为 1 m/s，孔眼处水深≥(100~150) mm，孔眼直径为 20~120 mm，孔眼距为(1.5~2) d
	往复隔板式	流速为 0.9 m/s，隔板间距≥0.7 m
水泵混合		一组泵房距净水构筑物的距离不宜过长，应设水封箱防止空气进入水泵吸水管
机械搅拌混合		按照设备厂家提供的技术参数，结合设计规范确定

5.3.2　絮凝池施工

絮凝池分类及构造特点见表 5 - 16。

水力絮凝池的施工要点包括：

(1)水力絮凝池的施工应依据设计图纸遵循现浇钢筋混凝土水池施工规范进行。

(2)当有预留孔洞或预埋管时，宜在孔口或管外径 1/4~1/3 高度分层，孔径或管外径小于 200 mm 时，可不受此限制。

(3)分层模板及窗口模板应事先做好连接装置，使之能迅速安装。间歇浇筑时间隔时间不得大于 2.5~3.0 h。

(4)水量较小的往复式隔板絮凝池，因隔板间距较小，施工困难，可采用预制钢筋混凝土构件现场组装。

(5)孔室絮凝池四角应倒角形成圆弧状，以利于形成旋流。

(6)折板(波形板)絮凝池的折板和波形板安装时，应充分注意板的固定，以免初始运转时进水，在相邻板间产生水位差，损坏折板。

表 5-16 絮凝池分类及构造特点

分类	形式		构造特点	材料
水力	隔板絮凝池	往复式	1. 池体为现浇钢筋混凝土 2. 池底坡向排泥口的坡度，一般为 2%～3%	池体为现浇钢筋混凝土，排泥管采用铸铁管
		回转式	1. 多采用两层，下层为往复隔板，上层为回转隔板 2. 隔板间距应大于 0.5 m，池底坡向排泥口的坡度为 2%～3%	池体为现浇钢筋混凝土，排泥管采用铸铁管
	网格絮凝池		1. 每格中设置多层网格 2. 网格为预制	池体为现浇钢筋混凝土
	涡流絮凝池		1. 常合建于竖流式沉淀池中 2. 下部锥角采用 35°～45°	池体为钢筋混凝土或钢制
	折板(波形板)絮凝池		1. 多采用波峰、波谷相对或相反的形式 2. 多用于竖流式形式	折板可为钢丝网混凝土条板，波形板可采用硬塑
	孔室絮凝池		1. 由多个絮凝室串联组成 2. 各室孔口按上下、左右(互相交错)布置，孔口断面逐级放大	池体为现浇钢筋混凝土或钢制(小型)
机械	机械絮凝池	垂直轴式	1. 池上机械带动池内桨板搅拌，各池之间为串联 2. 池一般不少于两组，每组不少于 3～4 个池	池体为现浇钢筋混凝土，机械可调速，桨板为木制或无毒硬塑
		水平轴式	1. 池外水平设置的机械通过轴带动桨板搅拌 2. 一般不少于两组池，每组池数不少于 3～4 个	池体为现浇钢筋混凝土，桨板为木制或无毒硬塑

(7)网格(栅条)絮凝池的网格(栅条)应预制，池体浇筑时应预理固定部件，亦可用射钉枪现场固定连接部件。

(8)旋流絮凝池的进、出水管必须沿切线方向设置，施工时必须校验合格后，才能开始浇筑。

5.4 沉砂池、沉淀池

沉砂池与沉淀池的构造基本相同，本节重点介绍沉淀池的施工方法和要点，沉砂池的施工可参照沉淀池的方法进行。

5.4.1 沉砂池、沉淀池的分类

沉砂池的作用是去除密度较大的无机颗粒。一般设在初沉池前，或泵站、倒虹管前。其主要类型有平流沉砂池、曝气沉砂池、布尔沉砂池和旋流沉砂池，污水处理厂一般多采用曝气沉砂池。

沉淀池的作用是去除水中颗粒状物质,是给水厂和污水厂中的重要水处理构筑物。其主要类型有平流式、辐流式、竖流式和斜(管)板式等。沉淀池的特点和适用条件见表5-17。

表5-17 沉淀池的特点和使用条件

类型	优点	缺点	使用条件
平流式	1.沉淀效果好 2.对冲击负荷和温度变化适应性强 3.施工方便 4.平面布置紧凑,占地面积小	1.配水不易均匀 2.采用机械排泥时设备易腐蚀 3.采用多斗排泥时,排泥不易均匀,操作工作量大	1.适用于地下水位较高、地质条件较差的地区 2.适用于中小型污水处理厂和给水处理厂
辐流式	1.适用于大型污水处理厂,沉淀池个数较少,比较经济,便于管理 2.机械排泥设备已定型,排泥较方便	1.池内水流不稳定,沉淀效果相对较差 2.排泥设备比较复杂,对运行管理要较高 3.池体较大,对施工质量要求较高	1.适用于地下水位较高的地区 2.适用于大、中型污水处理厂 3.适用于处理高浊度水的给水处理厂
竖流式	1.占地面积小 2.排泥方便,运行管理简单	1.池体深度较大,施工困难 2.对冲击负荷和温度的变化适应性差 3.造价相对较高 4.池径不宜过大	适用于小型污水处理厂或工业废水处理站
斜(管)板式	1.沉淀效果好 2.占地面积小 3.排泥方便	1.易堵塞 2.造价高	1.适用于给水处理厂 2.适用于原有平流沉淀池的挖潜改造,以扩大处理能力

5.4.2 池底施工要点

(1)严禁扰动槽底土壤,如发生超挖,严禁用土回填,池底土基不得受水浸泡或受冻。

(2)水池底板位于地下水位以下时,施工前应验算施工阶段的抗浮稳定性,当不能满足抗浮要求时,必须采取抗浮措施。

(3)预埋在水池底板以下的管道及预埋件,应经验收合格后再进行下一道工序的施工。池壁处的预留孔洞及预埋件,在浇混凝土前应复查其位置和尺寸。在孔洞处的钢筋应尽量绕过,避免截断。

(4)平流式沉淀池的底板施工要注意底板的平整度和坡度,坡向排泥槽(斗)方向。

(5)测量有斜壁或斜底的圆形水池半径时,宜在水池中心设立测量支架或中心轴。

(6)土基坑施工、垫层及池底的模板安装、混凝土浇筑、底板钢筋加工及安装等按照相关技术要求执行。

5.4.3 池壁施工要点

沉淀池预制壁板、模板安装应满足设计要求。另外,模板必须支撑牢固,在施工荷载作用下不得有松动、跑模、下沉等现象。模板拼装必须严密,不得漏浆,模内必须洁净。凡有弧度的构件,其模板弧度必须符合规定,不得后抹弧面。预制壁板模板、钢筋安装、混凝土浇筑、吊装、板间后浇缝钢筋焊接及预应力绕丝张拉、外壁砂浆喷涂的允许偏差满足设计及相关规范要求。

5.4.4 进、出水系统施工

进、出水系统是沉淀池、沉砂池的关键部位,对施工质量要求较高。进、出水口的结构特点及施工要点见表5-18。

表5-18 进、出水口的结构特点及施工要点

名称		结构特点	施工要点
进水形式	穿孔槽	进水入口处均采用整流设施来保证进水的均布,一般采用穿孔墙整流。由下部进水的斜管沉淀池可采用斜管导流。周边进水多采用薄壁堰和穿孔槽的形式	1.穿孔墙施工时要注意墙孔孔径要一致,孔口分布要均匀,尽量将孔口内璧做得光滑 2.薄壁堰和穿孔槽施工时,要注意同一池内的堰口要水平,穿孔堰的孔口要尽量在同一水平面内
	穿孔墙		
	薄壁堰		
出水形式	穿孔管	为使集水均匀,集水渠、出水堰或淹没式出水口应分布在整个集水区内	1.出水的均匀性更为重要,因此,施工中更应予以注意。无论采用穿孔管(槽)、三角堰、薄壁堰,还是淹没式出水,都要求装置水平且池内所有出水管的孔口都在同一水平面上 2.穿孔管(槽)以及三角堰加工时,应严格控制,保证布孔均匀且孔口连线及三角堰顶点连线与管或槽轴心线平行
	三角堰		
	薄壁堰		
	淹没式		

集水槽孔眼施工时,可依图纸要求预留长方形孔洞,待试水时根据水面找平后再埋设塑料短管,或者用水准仪监视逐个加装埋没塑料短管,保证集水孔眼在同一水平面上。堰口安装高程用水准仪检测,检测点数可根据水池尺寸大小取6~10个部位检测。检测部分可沿四周堰口均匀分布,测出高程最大偏差值。进出口薄壁堰、穿孔槽的孔口允许偏差见表5-19。

表5-19 进出口薄壁堰、穿孔槽的孔口允许偏差

同一水池各堰顶,穿孔槽孔眼底缘	穿孔槽孔眼或穿孔堰孔眼
水平度允许偏差/mm	间距允许偏差/mm
±2	±5

沉淀池预制集水槽模板、钢筋安装、混凝土浇筑及吊装允许偏差满足设计及相关施工标准。

5.4.5 排泥系统

沉淀池排泥方式分水力排泥和机械排泥两种,其排泥方法、结构特点及施工要点见表5-20。

表 5‑20 沉淀池排泥方法、结构特点及施工要点

排泥方法			结构特点	施工要点
水力排泥	多斗重力排泥		斗底斜壁的抹面要平滑,预埋排泥管件的管口在施工时要用草袋或水泥袋堵住,防止施工过程中杂物进入	斗底斜壁与水平面之夹角一般为45°,一般采用大、小泥斗结合布置。池子前段用小泥斗,后段用大泥斗。泥斗排泥阀多采用快开阀门
	穿孔管排泥		穿孔排泥管可预埋或后装接,预埋时要有防止施工杂物堵塞孔眼的措施	穿孔管一般采用铸铁管,穿孔管的布置一般有纵向和横向两种。穿孔管向下与垂线成45°交叉排列。穿孔管排泥阀门一般采用快开式
机械排泥	桁架式	虹吸式	虹吸排泥管的施工中要注意其系统的严密性,必须保证虹吸管不漏气	设有桁架行车及驱动机构,池底处的泥由行车下部的刮泥板出,设若干根虹吸管引出至池外的排泥槽内。池底的泥由行车移动,刮板刮下,由虹吸管排出
		泵吸式	注意吸泥泵吸水管的严密性,防止吸水管顶部积气	设有桁架行车及驱动机构,刮泥板处设吸口,桁架行车上设吸泥泵,将池底的泥吸出
	牵引式刮泥	卷扬机传动式	卷扬机的安装应符合机械设备安装工程施工及验收规范;在施工中要特别注意牵引钢丝绳结牢、导向轮装置的位置正确、导向轮对称中心线与主导轮中心线尽量重合	由慢动卷扬机通过钢丝绳牵动刮泥桁车,通过刮泥机将泥刮入排泥槽。用混流泵将泥排出,亦可用排泥阀或穿孔管从排泥槽内排出
		悬挂式		将刮泥行车沿池底运动的滚轮的轨道提高,离开泥浆区,则成为悬挂式
	中心悬挂式		施工中注意中心柱中心支架的垂直度和中心转盘的水平度。还应注意刮板安装应按设计要求与底面保持一定的距离,而且要安装牢固,周边驱动式机械排泥还应注意周边轨道的水平度	底部设桁架行车刮泥板,垂直中心处设驱动机构,通过立轴,由刮板运动将泥刮向中心排泥井,然后通过排泥管将泥由排泥井中排出
	周边驱动式			大致与中心悬挂式刮泥机相同,只是驱动装置设在周边(用于圆形池)

水力排泥设施的施工要点如下:

(1)一般给水处理用排泥斗斜面坡角为45°,污水处理用排泥斗斜面坡角大于55°,且斜面施工要光滑;

(2)水力排泥阀宜采用快开阀门,安装应牢固,启闭快速灵活;

(3)施工中要有防止穿孔管或排泥管堵塞的措施和防腐措施。

机械排泥设施的施工要点如下:

(1)卷扬机安装位置要准确,其设备基础的允许偏差要求参见相关施工技术手册。

（2）导向滑轮在水下时,应设清水润滑管引入轮轴,防止污泥渗入。

（3）钢丝绳张紧装置安装时,将张拉轮放在钢丝绳最松处,运转时逐渐拉紧。

（4）轨道铺设的平整度对吸泥机的正常运转有很大影响。铺设前须先平整基础,一般可用垫块调整其标高和位置至合乎要求后,再用水泥砂浆填充固实。轨道安装过程中,需注意考虑施工时的气温与实际运行的水温温差造成的变形的影响。

（5）悬挂式橡胶电缆应悬挂在张紧钢丝绳上的串联滑轮或滑块上。

刮泥机安装检验项目见表5-21。

表 5-21　刮泥机安装检验项目

检验项目			目的	检验的方法
刮泥机走轮钢轨检验	钢轨平面、侧面的直线度、两端面的垂直度		铺设前检查其弯曲、歪扭等变形情况,保证铺设的钢轨符合允许偏差要求	用经纬仪的竖线检测钢轨一侧边缘和端面中心线的偏移量,用直尺量测,取其最大的偏移值
	直线平行轨道	轴线位移 两轴线间距 轨顶高程 接头间隙 接头错位	钢轨安装检验,保证铺设的钢轨符合允许偏差要求	用经纬仪铺以钢尺测量
	圆形轨道	轨顶高程 轴线位置 两轨间距 接头间隙 接头错位		通过圆形轨道的圆心,用钢轨严格测两条轨道半径
刮泥机转动轴检验	安装位置		检验安装位置和轴的垂直度	用经纬仪定出转动轴的位置,用十字线交点来控制测定转动轴位置偏差程度
	转动轴垂直度			用经纬仪的竖线对准轴上部中心线,用钢尺量出轴下部中心线与竖线的间距来推算

池底预埋导轨的安装允许偏差详见施工手册。

5.4.6　池顶及稳流筒施工要点

（1）沉淀池池顶混凝土浇筑允许偏差应满足设计规定及施工要求。

（2）竖流式沉淀池及澄清池内的导流筒的施工要特别注意架设的钢筋成型正确。为了减少变形,施工时可用临时支撑固定。

（3）稳流筒内壁管安装要求。弯头、管件安装位置应正确,埋设平正、牢固、直立。管件接头填料密实、饱满,不得低于承口 5 mm。安装允许偏差应满足设计要求。

(4)沉淀池稳流筒混凝土浇筑。混凝土配合比必须符合规定,外加剂掺量必须准确。构筑物不得有露筋、蜂窝等现象。

(5)在斜管沉淀池上,安装焊接出水槽,应当在装填料管(特别是塑料斜管)之前或者充水淹没斜管之后,以防在斜管上方焊接时,由于焊接火花和残渣,引起斜管的燃烧和火灾。

5.5 滤 池

过滤装置有多种形式,滤池和滤罐是最常用的两种,滤罐有现成的产品出售,不需现场制作。本节重点介绍滤池的施工方法。

5.5.1 滤池的分类

常用的滤池有普通快滤池、虹吸滤池、无阀滤池、V形滤池、压力滤池、移动罩滤池等。尽管各类滤池的构造形式、阀门数量、滤层组合和自动化程度等方面有所不同,但过滤原理与过滤、反冲洗的过程基本相同,施工要求和方法相近。现以重力式无阀滤池、V形滤池和移动罩滤池为例做重点介绍,其他滤池可参照其方法进行施工。常用滤池的种类及结构特点见表5-22。

表5-22 常用滤池分类及结构特点和适用条件

类 型	运行特点	结构特点	适用条件
普通快滤池	下向流、砂滤料的四阀式滤池	1.多为矩形,单池面积较大,池体为钢筋混凝土结构 2.采用大阻力配水系统 3.设有进水出水、反冲水、排水四个阀门 4.需设冲洗水塔或水泵 5.多池布置可为单排或双排式,双排式可设中央管廊	1.一般适用于大、中型水厂 2.单池面积一般不宜大于100 m² 3.有条件时尽量采用表面冲洗或空气助洗设备
虹吸滤池	下向流、砂滤料、低水头、互洗式无阀滤池	1.池体多为矩形钢筋混凝土结构 2.采用小阻力配水系统 3.只有进水、排水虹吸管,不设阀门 4.池深较大,反冲洗靠其他滤池的过滤水,因而必须几个池为一组。不设冲洗水塔或水泵	1.适用于水量(2~10)×10³ m³/d的中型水厂 2.单池面积一般不宜大于30~25 m²
无阀滤池	下向流、砂滤料、低水头、带水箱反洗的无阀滤池	1.池体为矩形或圆形,为钢筋混凝土或钢板制作 2.滤池上部为伞形盖密闭,伞形盖上部为冲洗水箱,依靠自身带的冲洗水箱冲洗 3.设有进水配水箱,进水U形管或气水分离器 4.设有排水虹吸管,不设阀门 5.配水系统采用中、小阻力配水系统 6.设有使其自动工作的水力系统	1.适用于水量 1×10³ m³/d以下的小型水厂 2.单池面积应小于25 m²

续表

类型	运行特点	结构特点	适用条件
移动罩滤池	下向流、砂滤料、低水头、互洗式连续过滤滤池	1.池体多为矩形钢筋混凝土结构,池深较浅,分格较多 2.采用小阻力配水系统 3.采用可移动罩(泵吸式或虹吸式)冲洗 4.设有电力控制系统	1.适用于大、中型水厂 2.单格面积不宜过大,宜小于 10 m²
压力滤池	在压力下工作,进水直接用泵打入,滤后水压较高	1.池体多为圆形,钢制 2.设有进水、出水排水、反冲洗阀门 3.设有人孔和装料孔	1.适用于小型工业、工地临时水处理和游泳池用水 2.直径不超过 3 m
V 形滤池	均质滤床,用气、水同时反冲洗,水头损失小,滤速高	1.池体为矩形钢筋混凝土结构 2.两侧池壁各有一条 V 形槽,槽上一排孔洞,V 形槽在过滤时可起配水作用,反冲洗时可起对滤料表层的冲刷作用 3.池中间有一冲洗排水槽 4.配水系统常用滤帽	1.适合于大、中型水厂工程 2.单室滤池最大表面积可达 105 m²

5.5.2　滤池施工的一般要求

1.结构施工

结构混凝土的强度、抗渗性能和严密性应符合设计与规范要求。滤池池体(水池)混凝土最好能一次浇筑完成,当施工条件限制必须留施工缝时,可在底板以上 500 mm 左右的池壁处设置施工缝,按施工缝要求严格施工。池壁等处的预留孔洞及预埋件的位置和尺寸必须依图施工,在浇筑混凝土前进行复查验收,在孔洞处的钢筋应尽量绕过,避免截断。滤池施工应严格按规范和设计要求进行,其重要部位的施工允许偏差见表 5-23。

表 5-23　滤池重要部位的施工允许偏差

结构平面尺寸	布水堰、穿孔槽、孔口		预留管中心与高程	预留孔洞中心位置	滤板	
	水平度	孔口中心距			水平尺寸	厚度
±20 mm	±2 mm	±5 mm	5 mm	10 mm	±3 mm	+4～ −2 mm

2.工艺管道安装

进水、排水、虹吸及配水系统等工艺管道的管材、接口及其防腐做法应符合设计与规范要求。虹吸管接口应严密不漏气。

管道安装的允许偏差要求:中心位置≤5 mm;高程≤±5 mm;虹吸管的进、出口高程允许偏差≤±10 mm;其他有高程要求的管道和装置不应大于设计要求或≤±10 mm。

3. 配水系统

穿孔管式大阻力配水系统,支管孔径一般取 9～12 mm,孔眼设于支管两侧呈 45°角交错排列,支管终端用木方垫牢固定。

滤板的安装应注意以下几点:

(1)滤板安装前,上部结构施工及装修应全部完成,并将滤池做彻底的清扫、清洗,以避免交叉施工而堵塞,损坏滤孔或滤头。

(2)滤板下的支撑柱(梁)及滤板锚栓做法应严格按设计要求施工。

(3)柱、梁及滤板安装的允许偏差要求:轴线≤8 mm;锚栓位置≤5 mm;高程≤±5 mm;平整度≤5 mm(3 m 直尺);板间错台≤2 mm。

(4)滤板板缝填塞密实,所用填料应符合设计要求。板间锚栓、垫板材料应符合防腐要求。

(5)滤板安装后,应对其高程、平整度、板间错台、板缝密封以及锚栓固定、防腐等项指标,进行细致全面的检查验收。经检查验收合格后,再进行下一工序。

(6)滤头安装按有关要求进行。

4. 承托层与滤料的铺装

承托层所用砾石粒径与铺装厚度应符合设计要求。其粒径规格由上至下分别为:2～4 mm、4～8 mm、8～16 mm、16～32 mm、32～64 mm,每层厚度为 100 mm。所用砾石应为天然河卵石,应具有足够的机械强度和抗腐蚀性能,不得含有害成分,各项指标应不低于混凝土粗骨料的质量技术要求。承托层砾石应按设计要求分层铺装,分层检查验收。

滤层铺装前,应对滤池内外、上下进行清理,在池壁侧面将各层铺装厚度用墨线弹出,以便分层铺装。铺装后的顶面高度应较设计高出 20～30 mm,以备在反冲洗对滤料进行水力分级后,刮去表面不合格的细颗粒。反冲洗表面刮砂应进行 3 次以上,直至合格为止。

反冲洗后,若滤料层未达到设计要求,应再添加。

5.5.3 无阀滤池

1. 结构施工

无阀滤池池体结构应按水工混凝土的要求施工,以保证混凝土的防水抗渗能力达到设计要求。按设计图纸尺寸和高程要求施工,以防止平面尺寸和高程误差大而影响滤板、工艺管道等设施的安装精度和水处理效果。滤池结构内预埋穿墙管、人孔等,应在结构施工时一次埋入。无阀滤池结构混凝土分 4 次浇筑,第一次完成池底板,第二次浇伞形板以下的池壁和顶板,第三次浇上半部池壁和顶板部分,最后完成顶板上的配水槽混凝土。滤池竖向三角连通渠的内壁应光滑平整,所用模板及其固定骨架应便于拆除。拆除后的三角连通渠内,不应留有残余模板碎块。配水槽的堰顶高程应符合设计规定要求,且其误差不大于±2 mm 的标准。

2. 滤板的制作与安装

钢筋混凝土滤板采用钢制专用模板。钢模板可采用翻转模板,也可采用分片装拆式模板。翻转模板的边模稍有倾角(上大下小),滤板锥形孔用固定在底板模板上的锥形杆成型。

滤板混凝土采用半干硬性混凝土,用振动台振捣成型,翻转扣装在平整的底模上,并及时整修局部缺陷,注意适时养护。

采用拆装式固定模板的侧模,待达到一定强度后拆除。锥形滤孔用固定在底模上带有螺纹连接的锥杆形成。为方便锥杆拆卸,在混凝土初凝后 3～4 h,将锥杆由底模下拧出,底模的下部应有足够的操作空间。

滤板安装前,在池底及池壁侧墙面上施放立柱、梁、滤板轴线及板缝中心线。锚固在底板上的焊接拉栓或埋铁,应满足设计的抗拉强度和防锈蚀要求。外露螺栓、螺母、垫板不宜使用普通钢材,应使用防锈蚀等级较高的不锈钢或其他材料。垫板可采用 20～25 mm 厚的硬质聚氯乙烯工程塑料板。

3. 工艺管道的防腐与安装

进水管、虹吸管、人孔及检修孔道、堵板等不易更换与维修的钢制管件、配件的内外防腐问题,可采取两种方法予以处理。一是选用防锈蚀等级高的管材(如不锈钢管、球墨铸铁管);另一种是将虹吸管、进水弯管等转弯多、焊缝多、不易防腐的管件、管段,分解成若干法兰接头的管件,以便在焊接后可以容易地用人工对管内壁进行除锈与防腐处理。钢管的除锈应采用喷砂除锈方法,钢材表面应露出金属光泽。钢管件及钢管的内壁应采用水泥砂浆衬里的防腐做法,法兰及钢管外部的防腐涂料应依据设计要求,认真操作,以保证滤池配件的正常使用。

管道位置及高程应严格按设计要求安装,并做好管道接口,以确保滤池的虹吸效果。

4. 虹吸控制系统

虹吸控制管路的管材与管件,应使用镀锌或防锈蚀等级高的材料。严禁使用黑铁管及一般铁管件。

虹吸控制斗应使用防锈蚀等级较高的材料(如不锈钢、硬质聚氯乙烯材料)制成,尽可能不用普通钢板材料,以延长使用年限。

虹吸破坏斗高程允许偏差≤10 mm。

5.5.4　V 形滤池

1. V 形滤池的施工要求

1)过水堰的尺寸要求

进水配水槽堰顶、反冲洗排水槽堰顶的高度与水平度应同时满足下列要求:

(1)堰顶的水平度允许偏差≤±2 mm;

(2)堰顶的高程允许偏差≤±5 mm;

(3)堰顶外形尺寸应符合设计要求,堰口应平直、光洁、密实。

2)表冲孔的内径

表冲孔的内径应符合设计要求,所埋入的表冲管或预留孔应水平放置,且垂直于配水槽进水方向。埋入的表冲管不应使用普通铁管,应使用 UPVC(硬质聚氯乙烯塑料)管或耐腐蚀的其他管材。

3)滤板的制作与安装

滤板预制允许偏差要求:平面尺寸≤±2 mm;板厚允许偏差为 −2～+3 mm;板对角≤±5 mm;滤头孔中心位置≤±3 mm;平整度≤2 mm。

滤板安装的允许偏差要求:高程≤5 mm;平整度(3 m 直尺)≤3 mm;板间错台≤2 mm;滤板下锚栓位置≤±5 mm。

滤板锚栓、螺母、垫板用料应符合设计要求,并能承受气水反冲时的荷载。

滤板板缝应严密不透气。

2. 施工程序

为使 V 形滤池的 V 形布水槽、排水槽和配水、配气孔等部位的施工精度达到设计要求,应将上述施工困难、精度要求高的部位与滤池池体分开施工。即先期完成滤池主体,再完成池内个别池槽。V 形滤池结构见图 5-9,施工程序图见图 5-10。

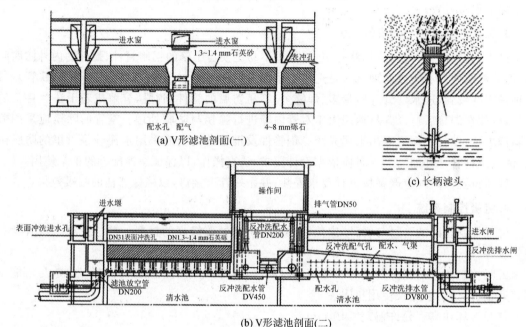

(a) V 形滤池剖面(一)

(c) 长柄滤头

(b) V 形滤池剖面(二)

图 5-9　V 形滤池结构图

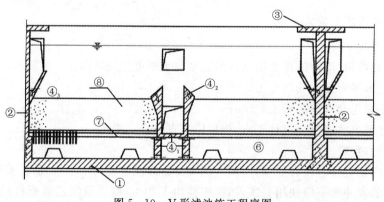

图 5-10　V 形滤池施工程序图

V 形滤池的施工顺序如下:

①池底板→②侧墙及隔墙(与沟、槽有连接的部位在侧墙、隔墙上预留插筋,浇二期混凝土)→③池顶平台→④V 形槽、排水、进水沟等二期钢筋混凝土(将根据情况,分 2～3 次浇筑)→⑤滤池上部结构整修及清理→⑥安装滤板下支撑梁→⑦安装滤板、填板缝、滤头→⑧滤料铺装(试运行,反冲洗后刮砂)。

3. 施工要点

1）测量放线

根据设计总平面图的要求，引测滤池四角桩，并施放各部位的主轴线和设定临时水准点（不少于两座）。轴线和水准点经校测无误后，加设拴桩和保护围栏并标明轴线号。

滤池外池壁及中隔墙的轴线桩、拴桩均采用经纬仪测定。以后每层（底板、池壁、顶板）均从拴桩用经纬仪引测放线。

有高程要求的各部位的模板及混凝土顶面均用水准仪测高控制。

2）池体钢筋混凝土及 V 形槽施工

池底板及池壁轴线及断面尺寸，按测量放线位置严格控制。模板支搭后要逐条轴线检查验收，符合允许偏差的要求后，方可浇筑混凝土。

池壁模板一次支齐，混凝土浇到走道板以下 200～400 mm，施工缝处理后，再浇走道板混凝土。V 形槽、排水槽在池壁内预埋水平筋，待池壁拆模、施工缝凿毛后再继续施工。

V 形槽分两次浇筑完成，第一次浇到表冲管底面；第二次浇至 V 形槽顶面。

V 形槽采用特制钢模。钢模上留有表冲管的孔洞，钢模下端设可进行微调高程的支撑，以便控制表冲管和堰口的高程。

V 形槽底面高程即表冲管的底面高程，控制好 V 形槽底面混凝土的高程（≤±2 mm），即决定了表冲管的底面高程。因此，在浇筑混凝土前，要对模板顶进行高程校测。在浇筑到与表面接近时，更要控制其表面高程和平整度，以保证表冲管的精确。

表冲孔可一次埋设就位，也可分次安装就位。一次埋设就位即用硬质聚氯乙烯塑料管（与设计要求的管径相同）作为工具式埋管，预先按高程安放在模板预留孔内，待混凝土浇完后 3～6 h，用手轻轻转动，取出工具管，只留孔不埋管。

分次安装表冲管的方法是用大于设计管径的硬质塑料管作为工具管，在混凝土中预留孔洞。在拆除工具管后按设计高程，重新安装固定表冲管。

3）滤板的制作与安装

滤板模板采用钢制专用模板。特制钢制专用模板的底板按设计位置，设置专门加工的滤头锁母螺栓和固定螺母，在预制时将滤头锁母固定浇筑在滤板混凝土内。待滤板混凝土强度达到 30% 时，将螺栓拧出。

滤板混凝土采用低流动性混凝土，用附着式振动横梁振捣。振捣后用平尺仔细整平表面后压实。在压实整平中，使滤头锁母的螺栓头部露出表面。

滤板内钢筋位置要用砂浆垫块绑扎固定。浇筑后的滤板混凝土应按时养护，养护时间不少于 14 d。

滤板安装前，应逐件检查板的平面尺寸与板厚，检查池内清理情况，检查放线位置及高程控制线。

安装时逐件按弹线位置，按允许偏差要求安装。为使滤板高程偏差不超过±5 mm、平整度不超过 3 mm 的要求，用细丝线或 3 m 长平尺及塞尺检查测量。

吊装滤板时，为保护混凝土棱角，所用吊索要加橡胶套管或专用夹具。吊索与夹具要安全可靠，有防脱落辅助吊索。

滤板下水泥砂浆找平层，应随安装随填实、勾平、清理。

滤板立缝填料前，应用吸尘器清理干净、干燥，按设计指定的填料与方法施工。当采用密封胶填缝时,板缝应用压缩空气和热风吹风机烘干。所填密封胶也应用热风机加热,以保证密封胶与板缝的粘接牢固。

4)滤头安装

滤头安装前应再一次清理滤板表面和板下空间。

滤头及滤柄要逐件按技术标准要求检查。安装时用专用扳手,专人逐个紧固,做到不松动、无裂缝、滤头完整。安装后用手逐件检查验收。

5)滤板、滤头的保护

坚持先上后下的施工程序。在滤池上部四周加围护栏杆和护网、捎脚板,以防杂物坠落。认真做好现场技术与安全交底,严禁由上向下投扔工具和材料。

5.5.5 移动冲洗罩滤池

1. 土建施工要点

(1)平面尺寸要求准确,整体平整度要求偏差小,抗渗要求高,并要求池底板、壁板连续施工。

(2)特别要保证池壁内侧垂直度。

(3)分格隔板 T 形顶面的平整度是保证罩体密封的关键。分格隔板可采用现场预制,在两端留设钢筋头,拼装时二次灌浆。隔板施工完成后,进行顶面的抹面找平,全池隔板 T 形顶面的平整度偏差不大于 5 mm。

(4)池顶与分格隔板 T 形顶面互相平行,可采取以钢轨顶面为基准。

(5)滤池浇筑后,要测量滤池四角的标高,并以此来调整轨道标高及 T 形顶面的高程。

2. 钢轨铺设及驱动装置安装的技术要求

冲洗罩移动用钢轨铺设、驱动装置安装的技术要求见施工手册。

5.6 消 化 池

5.6.1 消化池分类及施工要求

消化池按池体形状可分为圆柱形和椭圆形两种,圆柱形消化池又可分为浮动盖式和固定盖式两种,其分类及结构特点见表 5-24。

表 5-24 消化池分类及结构特点

项目	形式	功能	池顶结构特点	池体结构特点
圆柱形	浮动盖式	厌氧消化处理兼做储气罐	一般用金属材料制作,根据沼气储量上下浮动,自动调节池内压力	一般采用钢筋混凝土结构,其气室部分应不漏气,需敷设耐腐蚀的涂料或衬里,池体应有保温措施,位于地下水位下的池底,宜采用隔水层
椭圆形	固定盖式	厌氧消化处理	常为弧形穹顶,或为截圆锥形。池顶中部装集气罩	

基于消化池的工艺原理,消化池底板施工注意事项包括:①在岩石地基上浇筑混凝土底板之前,应检查基石有无断裂层,如发现有断裂层,应采取压力灌浆将裂缝灌满。②在软土地基上浇筑混凝土底板之前,应铺设一层砂垫层或天然级配的砾砂层,加固软土地基。③底板混凝土一般宜用不低于 C20 的密实混凝土浇筑。

消化池池壁施工要点包括:①池壁与池底交结处宜一次连续浇筑施工。消化池气室内壁应做防腐衬里,其下沿应深入到最低泥位 0.5 m 以下。预埋管件应采用铸铁管件且均应采用耐腐蚀螺栓。②固定盖池顶,无论是弧形穹顶,还是伞盖形式,均应与池壁整体浇筑。③浮动式池顶宜采用钢结构,钢制顶盖应严密不漏气,顶盖放在池壁密封水槽里应能上下自由活动,无障碍。试运行时,应在密封水槽内注水,以封密池盖与池壁的连接,使池内不漏气。

消化池必须进行满水试验和气密性试验。消化池经满水试验合格后进行气密性试验。气密性试验压力宜为消化池工作压力的 1.5 倍;24 h 的气压降不超过试验压力的 20%。

5.6.2 圆柱形消化池施工

1. 池体混凝土施工

圆柱形消化池的池体大、池壁高,多采用整体现浇施工。支模方法包括满堂支模法和滑升模板法,前者模板与支架用量大,后者宜在池壁高度≥15 m 时采用。

为了防止施工接缝处理不当而漏水,底板要求连续浇成整体,不设置施工缝。池壁(包括上环梁)也要求连续浇筑混凝土,不宜设置施工缝。底板与池壁之间、池壁与顶板之间的施工缝内,加设环形镀锌铁皮止水带,带厚 4 mm、宽 30 mm。池顶混凝土连续浇筑,不设置施工缝。

2. 池体预应力施工

大型污泥消化池的池壁,均施加了后张预应力。当污水水位较高、液面波及顶盖、造成顶盖局部受拉时还在顶盖受拉区施加了后张无黏结预应力。

常用的后张预应力工艺有绕丝预应力、有黏结预应力、无黏结预应力等。要根据消化池的内径大小、水位高低,考虑设计、施工、材料、锚具供应等因素综合选定。

5.6.3 卵形消化池施工要点

卵形消化池池体表面呈椭圆形球面形状,模板支设比较复杂,增加了施工难度,一般采用的施工方案如下:

(1)池体地面以下部分,直接利用毛石护坡作外模。

(2)池体以上外模及全部内模,均以现场现有的定型组合钢模板和焊接脚手钢管为主,另根据池体三维变曲面的要求,特制部分异形钢模板及配件、连接件。模板的内外楞采用弧形钢管按一定曲率弯制而成。

(3)模板按施工段的分段支设。在池体最大直径处以下先安内模、后安外模;以上先安外模、后安内模。模板首先依托在钢筋骨架上,然后通过对拉螺栓(或钩头螺栓)、扣件与支撑系统连成一体。支撑系统的各杆件随内外模板安装同步搭设。搭设时,径向杆对准池体圆心,竖向杆保持竖直。

在模板安装初步就位后,进行标高和半径的检测。微量偏差通过在骨架径向横杆上设置的微调螺栓进行调整。

5.6.4 消化池施工质量控制要点

1. 池壁

消化池施工过程中池壁倒模模板安装、池壁钢筋安装、池壁混凝土浇筑、消化池池顶钢筋安装、允许偏差详见施工手册。

消化池池壁预埋件不得漏缺、碰撞、错台,应安装牢固,管口封闭不渗水。

2. 梁及池顶

消化池池顶模板安装支撑必须牢固,在施工荷载作用下,不得有松动、跑模、下沉等现象,模板拼装必须严密,不得漏浆,模内必须洁净。消化池梁、顶板混凝土浇筑允许偏差详见施工手册。

3. 砌筑结构消化池

砖砌结构消化池,砌体砂浆必须密实饱满,水平灰缝的砂浆饱满度不得低于80%。组砌方法应正确,不得有通缝,转角处和交接处的斜槎应通顺、密实,直缝应加拉接筋。清水墙应清洁美观,勾缝密实,深浅一致,横竖缝交接处应平整。

4. 消化池水泵安装

消化池水泵安装时,底脚螺栓必须埋设牢固,丝扣露出部分不得锈蚀。泵座与基座应接触严密,多台水泵并列时各种高程必须符合设计规定,水泵轴不得有弯曲,电动机应与水泵轴向相符。

5. 消化池管道安装

消化池穿墙套管密封,密封口必须严密,表面要平整光滑。填料配合比要准确。穿墙套管密封及消化池铸铁管及管件安装允许偏差参见施工手册。

消化池的气密性试验详见《给水排水构筑物工程施工及验收规范(GB 50141)》。

5.7 水处理构筑物施工的通用性要求

5.7.1 施工方案的编制

水处理构筑物施工编制施工方案时,应根据设计要求和工程实际情况,综合考虑各单体构筑物施工方法和技术措施,合理安排施工顺序,确保各单体构筑物之间的衔接、联系满足设计工艺要求;应做好各单体构筑物不同施工工况条件下的沉降观测;涉及设备安装的预埋件、预留孔洞以及设备基础等有关结构施工,在隐蔽前安装单位应参与复核;设备安装前还应进行交接验收;水处理构筑物底板位于地下水位以下时,应进行抗浮稳定验算;当不能满足要求时,必须采取抗浮措施;满足其相应的工艺设计、运行功能、设备安装的要求。

5.7.2 功能性试验

水处理构筑物的满水试验之前应编制试验方案,并确认:①混凝土或砌筑砂浆强度已达到要求;②与所试验构筑物连接的已建管道、构筑物的强度符合设计要求。

对于混凝土结构,试验应在防水层、防腐层施工前进行;对于装配式预应力混凝土结构,试验应在保护层喷涂前进行。针对砌体结构:①设有防水层时,试验应在防水层施水后;②不设防水层时,试验应在勾缝以后。

与构筑物连接的管道、相邻构筑物,应采取相应的防差异沉降的措施。有伸缩补偿装置的,应保持松弛、自由状态。在试验的同时应进行构筑物的外观检查,并对构筑物及连接管道进行沉降监测。

满水试验合格后,应及时按规定进行池壁外和池顶的回填土方等项施工。

水处理构筑物施工完毕必须进行满水试验。消化池满水试验合格后,还应进行气密性试验。

5.7.3　防水、防腐及保温

水处理构筑物的防水、防腐、保温层均按设计要求进行施工,施工前应进行基层表面处理。构筑物的防水、防腐蚀施工应按现行国家标准《地下工程防水技术规范》(GB 50108)、《建筑防腐蚀工程施工及验收规范》(GB 00212)等相关规定执行。

普通水泥砂浆、掺外加剂水泥砂浆的防水层施工,宜采用普通硅酸盐水泥、膨胀水泥或矿渣硅酸盐水泥和质地坚硬、级配良好的中砂,砂的含泥量不得超过1%;施工过程中应确保基层表面清洁、平整、坚实、粗糙;施作水泥砂浆防水层前,基层表面应充分湿润,但不得有积水;水泥砂浆的稠度宜控制在70~80 mm。采用机械喷涂时,水泥砂浆的稠度应经试配确定。掺外加剂的水泥砂浆防水层厚度应符合设计要求,但不宜小于20 mm。多层做法刚性防水层应连续操作,不留施工缝;必须留施工缝时,应留成阶梯茬,按层次顺序,层层搭接;接茬部位距阴阳角的距离不应小于200 mm;水泥砂浆应随拌随用;防水层的阴、阳角应为圆弧形。

水泥砂浆防水层的操作环境温度不应低于5 ℃,基层表面应保持0 ℃以上;水泥砂浆防水层宜在凝结后覆盖并洒水养护14 d;冬期应采取防冻措施。

管道穿过水处理构筑物墙体时,穿墙部位施工应符合设计要求,设计无要求时可预埋防水套管,防水套管的直径应至少比管道直径大50 mm。待管道穿过防水套管后,套管与管道空隙应进行防水处理。

5.7.4　施工过程中管道保护

位于构筑物基坑施工影响范围内的管道施工,应在沟槽回填前进行隐蔽验收,合格后方可进行回填施工。位于基坑中或受基坑施工影响的管道,管道下方的填土或松土必须按设计要求进行夯实,必要时应按设计要求进行地基处理或提高管道结构强度。位于构筑物底板下的管道,沟槽回填应按设计要求进行,回填处理材料可采用灰土、级配砂石或混凝土等。

第6章　室外地下管道开槽施工

在给水排水工程中,地下管道铺设方法大致可分为两种情况,即开槽铺设和非开槽铺设。开槽施工方法简单,但土方开挖和回填工作量大,施工条件复杂,常受到现场条件、水文、地质和气候等因素的影响。另外,其施工占地面积大,必须拆除地面和浅埋地下障碍物。非开槽施工方法复杂,但土方开挖和回填工作量比开槽施工减少很多,能消除冬季和雨季对开槽施工的影响,施工占地面积和开槽施工相比减少很多,且不必拆除地面障碍物,一般也不必拆除浅埋地下障碍物,不会影响地面交通,也不会因管道埋设较深而增加开挖土方量,工程立体交叉施工时,不会影响上部工程施工,常见的方法有顶管施工法和盾构施工法等。

开槽施工一般包括以下工序:

(1)沟槽施工,包括沟槽定位和开挖,槽壁支撑,排水以及管道基础处理等作业项目。当道路已建路面时,还包括路面开挖。

(2)下管和稳管,下管是把管子从地面移放到沟槽内,稳管是将管子按设计要求标高和平面位置稳定在管道基础上。稳管的质量与速度是施工中的重要环节。

(3)管段接口,即是把互不相连的管子连接起来,保证严密不漏水且具有一定的强度。

(4)砌筑检查井,包括砌筑检查井和跌水井等管渠系统上的附属构筑物。

(5)质量检查,包括外观检查、断面检查(中心线的平面位置和高程)和渗漏试验。

(6)沟槽回填和收尾工作,包括土方回填、分层夯实、场地清理和绘制竣工图等。

6.1　管道敷设

6.1.1　管道基础

管道基础用于承受管子自重、管内液体重、管上土压力和地面荷载,防止管底仅支持在几个点上而引起整个管段下沉,造成管道的破裂。管道基础由地基、基础及管座三部分组成,地基是指承受管子自重、管内液体重、管上土压力和地面上荷载的土壤,基础是指管子与地基间经人工处理的部分,由于有时地基的强度比管道材料的强度要小,不能直接承载上面的压力,基础的作用就是把压力均匀地传递给地基。管座是呈圆弧形紧贴管子下侧的部分,能使压力均匀分布,使整个基础与管子连成一个整体,增加管道强度。管座施工宜在管子接口渗漏实验合格后再做,以免管座内部的接口质量不好,无法检修。

管道基础的设置应根据土壤和地下水情况、管材、管径和管道埋深、地面荷载以及管道接口性质等决定。管道基础按材料分为天然土基、砂基、混凝土基和钢筋混凝土基及其他特殊处理的基础。当土壤强度足够大,而且地下水位较低时,管道基础可以不做任何处理,直接在整平的和完全未扰动的天然地基上安装,如地基原土为湿陷性黄土和杂填土时,可以采用素土垫层来加固地基,即先挖去基础下的部分土层或全部软土层,然后进行素土分层回填和夯实。当槽底有地下水或槽底土壤为含水量较大的黏性土时,采用砂和砂石垫层来加固地基。在岩石或半岩石地基处,需铺垫厚度为 100 mm 以上的中砂或粗砂作为基础,再在上面埋管;在土壤松软、土壤特别松软的流砂和沼泽地区,应做混凝土基础。

当在粉砂、细砂地层中或天然淤泥层土壤中埋管,同时地下水位又高至影响槽底土壤时,应在埋管时排水、降低地下水位或选择地下水位较低的季节施工,以防止发生流砂,此时需进行管道地基加固,然后再进行管道基础处理。管道地基土壤可以采用砂桩法、换土法或填块石法来进行加固。

6.1.2 下管、排管与稳管

1. 下管

下管应以施工安全、操作方便、经济合理为原则,考虑管径、管长、管道接口形式、沟深等条件选择下管方法。在混凝土基础上下管时,混凝土强度必须达到设计强度的 50%。

目前,由于人工成本和施工安全的考虑,下管多采用起重机、吊车或现场挖掘机等机械施工的方式。采用机械下管时,根据沟深、土质等定出机具距边沟的距离、管材堆放位置、机具往返线路等。一般情况下多采用轮胎式起重机具下管,土质松软地段宜采用履带式起重机具下管。

2. 排管

1)排管方向

对承插接口的管道,一般情况下宜使承口迎着水流方向排列,这样可以减少水流对接口填料的冲刷,避免接口漏水。在斜坡地区铺管,以承口朝上坡为宜。但在实际工程中,考虑到施工的方便,在局部地段,有时亦可采用承口顺着水流方向排列的方法,以满足管道安装时后背支设的要求。

2)管道自弯借转

在管道施工中,当遇到地形起伏变化较大、新旧管道接通或跨越其他地下设施等情况时,经常需要管道微量偏转和弧形安装。相邻管道微量偏转的角度称为借转角。借转角的大小主要关系到接口的严密性,对于刚性接口,一方面要求承插口最小缝隙比标准缝宽的减小数不大于 5 mm,否则填料难以操作,另一方面借转时填料及嵌缝总深度不宜小于承口总深度的 5/6。柔性接口借转时,一方面插口凸台处间隙不小于 1 mm,另一方面在借转时,胶圈的压缩比不小于原值的 95%,否则借口的柔性将受到影响,使胶圈容易被冲脱。

一般情况下,可采用 90°弯头、45°弯头、22½°弯头、11¼°弯头进行管道转弯,如果弯曲角度小于 11°时,则可采用管道自弯借转作业。管道允许转角和借距见表 6-1。

管道自弯借转作业分水平自弯借转、垂直自弯借转以及任意方向的自弯借转。

表 6-1 沿曲线安装接口的允许转角和借距

接口种类	管径 DN /mm	允许转角 /°	允许借距/mm			
			管长 3 m	管长 4 m	管长 5 m	管长 6 m
刚性接口	75～450	2		140	175	209
	500～1200	1		70	87	105

接口种类	管径 DN /mm	允许转角 /°	允许借距/mm			
			管长 3 m	管长 4 m	管长 5 m	管长 6 m
滑入式 T 形、梯唇形橡胶圈接口及柔性机械式接口	75～600	3		209	262	314
	700～800	2		140	175	209
	≥900	1		70	87	105
预应力钢筋混凝土管	400～700	1.5			131	
	800～1400	1.0			87	
	1600～1700	0.5			44	
	1800～3000	0.5	35			

3. 稳管

稳管是指将管子按照设计高程和平面位置稳定在地基或基础上。对距离较长的重力流管道工程,一般由下游向上游进行施工,以便使已安装的管道先期投入使用,同时也有利于地下水的排除。

稳管时,首先应将管道放置在沟槽的中心,允许偏差不得大于 100 mm,管下不得出现悬空,以防管道承受附加应力。管道位置控制主要包括管道轴线位置控制和管道高程控制,为此,需要设置坡度板。

1)设置坡度板及测设中线钉

管道施工中坡度板一般选用有一定刚度且不易变形的材料,常用 50 mm 厚木板跨槽设置,长度根据沟槽上口宽确定,一般跨槽每边不小于 500 mm,埋设必须牢固。坡度板间隔一般为 10～20 m,变坡点、管道转向及检查井处必须设置坡度板,并编以板号。单层槽坡度板设置在槽上口跨地面,坡度板距槽底不超过 3 m 为宜,多层槽坡度板设在下层槽上口跨槽台,距槽底也不宜大于 3 m。

根据中线控制桩,用经纬仪把管道中心线投测到坡度板上,用小钉做标记,称作中线钉,以控制管道中心的平面位置。

2)测设坡度钉

为了控制沟槽的开挖深度和管道的设计高程,还需要在坡度板上测设设计坡度。为此,在坡度横板上设一坡度立板,一侧对齐中线,在竖面上测设一条高程线,其高程与管底设计高程相差一整分米数,称为下反数。在该高程线上横向钉一小钉,称为坡度钉,以控制沟底挖土深度和管子的埋设深度。

例如:用水准仪测得桩号为 0+100 处的坡度板中线处的板顶高程为 36.183 m,管底的设计高程为 33.790 m,从坡度板顶向下量 2.393 m,即为管底高程。为了使下反数为一整分米数,坡度立板上的坡度钉应高于坡度板顶 0.007 m,使其高程为 36.190 m。这样,由坡度钉向下量 2.4 m,即为设计的管底高程。

3)管道轴线位置控制

管道轴线位置控制即对中,目的是保证管道中心线与设计中心线在同一平面上。在排水管道中对中偏差要求在 ±15 mm 范围内,如果中心线偏离较大,则应调整管子,直至符合要求为止。对给水压力管道而言,中心的精度可差一些。管道轴线位置控制常用的方法有中心线

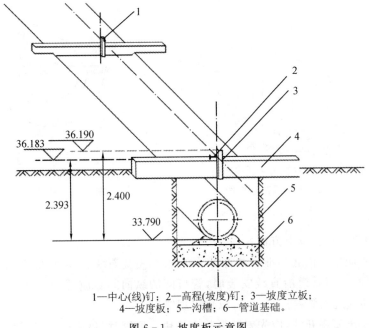

1—中心(线)钉；2—高程(坡度)钉；3—坡度立板；
4—坡度板；5—沟槽；6—管道基础。

图6-1 坡度板示意图

法和边线法。

(1)中心线法：即通过预埋的坡度板进行找中的方法。该法精确度较高，因而施工中应用较广。首先在拟稳管中放一带有管子中心刻度的水平尺，然后在连接两块坡度板的中心钉之间的中心线上挂一垂球，当垂球的尖端或垂线对准或穿过水平尺的中心刻度，表示管子已经对中，否则，没有对中，需调整，如图6-2所示。如果垂线在水平尺中心刻度的左边时，表明管子偏右，否则，偏左。

(2)边线法：即在管子同一侧钉一排边桩，边桩高度接近管中心处。在每个边桩上钉一小钉，使所有小钉位置距离管道轴线的水平距离相同或稍大于管径。稳管时，将边桩上的小钉挂线连接起来，形成边线，使管外皮与边线保持同一距离，此时管道处于中心位置，如图6-3所示。如果有坡度板，可将边线设在坡度板上，即将坡度板上的定位钉钉在距离管道外皮一定距离的垂直面上。

4)管道高程控制

首先在坡度板上钉上高程钉，相邻两高程钉之间的连线即为管底坡度的平行线，即坡度线。坡度线上任意一点到管内底的垂直距离相等。进行高程调整时，一般是使用一个带有标记的丁字形坡度尺，即尺上刻有坡度线与管底之间的距离，称为对高读数。将此坡度尺(或称为高程尺)垂直放在管内底中心位置，调整管子高程，当坡度尺上的刻度与坡度线重合时，表明管内底高程正确，否则应予以调整。

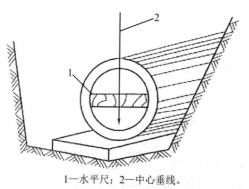

1—水平尺；2—中心垂线。

图 6-2　中心线法示意图

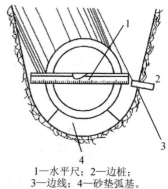

1—水平尺；2—边桩；
3—边线；4—砂垫弧基。

图 6-3　边线法示意图

5）稳管施工要求

稳管施工的要求包括以下方面：

（1）稳管高程应以管内底为准。调整管子高程时，所垫石块、土层均应稳固牢靠。

（2）为便于勾缝，当管道沿直线安装时，管口间的纵向间隙应符合表 6-2 的要求。对于 DN＞800 mm，还须进入管内检查对口，以免出现错口。

（3）采用混凝土管座开寸，应先安装混凝土垫块。稳管时，垫块须设置平稳，高程满足设计要求，在管子两侧应立保险杠，以防管子由垫块上掉下伤人。稳管后应及时浇筑混凝土。

（4）稳管作业应达到平、直、稳、实的要求。

表 6-2　管口间的纵向间隙（mm）

管材种类	接口类型	管径	纵向间隙
混凝土管 钢筋混凝土管	平口、企口	＜600	1.0～5.0
	承插式甲型口	≥700	7.0～15
	承插式乙型口	500～600	3.5～5.0
		300～1500	5.0～15
陶管	承插式接口	＜300	3.0～5.0
		400～500	5.0～7.0
化学建材管	承插式接口	≥300	10.0

6.2　室外给水管道施工

给水管道一般应尽量敷设在地下，只有在基岩露出或覆盖层很浅的地区，水管才可考虑埋在地面上或浅沟敷设，此时应有防冻和其他安全措施。给水管道埋设时，对管顶、管底和转弯处等，都有一定的要求，以保证工作安全可靠。非冰冻地区管道的管顶埋深，主要由外部荷载、管材强度、管道交叉以及土壤地基等因素决定，金属管道的覆土深度（即管顶埋深）一般不小于 0.7 m，非金属管的覆土深度应不小于 1.0～1.2 m，以免受到动荷载的作用而影响其强度。

给水管道的安装有铸铁管、钢管、预应力混凝土管、塑料管、复合管和玻璃钢管等几种。

6.2.1 管材及管道接口

1. 铸铁管及其接口

1）管材性能和规格

铸铁管具有抗腐蚀性能好、锈蚀缓慢、价格较钢管便宜等优点,在给排水工程中使用最为普遍。铸铁管通常用于工作压力不超过 1 MPa 的输水管道,一般分低压管(小于 0.45 MPa)、普压管(0.45~0.75 MPa)和高压管(0.75~1 MPa)三种。

铸铁管根据铸造方法的不同可分为连续铸铁管和离心铸铁管,目前常用的球墨铸铁管在制备过程中通过加入球化剂和墨化剂,使炭析出并呈游离状态的片状石墨球化,从而使管道具有强度大、韧性好、管壁薄、金属用量小,且能承受较高的压力等优点。

2）接口间隙、转角和借距

将管子铺到平基上后,按照设计的要求排管,管道之间留出接口间隙。铸铁管承插口对口纵向的最大间隙,应根据管径、管口填充材料等确定,一般不得小于 3 mm,最大间隙不得大于表 6-3 的要求。

表 6-3 铸铁管对口纵向最大间隙(mm)

管径	沿直线铺设时	沿曲线铺设时
75	4	5
100~250	5	7
300~500	6	10
600~700	7	12
800~900	8	15
1000~1200	9	17

沿直线铺设的承插铸铁管环向间隙应均匀,环向间隙及其间隙的允许偏差见表 6-4。

表 6-4 承插接口环向间隙及允许偏差(mm)

管径	环向间隙	允许偏差
75~200	10	+3,-2
250~450	11	+4,-2
500~900	12	+4,-2
1000~1200	13	

管道沿曲线安装时,管径在 75~600 mm、700~800 mm、≥900 mm 范围管道接口的允许转角分别为 3°、2°和 1°。

3）铸铁管接口

城市给水管网使用的铸铁管的接口多为承插式,接口方式分为刚性接口和柔性接口。刚性接口一般由嵌缝材料和密封填料组成,如图 6-4 所示。嵌缝的主要作用是使承插口缝隙均匀,增加接口的黏着力,保证密封填料击打密实,而且能防止填料掉入管内。可作为嵌缝的材料有油麻、橡胶圈、粗麻绳和石棉绳等,给水铸铁管常用油麻和橡胶圈。刚性接口根据密封材料一般可分为石棉水泥接口、铅接口和膨胀水泥砂浆接口,而刚性接口的嵌缝材料一般采用油麻。由橡胶圈作嵌缝材料同刚性填料组成的接口形式称为半柔性接口。

油麻嵌缝材料只在接口初期能起到嵌缝作用,使用数年,当油麻腐烂后这种作用即消失。

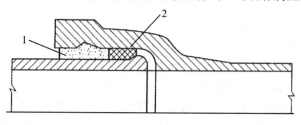

1—密封材料;2—嵌缝材料。

图 6-4 接口形式

(1)承插式铸铁管刚性接口。

① 麻及其填塞。麻是广泛采用的一种嵌缝材料,以麻辫形状塞进承口与插口间环向间隙。麻辫的直径约为缝隙宽的 1.5 倍,其长度较管口周长长 5～10 cm,超长部分作为麻辫圈的接口搭接,用錾子填打紧密。填塞深度约占承口总深度的 1/3,距承口水线里缘 5 mm 为宜。

② 橡胶圈及其填塞。橡胶圈富有弹性,具有足够的水密性,当接口产生一定量相对轴向位移和角位移时可以避免渗水。采用橡胶圈的半柔性接口,常用在重要管线铺设或土质较差或地震烈度 6～8 度以下地区。

橡胶圈外观应粗细均匀,椭圆度在允许范围内,质地柔软,无气泡,无裂缝,无重皮,接头平整牢固,胶圈内环径一般为插口外径的 0.85～0.90 倍。

橡胶圈作嵌缝填料时,其敛缝填料一般为石棉水泥或膨胀水泥砂浆。

③ 石棉水泥接口。石棉水泥是一种使用较广的敛缝填料,有较高的抗压强度,石棉纤维对水泥颗粒有较强的吸附能力,水泥中掺入石棉纤维可提高接口材料的抗拉强度。水泥在硬化过程中收缩,石棉纤维可阻止其收缩,提高接口材料与管壁的黏着力和接口的水密性。

石棉水泥接口的抗压强度甚高,接口材料成本降低,材料来源广泛。但其承受弯曲应力或冲击应力性能很差,且存在接口劳动强度大、养护时间较长的缺点。另外,由于石棉纤维具有的潜在水质污染问题,这种接口形式目前在给水管道施工中已经淘汰。

④ 膨胀水泥砂浆接口。膨胀水泥在水化过程中体积膨胀,增加其与管壁的黏着力,提高了水密性,而且产生密封性微气泡,提高接口抗渗性能。

膨胀水泥由为强度组分的硅酸盐水泥和作为膨胀剂的矾土水泥及二水石膏组成。按一定比例用作接口的膨胀水泥其水化膨胀率不宜超过 150%,接口填料的线膨胀系数控制在 1%～2%,以免胀裂管口。

膨胀水泥水化过程中硫酸铝钙的结晶需要大量的水,因此,其接口应采用湿养护,养护时间为 12～24 h。

(2)承插式柔性接口。上述几种承插式刚性接口,抗应变能力差,受外力作用容易产生填料碎裂与管内水外渗等事故,尤其在软弱地基地带和强震区,接口破碎率高。为此,可采用以下柔性接口。

① 滑入式(T型)柔性接口

滑入式(T型)柔性接口目前广泛应用于 DN 1000 mm 以下的球墨铸铁管,具有结构简单、安装方便、密封性较好等特点。在承口结构上考虑了橡胶圈的定位和偏转角问题,因此这种接口能适应一定的基础变形,具有一定的抗震能力,同时利用其偏转角实现管线长距离的转向。T型接口的缺点在于防止管道滑脱的能力较低,因为接口不能承受轴向力,因此在管线的拐弯处要设置抵抗轴向力的基墩。

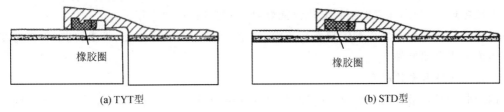

| (a) TYT型 | (b) STD型 |

图 6-5　滑入式(T型)接口

T型接口是利用橡胶圈的自密封作用来保持水密性。所谓自密封作用,就是橡胶圈受到流体压力作用时,橡胶圈上实际形成的接触压力等于安装时预先压缩所产生的接触压力与流体压力作用在橡胶圈上新增接触压力之和。由于接触压力比流体压力大,所以接口具有良好的密封作用。由于 T型接口是靠橡胶圈与承口、插口接触压力产生对流体的密封,因此对承口和插口及胶圈的尺寸偏差做出了严格的规定,以保证密封可靠。一般在承插口内胶圈的压缩比要达到 25%～40%。

T型接口习惯分为滑入式 TYT 型和滑入式 STD 型两种,如图 6-5 所示。我国通常把 DN 1200 mm 以下的铸管采取滑入式 TYT 型接口,DN 1400 mm 以上的铸管采用滑入式 STD 型接口。两种产品的承口尺寸不同。

② 机械式(K型)柔性接口。机械式(K型)柔性接口多用于 DN 1000 mm 以上管道,接口如图 6-6 所示。

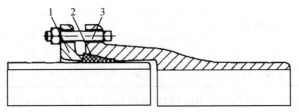

1—压兰；2—橡胶圈；3—螺栓及螺母。

图 6-6　机械式(K型)柔性接口

机械式(K型)柔性接口与滑入式(T型)柔性接口的不同之处在于,前者是靠压兰的作用使胶圈产生接触压力形成密封,而后者是靠承口、插口的尺寸使胶圈压缩产生接触压力形成密封。K型接口除具有结构简单、安装方便、密封性较好等特点外,由于采用压兰、螺栓压紧装置,因此对管道的维护检修很方便,可通过紧固螺栓或拆下压兰更换胶圈的方法来消除管道接口处的渗漏。

2. 预(自)应力钢筋混凝土管及其接口

1)管材性能与规格

预应力钢筋混凝土管是将钢筋混凝土管内的钢筋预先施加纵向与环向应力后制成的双向

预应力钢筋混凝土管,它具有良好的抗裂性能,其耐土壤电流侵蚀的性能远较金属管好。

自应力钢筋混凝土管是借膨胀水泥在养护过程中发生膨胀,张拉钢筋,而混凝土则因钢筋所给予的张拉反作用力而产生压应力,也能承受管内水压,在使用上具有与预应力钢筋混凝土管相同的优点。此外,还有带钢筒的和聚合物衬里的钢筋混凝土压力管。

上述几种钢筋混凝土压力管的接口形式多采用承插式橡胶圈接口,其胶圈断面多为圆形,能承受 1 MPa 的内压力及一定量的沉陷、错口和弯折;抗震性能良好,在地震烈度 10 度左右接口无破坏现象;胶圈埋置地下耐老化性能好,使用期可长达数十年。

承插式钢筋混凝土压力管的缺点是质脆、体重,运输与安装不方便,管道转向、分支与变径目前还须采用金属配件。

2)接口间隙和允许转角

钢筋混凝土管沿直线安装时,管口间的纵向间隙应符合设计及产品标准要求,无明确要求时应符合表 6-5 的规定。

表 6-5 钢筋混凝土管管口间的纵向间隙

管材种类	接口类型	管内径/mm	纵向间隙/mm
钢筋混凝土管	平口、企口	500~600	1.0~5.0
	承插式乙型口	≥700	7.0~15
		600~3000	5.0~1.5

预(自)应力混凝土管沿曲线安装时,管口间的纵向间隙最小处不得小于 5 mm,接口转角应符合表 6-6 的规定。

表 6-6 预(自)应力混凝土管沿曲线安装接口的允许转角

管材种类	管内径/mm	允许转角
预应力混凝土管	500~700	1.5°
	800~1400	1.0°
	1600~3000	0.5°
自应力混凝土管	500~800	1.5°

预应力钢筒混凝土管沿直线安装时,插口端面与承口底部的轴向间距应大于 5 mm,且不大于表 6-7 规定的数值。管道需曲线铺设时,接口的最大允许偏转角应符合设计要求,设计无要求时应不大于表 6-8 规定的数值。

表 6-7 预应力钢筒混凝土管管口间的最大轴向间隙

管内径/mm	内衬式管(衬筒管)		埋置式管(埋筒管)	
	单胶圈/mm	双胶圈/mm	单胶圈/mm	双胶圈/mm
600~1400	15	—	—	—
1200~1400	—	25	—	—
1200~4000	—	—	25	25

表6-8　预应力钢筒混凝土管沿曲线安装接口的允许偏转角

管材种类	管内径/mm	允许平面转角
预应力钢筒混凝土管	600～1000	1.5°
	1200～2000	1.0°
	2200～4000	0.5°

3)管道安装

承插式钢筋混凝土压力管是靠挤压在环向间隙内的橡胶圈来密封,为了使胶圈能均匀而紧密地达到工作位置,必须采用具有产生推力或拉力的安装工具进行管道安装。

图6-7是采用拉杆千斤顶法安装管道的示意图,拉杆千斤顶法的操作程序如下:

(1)预先在横跨于已安好一节管子的管沟两侧安置一截横木作为锚点,横木上装一钢丝绳扣,钢丝绳扣套入一根钢筋拉杆(其长度等于一节管长),每安装一根加接一根拉杆,拉杆间用S扣连接,再用一根钢丝绳兜经千斤顶接到拉杆上。为使两边钢丝绳在顶进过程中拉力保持平衡,中间可连接一个滑轮。

(2)将胶圈平直地套在待安装管的插口上。

(3)用捯链将插口吊起,使管慢慢移至承口处作初步对口。

(4)开动千斤顶进行顶装。顶装时,应随时沿管四周观测胶圈与插口进入情况。若管下部进入较少或较慢时,可采用捯链将插口稍稍吊起;若管右边进入较少或较慢,则可用撬在承口左边将管向右侧稍拨一些。

(5)将待安管顶至设计位置后,经找平找正即可松开千斤顶。一般要求相邻两管高程差不超过±2 cm,中心线左右偏差不超过3 cm。

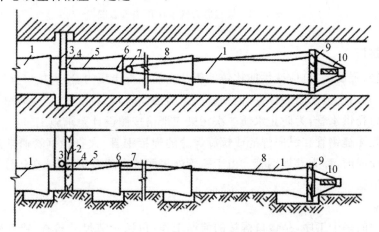

1—钢筋混凝土管道;2、3—横木锚点;4—钢丝绳扣;5—钢筋拉杆;
6—S扣;7—滑轮;8—钢丝绳;9—顶木;10—千斤顶。

图6-7　拉杆千斤顶法示意图

图6-8是采用设置后背管千斤顶法安装管道的示意图,其操作程序如下:

(1)先将1号管安正,插口一端于沟壁支撑好,管身中部用土压实。

(2)将2号待安管用捯链移至距1号已安管前边相距约15 cm处,将胶圈平直地套在2号管插口上,由插口端部量出插口深度安装线与顶进控制线,在管壁上分别绘出它们的红色标志线。

(3)将 3 号、4 号、5 号、6 号等待安装的 4～5 根管子的插口套入承口内串接起来,均不套上胶圈,充作后背管。其中,3 号管插口距 2 号管承口约 50 cm,其间设置千斤顶与横木,千斤顶顶进作用点为自管底计起管外径 1/3 处。

(4)开动千斤顶,将 2 号管插口徐徐顶入 1 号管承口内。顶管时,应随时沿四周观测胶圈与插口进入情况,如出现深浅不匀,应及时用錾子调匀。当顶进至顶进控制线与 1 号管承口端部重合,并经检查合格后,松开千斤顶,此时,1 号管承口端部与 2 号管插口深度标志线重合(即管子稍有回弹量 1 cm)。

(5)2 号管安装完毕,再用捯链将 3 号管移过来作待安管,以 4 号、5 号、6 号、7 号等管子串接作后背管,如此依次循序顶进。

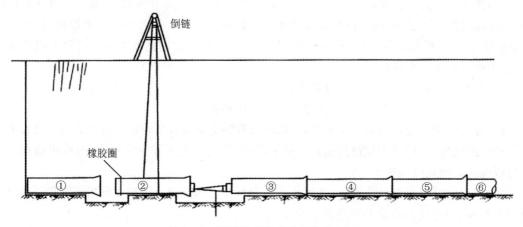

图 6-8　设置后背管千斤顶法示意图

3. 钢管及接口

钢管自重轻、强度高、抗应变性能比铸铁管及钢筋混凝土压力管好、接口操作方便、承受管内水压力较高、管内水流水力条件好,但钢管的耐腐蚀性能差、易生锈,应做防腐处理。常用于设备连接或大口径供水管,为防止水质二次污染应严格按照设计要求施工。

钢管有热轧无缝钢管和纵向焊缝或螺旋焊缝的焊接钢管,大直径钢管通常是在加工厂用钢板卷圆焊接而成的,称为卷焊钢管。由于钢管外表面敷有防腐层,因此在运输及下管时应采取相应的保护措施。

1)钢管对口

对口是组焊的一个工序,是接口焊接的前期工作,包括管节尺寸检查、错开管子纵向焊缝间的位置、校正对口间隙尺寸、错位找平等内容。对口时,内壁要齐平,用长 400 mm 的直尺在接口内壁周围顺序贴靠,管间隙和错口偏差允许值如表 6-9 所示。

表 6-9　焊接管口间隙和错口偏差允许值(mm)

管壁厚度	4～5	6～8	9～10	11～14
对口间隙	2.0	2.0	3.0	3.0
错口偏差	0.5	0.7	0.9	1.5

当壁厚不同的管节对口时,管壁厚度相差不得大于 3 mm。不同管径的管节相连时,两管径相差大于小管径的 15%时,可用渐缩管连接。渐缩管的长度不应小于两管径差值的 2 倍,且不应小于 200 mm。

管子对口后垫牢固,避免焊接或预热过程中产生变形,也不得搬动管子,或使管子悬空、处于外力作用下施焊。钢管若在基岩或坚硬地基上埋设,需加砂或砂砾垫层,垫层的厚度不小于10 cm。90°弧基也应铺砂垫层。

2)钢管接口

钢管的接口方法有焊接、法兰连接和螺纹接口等。焊接因其强度高、密封性好等优点,在埋地钢管中被广泛采用,其中焊接又分气焊、手工电弧焊、自动电弧焊、接触焊等方法。在施工现场,钢管的焊接主要采用手工电弧焊。气焊常适用于壁厚小于 4 mm 的临时性或永久性压力管道,以及在某些场合因条件限制、不能采用电焊作业的壁厚较大的钢管接口。

(1)手工电弧焊。

① 焊缝形式与对口。为了提高管口的焊接强度,应根据管壁厚度选择焊缝形式(见图 6-9)。

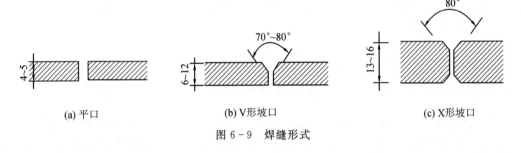

(a) 平口　　(b) V形坡口　　(c) X形坡口

图 6-9　焊缝形式

管壁厚度 $\delta<6$ mm 时,采用平口焊缝;$\delta=6\sim12$ mm 时,采用 V 形焊缝;$\delta>12$ mm 且管径尺寸允许焊工进入管内施焊时,应采用 X 形焊缝。

焊接时两管端对口的允许错口量控制在管壁厚度的 10%以内,且不得大于 2 mm。

②焊接方法。依据电焊条与管子间的相对位置分为平焊、立焊、横焊与仰焊等,焊缝分别称为平焊缝、立焊缝、横焊缝及仰焊缝。平焊易于施焊,焊接质量得到保证,焊管时尽量采用平焊,可通过转动管子、变换管口位置来实现。

焊接口的强度一般不低于管材本身的强度,为此,要求焊缝通焊,并可采用多层焊接。若管子直径较小,则应采用加强焊。

钢管一般在地面上焊成一长段后下到沟槽内,下管时,应防止管道变形破坏。由于沟槽内焊接管道有仰焊与立焊作业,槽内操作困难,焊接质量不易保证,应尽量减少槽内施焊。

槽外焊接有转动焊与非转动焊两种方法,为了焊接时保证两管相对位置不变,应先在焊缝上点焊三四处。转动焊在焊接时应绕管纵轴转动,避免仰焊。

大口径钢管管节长、自重大,转动不便,可采用不转动焊(固定口焊接)方法,施焊方向自下而上,最好两侧同时施焊。为了减少收缩应力,第一层焊缝分三段焊接,以后各层可采用两段焊接,各次焊接的起点应当错开。长距离钢管接口焊接还可采用接触焊,焊接质量好,并可自动焊接。

焊接完毕后进行的焊缝质量检查包括外观检查和内部检查。

外观缺陷主要有焊缝形状不正、咬边、焊瘤、弧坑、裂缝等,内部缺陷有未焊透、夹渣、气孔等。焊缝内部缺陷通常可采用煤油检查方法进行检查,即在焊缝一侧(一般为外侧)涂刷大白浆,在焊缝另一侧涂煤油;经过一段时间后,若在大白面上渗出煤油斑点,表明焊缝质量有缺陷。每个管口一般均应检查。用作给水管道的钢管工程,还应做水压或气压试验。

(2)气焊。

气焊是借助焊接火焰来进行的,其火焰是靠氧气和气体燃料的混合燃烧形成的。一般采用乙炔气瓶(有的地方用乙炔发生器)的乙炔气及氧气瓶的氧气通过各自的调压阀后,分别用高压胶管输送至焊炬(又称焊枪)(见图 6 - 10),使氧气和乙炔气在焊炬的混合室中混合,并从焊嘴喷出、点燃,利用乙炔气和氧气混合燃烧产生的高温火焰达到熔化焊件接口及焊条,实现焊接的目的。氧气和乙炔气的配合比可由焊炬上的调节阀调节,钢管焊接所用配合比一般为 1~1.2。

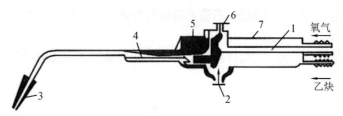

1—乙炔管;2—乙炔调节阀;3—喷嘴;4—混合气管;
5—混合室;6—氧气调节阀;7—氧气管。

图 6 - 10 射吸式焊炬

气焊时,焊条末端不得脱离焊缝金属熔化处,以免空气中的氧、氮侵入焊缝金属,降低焊口力学性能。各道焊缝须一次焊毕,以减少接头。需中断焊接时,焊接火焰应缓缓离开,以使焊缝中气体充分排除,避免出现裂纹、缩孔或气孔等。焊接时,可左向焊,也可右向焊,一般都采用右向焊法。施焊时,焊枪在前头移动,焊条跟随在后,自左向右移动。对于焊接管壁大于 5 mm 的管件,其焊接速度比左向焊法快 18%,氧与乙炔的消耗量减少 15%,还能改善焊缝力学性能,减少金属的过热及翘曲。

4. 塑料管及其接口

塑料管具有良好的耐腐蚀性,一定的机械强度,加工成型、安装方便,输水能力强,材质轻、运输方便,价格便宜等优点。其缺点是强度低,刚性差,热胀冷缩大,在日光下老化速度加快,易于断裂。

目前国内供作给水管道的塑料管有硬聚氯乙烯管(UPVC 管)、聚乙烯管(PE 管)、聚丙烯管(PP 管)等。通常采用的管径为 15~200 mm,有的已经使用到 200 mm 以上。塑料管作为给水管道的工作压力通常为 0.4~0.6 MPa,有的可达到 1.0 MPa。

1)硬聚氯乙烯塑料管接口(见表 6 - 10)

表 6 - 10 硬聚氯乙烯塑料管接口方式与做法

接口方式	安装程序	注意事项
热风焊接	焊枪喷出热空气达到 200~240 ℃,使焊条与管材同时受热,成为韧性流动状态,达塑料软化温度时,使焊条与焊接件相互粘接而焊牢	焊接问题超过塑料软化点,塑料会产生分化,燃烧而无法焊接

接口方式	安装程序	注意事项
法兰连接	一般采用塑料松套法兰或塑料焊接法兰接口。法兰与管口间一般采用凸缘接、翻边接或焊接	法兰面应垂直于接口焊接而成,垫圈一般采用橡胶垫
承插粘接	先进行承口扩口作业,使承插口环向间隙为0.15～0.30 mm。承口深度一般为管外径的1～1.5倍粘接前,用丙酮将承插口表面擦洗干净,涂一层"601"胶粘剂,再将承插口连接	"601"胶粘剂配合比为:过氯乙烯树脂:二氯乙烷=0.2:0.8,涂刷胶粘剂应均匀适量,不得漏刷,切勿在承插口间与接口缝隙处填充异物
胶圈承插连接	将胶圈嵌进承口槽内,使胶圈贴紧于凹槽内壁,在胶圈与插口斜面涂一层润滑油,再将插口推入承口内	橡胶圈无裂纹、扭曲及其他损伤,插入时阻力很大应立即退出,检查胶圈是否正常,防止硬插时扭曲或损坏密封圈

2)聚丙烯塑料管接口(见表6-11)

表6-11　聚丙烯塑料管接口方式与做法

接口方式	安装程序	注意事项
热风焊接	将待连接管两端制成坡口。用焊枪喷出240 ℃左右的热空气使两端管及聚丙烯焊条同时熔化,再将焊枪沿加热部位后退即成	适用于压力较低条件下
加热插粘接	将待安管的箭端插入170 ℃左右工业甘油内加热;然后在已安管管端涂上胶粘剂,将在油中加热管端变软的待安管从油中取出,再将已安管插入待安管管端,经冷却后,接口即成	适用于压力较低条件下
热熔压接	将两待接管管端对好,使恒温电热板夹置两管端之间,当管端熔化后,即将电热板抽出,再用力压紧熔化的管端面,经冷却后,接口即成	适用于中、低压力条件下
钢管插入搭接法	将两待接管的管端插入170 ℃左右甘油中,再将钢管短节的一端插入熔化的管端,经冷却后将接头部位用钢丝绑扎;再将钢管短节的另一头插入熔化的另一管端,经冷却后用钢丝绑扎。这样,两条待安管由钢管短节插接而成	适用于压力较低条件下

3)聚乙烯塑料管接口

(1)丝扣接口。将两管管端采用代丝轻溜一道管丝扣,然后拧入带内丝管件内,拧紧接口即成。

(2)热风焊接、承插粘接、热熔压接及钢管插入搭接法等均可用于聚乙烯塑料管连接。

5.柔性管道技术及其应用

刚性连接组成的弹性管道系统,由于温差引起的变形、支架移位、施工误差等因素造成弹性应力转移,使管道局部或设备突然遭到破坏,使闸门或泵损伤或失灵、管线发生位移、连接处渗漏。以往为了解决这些问题,工程设计采用集中补偿、管线滑动、制作各种支吊架、加大安全系数等措施,但采用硬性安装致使施工难以达到设计应力状态,而且运行过程中不可测因素或某点的改变均会产生系统的变化,因此系统弹性应力转移的问题及其潜在风险依然存在。柔性管道刚性连接或者刚性管道柔性连接组成的柔性管道系统从根本上消除了弹性应力转移,实现了分散补偿,增强了系统的安全性,设计计算简便,能使安装与设计应力状态一致。

柔性管道系统包括柔性连接、配件及支架、柔性管、柔性接口闸门、柔性接口泵、柔性接口容器等。由于系统所具有的技术特性,解决了实际工程中长期存在的如地震设防、管道水击减震、施工困难、峰值应力、设备保护等问题。系统具有良好的经济效益,如施工费用降低了10%～20%、施工速度提高三倍左右、原材料消耗节约10%～20%。

6.2.2　给水管道功能性试验

压力管道水压试验是管道施工质量检查的重要措施,其目的是衡量施工质量,检查接口质量,暴露管材及管件强度、缺陷、砂眼、裂纹等弊病,以达到设计质量要求并符合验收规范。

1. 压力管道水压试验

压力管道水压试验合格的判定依据分为允许压力降值和允许渗水量值,按设计要求确定;设计无要求时,应根据工程实际情况,选用其中一项值或同时采用两项值作为试验合格的最终判定依据。

1)确定试验压力值(见表 6-12)

表 6-12　压力管道水压试验的试验压力(MPa)

管材类型	工作压力 P	试验压力
钢管	P	$P+0.5$ 且不小于 0.9
球墨铸铁管	≤0.5	$2P$
	>0.5	$P+0.5$
预(自)应力混凝土管、预应力钢筒混凝土管	≤0.6	$1.5P$
	>0.6	$P+0.3$
现浇钢筋混凝土管渠	≥0.1	$1.5P$
化学建材管	≥0.1	$1.5P$ 且不小于 0.8

2)试验前的准备工作

(1)分段。

试压管道不宜过长,否则很难排尽管内空气,影响试压的准确性;管道是在部分回填土条件下试压,管线太长,查漏困难;在地形起伏大的地段铺管,须按各管段实际工作压力分段试压;管线分段试压有利于对管线分段投入运行,可及早产生效益。

试压分段长度不宜大于 1 km,管线转弯多时不宜大于 0.5 km,对湿陷性黄土地区的分段长度应取 200 m,管道通过河流、铁路等障碍物的地段须单独进行试压。管道采用两种(或两种以上)管材时,宜按不同管材分别进行实验,否则按试验控制最严的管段标准进行试验。

(2)排气。

试压前必须排气。由于管内空气的存在,受环境温度影响,压力表显示结果不真实,试压管道发生少量漏水时,压力表就难以显示,压力表指针也稳不住,致使下跌。

排气阀通常设置在起伏的顶点处,对长距离水平管道,须进行多点开孔排气。灌水排气须保证排出水流中无气泡,水流速度不变。

(3)泡管。

管道灌水应从低处开始,以便于排除管内空气。灌水之后,为使管道内壁与接口填料充分吸水,需要一定的管道浸泡时间。一般要求铸铁类管、化学建材管及钢管的浸泡时间不小于24 h;内径≤1000的钢筋混凝土类管(渠)浸泡时间不小于48 h,内径>1000的钢筋混凝土类管(渠)浸泡时间不小于72 h。

(4)仪表及加压设备。

为了观察管内压力升降情况,须在试压管段两端分别装设压力表,为此,须在管端的法兰堵板上开设小孔,以便连接。压力表精度不应低于1.5级,最大量程宜为试验压力的1.3~1.5倍,表盘的公称直径不宜小于150 mm,使用前经校正并具有符合规定的检定证书。

加压设备可视试压管段管径大小选用。一般当试压管的管径小于300 mm时,采用手摇试压泵加压;当试压管径大于或等于300 mm时,采用电动试压泵加压。

(5)支设后背。

试压时,管道堵板以及转弯处会产生很大的压力,试压前必须设置后背。后背支设的要点是:

① 后背应设在原状土后背墙或人工后背墙上,后背墙土质松软时,应采取加固措施。后背墙支撑面积可视土质与试验压力值而定,一般原状土质可按承压0.15 MPa予以考虑。墙厚一般不得小于5 m。与后背接触的后背墙墙面应平整,并应与管道轴线垂直。

② 后背应紧贴后背墙,并应有足够的传力面积、强度、刚度和稳定性。必要时需计算确定。

③ 采用千斤顶压紧堵板时,管径为400 mm管道,可采用1个30 t的千斤顶;管径为600 mm管道,采用1个50 t的千斤顶;管径为1000 mm的管道,采用1个100 t的油压千斤顶或3个30 t的千斤顶。

④ 刚性接口的铸铁管,为了防止上千斤顶对接口产生影响,靠近后背1~3个接口应暂时不做,待后背支设好再做。

⑤ 水压试验应在管件支墩安置妥当且达到要求强度之后进行,对那些尚未做支墩的管件应做临时后背。沿线弯头、三通、减缩管等应力集中处管件的支墩应加固牢靠。

(6)其他。

压力管道水压试验过程中的其他事宜包括:

① 水压试验过程中,后背顶撑、管道两端严禁站人;管道顶部回填土宜留出接口位置以便检查渗漏处。

② 试验管段所有敞口应封闭,不得有渗漏水现象;不得用闸阀做堵板,不得含有消火栓、水锤消除器、安全阀等附件;试验前应清除管道内的杂物。

3)水压试验方法

水压试验分为预试验阶段和主试验阶段。

(1)预试验阶段。

① 将管道内水压缓缓地升至试验压力并稳压30 min,其间如有压力下降可注水补压,但不得高于试验压力且不得低于管段工作压力。

② 检查管道接口、配件等处有无漏水、损坏现象;严禁在试压过程中对试验管段接口及管身进行敲打或修补缺陷、渗漏点。

③ 有漏水、缺陷及损坏现象时应及时停止试压,查明原因并采取相应措施进行修补、更换后重新试压。

④ 聚乙烯管、聚丙烯管及其复合管完成上述操作后,应停止注水补压并稳定 30 min,当 30 min 后压力下降不超过试验压力的 70% ,则预试验结束。否则重新试验。

⑤ 若大口径球墨铸铁管、玻璃钢管、预应力钢筒混凝土管或预应力混凝土管等管道进行了单口水压试验,且合格者,可免去预试验阶段。

(2)主试验阶段。

① 允许压力降试验(又称落压试验)。该法的试验原理在于:漏水量与压力下降速度及数值成正比。其试验设备布置如图 6-11 所示。

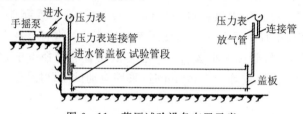

图 6-11　落压试验设备布置示意

允许压力降试验的具体操作程序如下:

a. 用试压泵向管内灌水分级升压,每升压一级应检查后背、支墩、管身及接口,当无异常时,再继续升压。让压力升高至试验压力值(其数值于压力表上显示)。

b. 水压升至试验压力后,停止注水补压,保持恒压 15 min。

c. 当 15 min 后压力下降不超表 6-13 中所列允许压力降数值时,将试验压力降至工作压力并保持恒压 30 min,进行接口、管身等外观检查,若无漏水现象,则允许压力降试验合格。

表 6-13　压力管道水压试验的允许压力降(MPa)

管材类型	试验压力	允许压力降
钢管	$P+0.5$ 且不小于 0.9	0
球墨铸铁管	$2P$	0.03
	$P+0.5$	
预(自)应力混凝土管、 预应力钢筒混凝土管	$1.5P$	
	$P+0.3$	
现浇钢筋混凝土管渠	$1.5P$	
化学建材管	$1.5P$ 且不小于 0.8	0.02

② 允许渗水量试验(又称漏水量试验)。该法的试验原理是:在同一管段内,压力相同,则其漏水总量与补水总量也相同。其试验设备布置如图 6-12 所示。

允许渗水量试验操作程序如下:

a. 用试压泵向管内灌水分级升压,当管道加压到试验压力后开始计时。

b. 恒压延续时间不得少于 2 h。每当压力下降,应及时向管道内补水,保持管道试验压力恒定,最大压降不得大于 0.03 MPa。

c. 计量恒压时间内补入试验管段内的水量 W(L),恒压延续时间 T(min)。

d. 根据试验管长度 $L(m)$，按公式（6-2）计算其实测渗水量 q 值：

$$q = \frac{W}{TL} \times 1000 \tag{6-2}$$

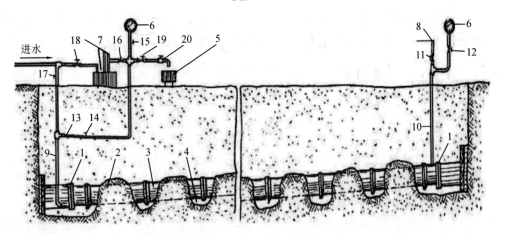

1—封闭端；2—回填土；3—试验管段；4—工作坑；5—水筒；6—压力表；7—手摇泵；8—放气口；
9—水管；10、13—压力表连接管；11、12、14、15、16、17、18、19—闸门；20—龙头。

图 6-12 渗水量试验设备布置示意

当求得的 q 值小于表 6-14 的规定值时，即认为允许渗水量试验合格。

表 6-14 压力管道水压试验允许渗水量

管道内径/mm	允许渗水量 $q/(\text{min} \cdot \text{km})$		
	焊接接口钢管	铸铁管、球墨铸铁管、玻璃钢管	预（自）应力混凝土管、预应力钢筋混凝土管
100	0.28	0.70	1.40
150	0.42	1.05	1.72
200	0.56	1.40	1.98
300	0.85	1.70	2.42
400	1.00	1.95	2.80
600	1.20	2.40	3.44
800	1.35	2.70	3.96
900	1.45	2.90	4.20
1 000	1.50	3.00	4.42
1 200	1.65	3.30	4.70
1 400	1.75	—	5.00

注：1. 当管径大于表中规定时，钢管：$q = 9.05\sqrt{D_i}$；球墨铸铁管（玻璃钢管）：$q = 0.1\sqrt{D_i}$；预（自）应力混凝土管、预应力钢筒混凝土管：$q = 0.14\sqrt{D_i}$；现浇钢筋混凝土管渠：$q = 0.014\sqrt{D_i}$；D_i— 管道内径（mm）。

2. 塑料管及复合管的允许渗水量：$q = 3 \times \dfrac{D_i}{25} \times \dfrac{P}{0.3_a} \times \dfrac{1}{1440}$。式中：$a$ 为温度-压力折减系数，当试验水

温 0～25 ℃时，a 取 1；当试验水温 25～35 ℃时，a 取 0.8；当试验水温 35～45 ℃时，a 取 0.63。

③聚乙烯管、聚丙烯管及其复合管水压主试验。考虑到管道的变形问题，聚乙烯管、聚丙烯管及其复合管水压主试验流程为：

a.在预试验阶段结束后，迅速将管道泄水降压，降压量为试验压力的 10%～15%；其间应准确计量降压所泄出的水量（ΔV），并按下式计算允许泄出的最大水量 ΔV_{max}：

$$\Delta V_{max} = 1.2V\Delta P\left(\frac{1}{E_W} + \frac{D_i}{e_n E_P}\right) \tag{6-3}$$

式中　V——试压管段总容积(L)；

ΔP——降压量(MPa)；

E_W——水的体积模量(MPa)，不同水温时 E_W 值可按表 6-15 采用；

E_P——管材弹性模量(MPa)，与水温及试压时间有关；

D_i——管道内径(m)；

e_n——管材公称壁厚(m)。

ΔV 小于或等于 ΔV_{max} 时，继续下述操作；ΔV 大于 ΔV_{max} 时应停止试压，排出管内过量空气再从预试验阶段开始重新试验。

表 6-15　温度与体积模量关系

温度/℃	体积模量/MPa	温度/℃	体积模量/MPa
5	2080	20	2170
10	2110	25	2210
15	2140	30	2230

b.每隔 3 min 记录一次管道剩余压力，应记录 30 min；30 min 内管道剩余压力有上升趋势时，则水压试验结果合格；

c.30 min 内管道剩余压力无上升趋势时，则应持续观察 60 min；整个 90 min 内压力下降不超过 0.02 MPa，则水压试验结果合格；反之，则水压试验结果不合格，应查明原因并采取相应措施后再重新组织试验。

2.管道冲洗与消毒

1)管道冲洗

(1)冲洗目的与合格判定。

① 冲洗管内的污泥、脏水与杂物，使排出水与冲洗水色度和透明度相同，即视为合格。

② 将管内投加的高浓度含氯水冲洗掉，使排出水符合饮用水水质标准即为合格。

(2)冲洗注意事项。

① 冲洗管内污泥、脏水及杂物应在管道并网运行前进行，冲洗时应避开用水高峰，冲洗水流速≥1.0 m/s，冲洗至出水口水样浊度小于 3 NTU 为止；若排水口设于管道中间，应自两端冲洗。

② 冲洗管道内用于消毒的含氯水，应在管道液氯消毒完成后进行。将管内含氯水放掉，注入冲洗水，水流速度可稍低些，冲洗直至水质检测、管理部门取样化验合格为止。

③ 冲洗时应保证排水管路畅通安全，使冲洗、消毒以及试压等作业的排水有组织进行。

(3)冲洗水源。

① 给水管道严禁取用污染水源进行水压试验、冲洗,施工管段处于污染水水域较近时,必须严格控制污染水进入管道。

② 利用城市管网中自来水,冲洗前先通知用户可能引起压力降或水压不足,其通常用于续建工程。

③ 取用水源水冲洗,适用于拟建工程。

2)管道消毒

生活给水管道消毒应采用氯离子浓度含量不低于 20 mg/L 的清洁水浸泡 24 h 后,再实施冲洗,直至水质检测、管理部门取样化验合格为止。若采用漂白粉消毒,管道去污冲洗后,将管道放空,再将一定量漂白粉溶解后,取上清液,用手摇泵或电动泵将上清液注入管内,同时打开管网中闸门少许,使漂白粉流经全部需消毒的管道,当这部分水自管网末端流出时,关闭出水闸门,使管内充满含漂白粉水,然后关闭所有闸门浸泡。每 100 m 管道消毒所需漂白粉数量见表 6-16。

表 6-16 管道消毒所需漂白粉数量

管径/mm	100	150	200	300	400	500	600	700	800	900	1000
漂白粉/kg	0.13	0.28	0.50	1.13	2.01	3.14	4.52	6.16	8.04	10.18	12.57

漂白粉在使用前应进行检验,漂白粉的纯度以含氯量 25% 为标准,高于或低于 25% 时,应按实际纯度折合漂白粉使用量。当漂白粉含氯量过低失效时,不宜使用。当检验出水口中已有漂白粉后,其含氯量不低于 40 mg/L,才可停止加氯。

6.3 室外排水管道施工

室外排水管道常用的管材是混凝土管和钢筋混凝土管。混凝土管的管径较小,一般小于 450 mm,长度多为 1 m。钢筋混凝土管分为轻型管和重型管,长度多为 2 m,主要根据荷载不同而选用。排水管道通常要设基础,其基础和一般构筑物不同,管体受到浮力、土压力、自重等作用,在基础中保持平衡。管道基础的形式,取决于外部荷载、土质、覆土厚度及管道本身的情况。

为防止管内污水冰冻和因土壤冰冻而损坏管道,基于污水有一定的流速和约 4~10 ℃ 的温度这些特征,在无保温措施的生活污水管道或水温与其接近的工业污水管道,管底可埋在冰冻线以上 0.15 m。为避免管道因受地面荷载而容易受到破坏,管顶上须有一定的覆土厚度,这一厚度决定于三个因素,即管壁的强度、地面荷载的大小和重力的传递方式等,在车行道下面,管顶最小覆土厚度一般不小于 0.7 m。

6.3.1 排水管道基础

排水管道基础按构筑材料可分为砂土基础、混凝土枕基、灰土基础和混凝土条形基础。

1.砂土基础

砂土基础包括原土夯实的弧形素土基础及砂垫层基础,见图 6-13。弧形素土基础适用于无地下水、土质较好的地基,一般用于陶土管管径 $d \leq 450$ mm、承插混凝土管 $d \leq 600$ mm、埋深不大的次要管道和临时性的管道。砂垫层基础,是在弧形槽上填以粗砂,使管壁与基础紧密结合,砂层厚度约 100 mm,一般适用于岩石或多石土壤,管径 $d \leq 450$ mm 的陶土管和管径

$d \leqslant 450$ mm 的承插混凝土管。

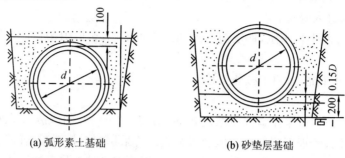

(a) 弧形素土基础   (b) 砂垫层基础

图 6-13 砂土基础

2. 混凝土枕基及条形基础

混凝土枕基是支撑在管道接口下方的局部基础,适用于干燥土壤及 $d \leqslant 900$ mm 的抹带接头和 $d \leqslant 600$ mm 的承插接头。

混凝土条形基础是沿管道全长设置条形基础,按照地质、管道、荷载等情况可以设置 90°、120° 及 180° 三种包角的基础形式,见图 6-14。这种基础多用于地基软弱、土壤湿润的场所,一般 90°条形基础用得较多。

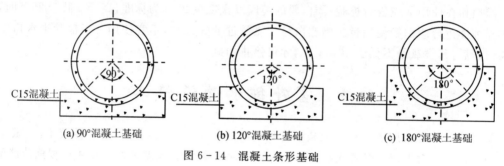

(a) 90°混凝土基础   (b) 120°混凝土基础   (c) 180°混凝土基础

图 6-14 混凝土条形基础

3. 灰土基础

灰土基础适用于无地下水的松软土质,管径为 150~700 mm,以及水泥砂浆抹带、套环及承插接口的管道。

6.3.2 管材及其接口

1. 混凝土管与钢筋混凝土管及其接口

预制混凝土管与钢筋混凝土管的直径范围为 150~4000 mm,为抵抗外力,管径大于 400 mm 时,一般配加钢筋,制成钢筋混凝土管。

混凝土管与钢筋混凝土管的管口形状有平口、企口、承插口等,其长度在 1~3 m,广泛用于排水管道系统,亦可用作泵站的压力管及倒虹管。两种管材的主要缺点是抗酸、碱侵蚀及抗渗性能较差、管节较短、接头多。在地震强度大于 8 度地区及饱和松砂、淤泥、冲填土、杂填土地区不宜使用。

混凝土管与钢筋混凝土管的接口分刚性和柔性两类。常见的接口形式有以下几种:

1)水泥砂浆抹带接口

水泥砂浆抹带接口属于刚性接口,适用于地基土质较好的雨水管道。图6-15为圆弧形抹带接口,图6-16为梯形抹带接口。水泥砂浆配合比为水泥：砂＝1：2.5,水灰比为0.4～0.5,带宽120～150 mm,带厚约30 mm。

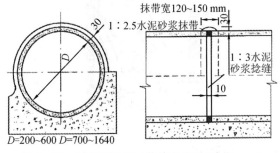

图6-15 圆弧形水泥砂浆抹带接口(单位:mm)   图-16 梯形水泥砂浆抹带接口(单位:cm)

这种接口抗弯折性能很差,一般宜设置混凝土带基与管座。抹带从管座处着手往上抹。抹带之前,应将管口洗净且拭干。管径较大而人可进入管内操作时,除管外壁抹带外,管内缝需用水泥砂浆填塞。

2)钢丝网水泥砂浆抹带接口

如果接口要求有较大的强度,可在抹带层间埋置20号10 mm×10 mm方格钢丝网,如图6-17所示。

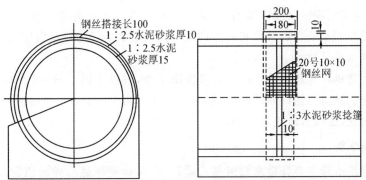

图6-17 钢丝网水泥砂浆抹带接口(单位:mm)

钢丝网在管座施工时预埋在管座内。水泥砂浆分两层抹压,第一层抹完后,将管座内侧的钢丝网兜起,紧贴平放砂浆带内;再抹第二层,将钢丝网盖住。钢丝网水泥砂浆抹带接口的闭水性较好,常用作污水管道接口,管座包角多采用120°或180°。

当小口径管道在土质较好条件下铺设时,可将混凝土平基、稳管、管座与接口合在一起施工,称为"四合一施工法"。此法优点是减少了混凝土养护时间并避免了混凝土浇筑的施工缝。

四合一施工时,在槽底用尺寸合适的方木或其他材料作基础模板(见图6-18)。先将混凝土拌合物一次装入模内,浇灌表面宜高出管内底设计高程20～30 mm,然后将管子轻放在混凝土面上,对中找正,于管两侧浇筑基座,并随之抹带、养护。

(a) 在导木上推运管子　　　　　　　　(b) 在混凝土基础上稳管

图 6-18　四合一导木铺管法

　　四合一安管是在塑性混凝土上稳管,对中找正较困难,因此管径较小的排水管道采用此法施工较为适宜。如遇较大管径,可先在预制混凝土垫块上稳管,然后支模、浇筑、抹带和养护。在预制垫块上稳管,增加了地基承受的单位面积压力,在软弱地基地带易产生不均匀沉陷,因而对于管径较大的钢筋混凝土管采用四合一施工仅适用于土质较好地段。

　　3)预制套管接口

　　在预制套管与管子间的环向间隙中,采用填料配合比水∶石棉∶水泥＝1∶3∶7 的石棉水泥填打严实,也可用膨胀水泥砂浆填充,其操作方法与给水管道接口有关内容相同,适用于地基不均匀地段与地基处理后管段有可能产生不均匀沉陷地段的排水管道上。

　　4)水泥砂浆承插接口

　　先将混凝土管承口和插口的接口处管壁洗刷干净,再以水泥∶砂＝1∶2.5、水灰比≤0.5 水泥砂浆填捣密实承口与插口间环向间隙,并进行适当的养护即可。值得注意的是,应防止水泥砂浆掉入管内底,造成管道流水不畅。

2. 塑料类排水管

　　室外塑料类排水管主要有排水硬聚氯乙烯管、大口径硬聚氯乙烯缠绕管、玻璃钢管、排水用化学建材波纹管等,管内径在 100～2000 mm 范围内。其接口方式主要有承插橡胶圈连接、承插粘接、螺旋连接等,接口施工方法可参考给水管道。

　　大口径硬聚氯乙烯缠绕管适用于污水、雨水的输送,管内径在 300～2000 mm 范围内,管道一般埋地安装。其覆土厚度在人行道下一般为 0.5～10 m,车行道下一般为 1.0～10 m。管道允许 5％的长期变形度而不会破坏或漏水。大口径硬聚氯乙烯缠绕管采用螺旋连接方式,即利用管材外表面的螺旋凸棱沟槽以及接头内表面的螺旋沟槽实现螺旋连接,螺纹间的间隙由聚氨酯发泡胶等密封材料进行密封。连接时,管口及接头均应清洗干净,拧进螺纹扣数应符合设计要求。

　　管道一般应敷设在承载力≥0.15 MPa 的地基基础上。若需铺设砂垫层,则按≥90％的密实度振实,并应与管身和接头外壁均匀接触。砂垫层应采用中砂或粗砂,厚度应≥100 mm。

　　下管时应采用可靠的软带吊具,平稳、轻放下沟,不得与沟壁、沟底碰撞。

　　土方回填时,其回填土中碎石屑最大粒径＜40 mm,不得含有各种坚硬物,管道两侧同时对称回填夯实。

3. 排水铸铁管、陶土管及其接口

排水铸铁管质地坚固,抗压与抗震性强,每节管子较长,接头少。但其价格较高,对酸碱的防蚀性较差。主要用于受较高内压、较高水流速度冲刷或对抗渗漏要求高的场合,如穿越铁路河流、陡坡管、竖管式跌水井的竖管以及室内排水管道等。

陶土管内表面光滑,摩阻小,不易淤积,管材致密,有一定抗渗性,耐腐蚀性好,便于制造。但其质脆易碎,管节短,接头多,材料抗折性能差,适用于排除侵蚀性污水,或管外有侵蚀性地下水的自流管、街坊内部排水与市政排水系统的连接支管。

承插式排水铸铁管及陶土管的接口方式与承插式给水铸铁管接口方式基本相同。

4. 大型排水渠道施工

1)矩形排水渠道

矩形排水渠道一般由现浇或装配式钢筋混凝土建成。基础采用 C15 混凝土浇筑,渠顶采用钢筋混凝土盖板。此种渠道跨度可达 3 m,施工较方便。

现浇钢筋混凝土管渠施工应注意保证管渠直墙厚度,当跨度≥4 m 时,管渠顶板的底模应预留 2‰～3‰的拱度。变形缝内止水带的设置位置应准确牢固。混凝土的浇筑应两侧对称进行,高差不宜大于 30 cm。混凝土达到设计强度标准值的 75%以上方可拆模。

2)砌体排水渠道

在石料供应充足的地区,亦可采用条石或毛石砌筑渠道,石料强度 MU≥20。图 6-19 为某地用条石砌筑的组合断面形式的合流排水渠道。渠顶砌成拱形,渠底与渠身扁光、勾缝,水力性能好。

冬期砌筑管渠应采用抗冻砂浆,抗冻砂浆的食盐掺和量应符有关规定。

3)其他形式排水渠道

图 6-20 为预制混凝土块装配式拱形渠道,渠底混凝土现浇。装配式钢筋混凝土管渠一般可用于重力流管线上。它的优点是施工速度快,造价低,工程质量有保证,施工时受季节影响小,其缺点是要求机械化程度较高,接缝处理比较复杂。常采用"Ⅱ"形或拱形构件装配施工。预制构件吊装时,要求按照设计吊点起吊。构件在运输堆放时,不得仰置,且应用垫木垫稳,避免构件失稳或受力不均损伤构件。

装配式管渠施工质量重点是处理好接缝,应在安装后及时对接缝内外进行勾抹。管渠矩形或拱形构件进行装配施工时,其水平企口应铺满水泥砂浆,以使接缝咬合紧密。做嵌缝或勾缝时,应先做外缝、后做内缝,并适时洒水养护。内部嵌缝或勾缝应在外部还土后进行,因为此时内部缝隙较大,可以封闭严实,同时也避免了填土振裂的损害。顶部的内接缝,当采用石棉水泥填缝时,宜先填入 3/5 深度的麻辫后,方可填入石棉水泥至缝平。侧墙两板间的竖向接缝应采用设计规定的材料填实,当设计无规定时,宜采用细石混凝土或水泥砂浆填实。顶盖板缝与墙体缝应当错开,以避免局部出现裂缝后发展成为渗水通道,污染水质,另外一旦出现裂缝也便于修补。

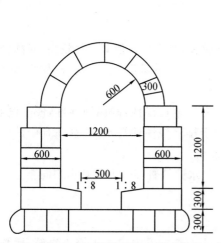

图 6-19 条石砌筑的组合断面渠道

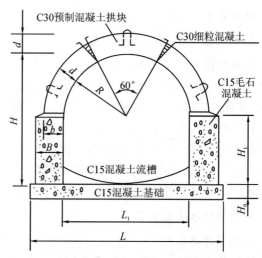

图 6-20 预制混凝土块装配式拱形渠道

图 6-21 所示的砖砌帐篷式暗渠。图中展示出了由拱圈、拱台与倒拱三部分组成的整体式与分离式两种形式的渠道。

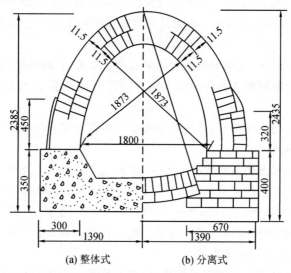

(a) 整体式　　　　　　(b) 分离式

图 6-21　砖砌帐篷式暗渠(单位:mm)

帐篷式暗渠在土压力与动荷载较大时,可以更好地分配管壁压力,其渠壁较一般圆形、断面渠壁要薄,可节省材料。一般情况下,污水排除采用整体式、雨水排除可采用分离式。

6.3.3　排水管道严密性试验

污水、废水、雨水管道,雨污水合流管道及湿陷土、膨胀土、流砂地区的雨水管道,回填前应进行严密性试验。严密性试验分为闭水试验和闭气试验,按设计要求确定;设计无要求时,应根据实际情况选择闭水试验或闭气试验进行管道严密性试验。

1. 闭水试验

做闭水试验,宜从上游往下游进行分段试验,上游段试验完毕,可往下游段倒水,以节约用水。试验管渠应按井距分隔,长度不宜大于 1 km,带井试验。试验前,管道两端堵板承载力经核算应大于水压力的合力,应封堵坚固,不得漏水。

1)闭水试验水头

管道闭水试验的试验水头应符合下列规定:①试验段上游设计水头不超过管顶内壁时,试验水头应以试验段上游管顶内壁加 2 m 计;②当试验段上游设计水头超过管顶内壁时,试验水头应以试验段上游设计水头加 2 m 计;③当计算出的试验水头小于 10 m,但已超过上游检查井井口时,试验水头应以上游检查井井口高度为准。

管道严密性试验时,应进行外观检查,不得有漏水现象,且符合实测渗水量不大于排水管道闭水试验允许渗水量规定时,试验合格。当管道内径大于 700 mm 时,可按井段数量抽检1/3 进行试验;试验不合格时,抽样井段数量应在原抽样基础上加倍进行试验。闭水试验程序及数据分析见相关规范。

这里需要指出,非开槽施工的内径大于或等于 1500 mm 钢筋混凝土管道,设计无要求且地下水位高于管道顶部时,可采用内渗法测量水量,符合规定时,则管道抗渗性能满足要求,不必再进行闭水试验。试验要求方法详见《给水排水管道工程施工及验收规范》(GB 50268)。

2)闭水试验允许渗水量(见表 6 - 17)。

表 6 - 17 排水管道闭水试验允许渗水量

管材	管道内径 D_i /mm	允许渗水量 q /m³/(24 h·km)	管道内径 D_i /mm	允许渗水量 q /m³/(24h·km)
混凝土管、钢筋混凝土管、陶土管及管渠	200	17.60	1200	43.30
	300	21.62	1300	45.00
	400	25.00	1400	46.70
	500	27.95	1500	48.40
	600	30.60	1600	50.00
	700	33.00	1700	51.50
	800	35.35	1800	53.00
	900	37.50	1900	54.48
	1000	39.52	2000	55.90
	1100	41.45		

注:1.当管道内径大于 2000 mm 时,允许渗水量应按 $q = 1.25\sqrt{D_i}$ 计算确定;异形截面管道的允许渗水量可按周长折算为圆形管来计算;

2.化学建材管道的允许渗水量应小于或等于按 $q = 0.0046 D_i$ 计算所确定的允许渗水量;

3.收集输送腐蚀性强和含有对人体有害污染物的污水管道和井室,不得渗漏。

2. 闭气试验

闭气试验是埋地混凝土管、化学建材管等无压管道在回填土前进行的严密性试验。要求地下水位应低于试验管外底 150 mm,环境温度为 $-15\sim50$ ℃时进行。下雨时不得进行闭气试验。闭气试验具有操作简便、用时短、节水、节能等优点,适于冬季寒冷地区及水源缺乏地区无压管道的质量检验。

宜以两井之间或多井管道作为试验管段,不带井试验。在进行 DN2000 及以上管道闭气检验时,必须使用安全保护装置。试验前,管道两端应采用符合现行《排水管道闭气检验用板式密封管堵》(CJ/T473)规定的板式密封管堵,如果采用其他形式管堵,应具备相应技术保证,并经过试验验证。

1)闭气试验合格标准

(1)向试验管道内填充空气,气体压力达到 2000 Pa 时开始计时,在经过不小于规定标准闭气试验时间(见表 6-18)后,管内实测气体压力 P≥1500 Pa,即压降值不大于 500 Pa,则管道闭气试验合格。

表 6-18 无压管道闭气检验规定标准闭气时间

管材	管径 DN/mm	规定标准闭气时间 $S('\ '')$	管材	管径 DN/mm	规定标准闭气时间 $S('\ '')$
混凝土管、钢筋混凝土管	300	1'45″	混凝土管、钢筋混凝土管	1300	16'45″
	400	2'30″		1400	19'
	500	3'15″		1500	20'45″
	600	4'45″		1600	22'30″
	700	6'15″		1700	24'
	800	7'15″		1800	25'45″
	900	8'30″		1900	28'
	1000	10'30″		2000	30'
	1100	12'15″		2100	32'30″
	1200	15'		2200	35'
化学建材管	200	11'	化学建材管	800	44'
	300	16'		900	50'
	400	22'		1000	56'
	500	28'		1100	61'
	600	33'		1200	67'
	700	39'			

(2)被检测混凝土类管道内径大于或等于 1600 mm 时(对于化学建材管内径大于等于 DN1 100 时),应记录测试时间内气体温度(℃)的起始值 T_1 及终止值 T_2,并记录达到标准闭气时间时膜盒表显示的管内压力值 P(Pa),用公式(6-4)加以修正,修正后管内气体压降值 ΔP 为

$$\Delta P = 103300 - (P + 101300)\frac{273 + T_1}{273 + T_2} \tag{6-4}$$

ΔP 如果小于 500 Pa,管道闭气试验合格。

2)闭气试验操作

将进行闭气试验的排水管道两端用管堵密封,然后向管道内填充空气至一定的压力,在规

定闭气时间测定管道内气体的压降值。试验装置及程序按照相关规范执行。

6.4 管道的防腐、防震、保温

6.4.1 管道的防腐

安装在地下的钢管或铸铁管均会遭受地下水和各种盐类、酸与碱的腐蚀，以及杂散电流的腐蚀（靠近电车线路、电气铁路）、金属管道表面不均匀电位差的腐蚀。由于化学和电化学作用，管道将遭受破坏；设置在地面上的管道同样会受到空气等其他条件腐蚀；预（自）应力钢筋混凝土管铺筑在地下水位以下或地下时，若地下水或土壤对混凝土有腐蚀作用，亦会遭受腐蚀。因此，对上述几种管道均应做防腐处理。

1. 管道外层腐蚀的防治方法

给水排水管道外层的防腐，按照腐蚀防止的处理原理，可分为覆盖式防腐法和电化学防腐法两大类。

1）管道外覆盖式防腐法

管道外覆盖式防腐法包括了非埋地钢管的油漆防腐埋地钢管涂料防腐以及适用于预（自）应力钢筋混凝土管的沥青麻布包扎防腐，其中埋地钢管外防腐层可采用石油沥青涂料、环氧煤沥青涂料、环氧树脂玻璃钢外防腐层、聚乙烯防腐层和无溶剂聚氨酯涂料外防腐层等。

2）管道电化学防腐法

（1）排流法。

金属管道受到来自杂散电流的电化学腐蚀，管道发生腐蚀的位置是阳极电位，在此处管道与电源（如变电站负极或钢轨）的负极之间用低电阻导线（即排流线）连接起来，使杂散电流不经过土壤而直接流回电源，即达到防腐目的。此法可分为直接排流法和选择排流法两种类型。

（2）阴极保护法。

由外部施加一部分直流电流给金属管道，由于阴极电流的作用，将金属管道表面上不均匀电位去除，消除腐蚀电位差，以保证金属免受腐蚀。此法可分为牺牲阳极法和外加电流法两种类型，目前比较常用且便捷的是采用设置锌板的牺牲阳极法。

2. 防止管道内腐蚀的方法

1）水泥砂浆涂衬内防腐层

（1）配合比。

其配合比为：水泥∶砂∶水＝1.0∶(1.0～1.5)∶(0.4～0.32)。其中，水泥为强度等级不小于42.5级的硅酸盐、普通硅酸盐水泥或矿渣水泥；砂的级配应根据施工工艺、管径、现场施工条件确定，粒径≤1.2 mm，无杂物，含泥量不大于2%；水泥砂浆抗压强度应≥30 N/mm²。

（2）水泥砂浆涂衬施工过程及质量标准。

施工前应具备的条件：管道内壁的浮锈、氧化皮、焊渣、油污等要彻底清除干净；焊缝突起高度不得大于防腐层设计厚度的1/3；现场施作内防腐的管道，应在管道试验、土方回填验收合格，且管道变形基本稳定后进行；内防腐层的材料质量应符合设计要求。

内防腐层施工应符合：水泥砂浆内防腐层可采用机械喷涂、人工抹压、拖筒或离心预制法施工;工厂预制时,在运输、安装、回填土过程中,不得损坏水泥砂浆内防腐层;管道端口或施工中断时,应预留搭茬;水泥砂浆抗压强度符合设计要求,且应不低于 30 MPa;采用人工抹压法施工时,应分层抹压;水泥砂浆内防腐层成形后,应立即将管道封堵,终凝后进行潮湿养护;普通硅酸盐水泥砂浆养护时间不应少于 7 d,矿渣硅酸盐水泥砂浆不应少于 14 d;通水前应继续封堵,保持湿润。

水泥砂浆防腐层厚度应符合表 6 - 19 的规定。

表 6 - 19　钢管水泥砂浆内防腐层厚度要求

管径 D_i/mm	厚 度/mm	
	机械喷涂	手工涂抹
500～700	8	—
800～1000	10	—
1100～1500	12	14
1600～1800	14	16
2000～2200	15	17
2400～2600	16	18
2600 以上	18	20

2)液体环氧涂料内防腐层

液体环氧涂料内防腐层施工前具备的条件,应符合下列规定:

(1)宜采用喷(抛)射除锈,除锈等级应不低于《涂装前钢材表面锈蚀等级和除锈等级》(GB/T 8923)中规定的 Sa2 级;内表面经喷(抛)射处理后,应用清洁、干燥、无油的压缩空气将管道内部的砂粒、尘埃、锈粉等微尘清除干净。

(2)管道内表面处理后,应在钢管两端 60～100 mm 范围内涂刷硅酸锌或其他可焊性防锈涂料,干膜厚度为 20～40 μm。

内防腐层的材料质量应符合设计要求,内防腐层施工时应按涂料生产厂家产品说明书的规定配制涂料,不宜加稀释剂;涂料使用前应搅拌均匀;宜采用高压无气喷涂工艺,在工艺条件受限时,可采用空气喷涂或挤涂工艺;应调整好工艺参数且稳定后,方可正式涂敷;防腐层应平整、光滑,无流挂、无划痕等;涂敷过程中应随时监测湿膜厚度;环境相对湿度大于 85% 时,应对钢管除湿后方可作业;严禁在雨、雪、雾及风沙等气候条件下露天作业。

液体环氧涂料内防腐层、无溶剂聚氨酯涂料内防腐层等具有内防腐干膜厚度小、防腐性能好等优点,其施工方法参见有关规范及手册。

6.4.2　管道的防震

在地震波的作用下,埋地管道产生沿管轴向及垂直于轴向的波动变形,其过量变形即引起震害。可按施工地区地震烈度选用管材、接口形式及工程地质条件等进行抗震能力的验算。若验算结果尚不能满足要求,亦应增加柔性接口。对于焊接钢管及承插式橡胶圈接口的预(应)力钢筋混凝土管一般不做抗震计算。

管道施工防震措施包括以下方面:

(1)地下直埋管道力求采用承插式橡胶圈接口的球墨铸铁管或预(自)应力钢筋混凝土管或焊接钢管。

(2)过河倒虹管、通过地震断裂带管道、穿越铁路及其他主要交通干线及位于地基土为可液化地段的管道,应采用钢管或安装柔性管道系统设施。

(3)过河倒虹管、架空管及沿河、沟、坑边缘铺设承插式管道,往往由于岸边土坡发生向河心滑移而损坏的现象,故应于倒虹管或架空管两侧上端弯管处设置柔性接口。原则上不宜平行或紧靠河岸、路肩等易产生滑坡地段铺筑管道。若沿滑移岸坡边敷设管道,应每隔一定距离设置一个柔性接口,以适应管道变形。

(4)架空管道不宜架设在设防标准低于抗震设防烈度的建筑物上,架空管道活动支架上应安装侧向挡板,其支架宜采用钢筋混凝土结构。

(5)管道在三通、弯头及减缩管等管件连接处及水池等构筑物进出口处,其受力条件复杂,管道应力集中明显,应在这些部位设置柔性接口。管道穿越构筑物墙与基础时,应安装套管,套管与管道之间的环向间隙宜采用柔性填料。

(6)所有地下管道的闸门均应安装闸门井。抗震设防烈度为 $7 \sim 8$ 度且地基土为可液化地段及抗震设防烈度为 9 度且场地土为Ⅲ类土时,闸门井的砖砌体用不低于 MU7.5 砖及 M7.5 水泥砂浆砌筑,并应设置环向水平封闭钢筋,每 50 cm 高度内不宜少于 $2\phi6$。

6.4.3 管道的保温

管道保温的基本原理是在管道外表面设置隔热层(保温层),利用导热系数小的材料在管内外温差一定的条件下热转移也必然很小的特点,使管内基本上保持原有温度。

1. 保温结构的组成

保温结构一般由下述部分构成:

(1)防锈层。一般采用防锈油漆涂刷而成。防锈油漆应采用防锈能力强的油漆。

(2)保温层。保温结构的主要部分,所用保温材料及保温层厚度应符合设计要求。

(3)防潮层。防止水蒸气或雨水渗入保温材料,以保证材料良好的保温效果和使用寿命。所用材料有沥青及沥青油毡、玻璃丝布、聚乙烯薄膜等。

(4)保护层。保护保温层或防潮层不受机械损伤,增加保温结构的机械强度和防湿能力。一般采用石棉石膏、石棉水泥、麻刀灰、金属薄板及玻璃丝布等材料。

(5)防腐层及识别标志。一般采用油漆直接涂刷于保护层上,以防止保护层受腐蚀,同时也起识别管内流动介质的作用。

保温操作程序:首先在管外壁涂刷两层红丹防腐油漆,然后设置保温层,再施加保护层,最后施加防腐层及识别标志。

2. 保温层施工方法

管道、设备和容器的保温应在防锈层及水压试验合格后进行。如需先保温或预先做保温层,应将管道连接处和环形焊缝留出,等水压试验合格后,再将连接处保温。保温层的施工方法较多,具体采用什么方法取决于保温材料的形状和特性,常用的保温方法有涂抹法保温、充填法保温、包扎法保温、预制块保温。除了上述保温方法外还有套筒式保温、缠绕法保温、粘贴法保温、贴钉法保温等。

保温层施工时,应符合下述要求:

(1)管道保温材料应粘贴紧密、表面平整、圆弧均匀、无环形断裂、绑扎牢固。保温层厚度应符合设计要求,厚度应均匀,允许偏差为+5%~-10%。

(2)垂直管道作保温时,应根据保温材料的密度和抗压强度,设置支撑托板。一般按3~5 m设置1个,支撑托板应焊在管壁上,其位置应在立管支架的上部200 mm。

(3)保温管道的支架处应留膨胀伸缩缝。用保温瓦或保温后呈硬质的材料保温时,在直线段上每隔5~7 m应留1条间隙为5 mm的膨胀缝,在弯管处管径小于或等于300 mm应留1条20~30 mm的膨胀缝。膨胀伸缩缝和膨胀缝须用柔性保温材料(石棉绳或玻璃棉)填充。

(4)除寒冷地区的室外架空管道的法兰、阀门等附件应按设计要求保温外,一般法兰、阀门、套管伸缩器等不应保温。在其两侧应留70~80 mm间隙不保温,并在保温层端部抹60°~70°的斜坡,以便维护检修。设备和容器上的人孔、手孔或可拆卸部件附近的保温层端部应做成45°斜坡。

3. 保护层常用材料

保护层常用的材料和形式有沥青油毡和玻璃丝布保护层、玻璃丝布保护层、石棉石膏或石棉水泥保护层、金属薄板保护壳等。

6.5 管道附属构筑物施工

为保证室外给水排水管道的正常运行,往往需设置操作及检查等用途的井室,设置保证管道运行的进出水口,设置稳定管道及管道附件的支墩和锚固结构。这些附属构筑物以往常常采用砖、石等砌体砌筑结构,已属于淘汰建造工艺,目前主要采用混凝土或钢筋混凝土结构建造或直接采用装配式组装而成。

管道附属构筑物的位置、结构类型和构造尺寸等应按设计要求施工。管道附属构筑物的基础(包括支墩侧基)应建在原状土上,当原状土地基松软或被扰动时,应按设计要求进行地基处理。施工中应采取相应的技术措施,避免管道主体结构与附属构筑物之间产生过大差异沉降,而致使结构开裂、变形、破坏。另外,管道接口不得包覆在附属构筑物的结构内部。

当采用混凝土或钢筋混凝土结构时,混凝土强度等级及钢筋的配置应符合设计规定,混凝土强度一般不宜小于C20,相关施工要求见第3章。

6.5.1 井室施工

1. 一般要求

井室的混凝土基础应与管道基础同时浇筑。排水检查井内的流槽,宜与井壁同时进行砌筑。当采用砌筑时,表面应采用砂浆分层压实抹光,流槽应与上下游底部接顺,管道内底高程应符合设计规定。当管道D≥800 mm时流槽内设置脚窝,D<800 mm时不设脚窝。

管道穿过井壁的施工应符合设计要求,设计无要求时应符合以下规定:混凝土类管道、金属类无压管道,其管外壁与井壁预留洞圈之间为刚性连接时水泥砂浆应坐浆饱满、密实;金属类压力管道,井壁洞圈应预设套管,管道外壁与套管的间隙应四周均匀一致,其间隙宜采用柔性或半柔性材料填嵌密实;化学建材管道宜采用中介层法与井壁洞圈连接;对于现浇混凝土结构井室,井壁洞圈应振捣密实;排水管道接入检查井时,管口外缘与井内壁平齐。

1)预制装配式结构井室

施工应符合:预制构件及其配件经检验符合设计和安装要求;预制构件装配位置和尺寸正确,安装牢固;采用水泥砂浆接缝时,企口坐浆与竖缝灌浆应饱满,装配后的接缝砂浆凝结硬化期间应加强养护,并不得受外力碰撞或震动;设有橡胶密封圈时,胶圈应安装稳固,止水严密可靠;设有预留短管的预制构件,其与管道的连接应符合管道施工接口有关规定执行;底板与井室、井室与盖板之间的拼缝,水泥砂浆应填塞严密,抹角光滑平整。

预制装配式井的优势包括以下方面:

(1)与传统在施工现场砖砌检查井、现浇检查井施工方法相比,工厂化预制的产品规范化、标准化,检查井质量稳定、强度高、整体性好。另外,相对于已经环保禁用的粘土砖,预制混凝土井符合国家产业政策,还能有效解决以往砖砌检查井强度低、耐久性差的质量缺陷,并减少由此引发的烂眼圈、井周下沉等病害。

(2)传统检查井施工方法是在施工管道安装完成后再进行砌筑或现浇混凝土施工,人工作业时间及产品养护都是顺序作业,且工期长;而预制装配检查井提前在工厂预制,当管道安装完成后直接可实施快速安装,这样能节省施工工时、缩短主工期,有助于早日通行,减缓道路交通压力,另外,这样也大大减少了工人在深基坑内作业的安全风险。

(3)装配式井身与管道接口处后期处理方式,很好地克服了现浇钢筋混凝土由于模板与管道接口不严密而引起的接口漏浆问题,有效防止漏水,具有优越的水密性。

(4)关于预制检查井无论明槽还是顶管工程,可实现从基槽底到路面上全面一式的检查井预制,适用范围广,使预制构件在排水工程中能够全面应用。

(5)通过在工厂化生产,因为定标定量,一定范围内减少了材料浪费,又能做到节能环保,符合当前国家治污减霾的战略要求。

2)现浇钢筋混凝土结构井室

施工应符合:浇筑前,钢筋、模板工程经检验合格,混凝土配合比满足设计要求;振捣密实,无漏振、走模、漏浆等现象;及时进行养护,强度等级未达设计要求不得受力;浇筑时应同时安装踏步,踏步安装后在混凝土未达到规定抗压强度前不得踩踏。

3)有支、连管接入的井室

应在井室施工的同时安装预留支、连管,预留管的管径、方向、高程应符合设计要求,管与井壁衔接处应严密;排水检查井的预留管管口宜采用低强度砂浆砌筑封口抹平。当预留支管无法与检查井同时施工时,可在井壁上预留孔洞。

4)井圈的安装

井室施工达到设计高程后,应及时浇筑或安装井圈。当井盖的井座及井圈采用预制构件时,坐浆应饱满;采用钢筋混凝土现浇制作时,应加强养护,并不得受到损伤。

5)井室内部处理

施工应符合:预留孔、预埋件应符合设计和管道施工工艺要求;排水检查井的流槽表面应平顺、圆滑、光洁,并与上下游管道底部接顺;透气井及排水落水井、跌水井的工艺尺寸应按设计要求进行施工;阀门井的井底距承口或法兰盘下缘以及井壁与承口或法兰盘外缘应留有安装作业空间,其尺寸应符合设计要求;非开槽法施工的管道,工作井作为管道井室使用时,其洞口处理及井内布置应符合设计要求。

6）井盖

给排水井盖选用的型号、材质应符合设计要求,设计未要求时,宜采用复合材料井盖,行业标志明显;道路上的井室必须使用重型井盖,装配稳固。

冬期施工时,应采取防寒措施;雨期施工时,应防止漂管。

2. 阀门等给水附件井施工

阀门等给水附件井的井底距承口或法兰盘的下缘不得小于 100 mm,井壁与承口或法兰盘的外缘的距离,当管径≤400 mm 时,不应小于 250 mm;当管径≥500 mm 时,不应小于 350 mm。

管道穿越井室壁或井底,应留有 30～50 mm 的环缝,用油麻-水泥砂浆,或油麻-石棉水泥,或黏土填塞并捣实。阀门等给水附件下应设置混凝土支墩,保证附件不被损坏。

3. 排水检查井施工

排水检查井内的流槽,宜与井壁同时进行砌筑。当采用砌筑时,表面应采用砂浆分层压实抹光,流槽应与上下游底部接顺,管道内底高程应符合设计规定。

排水检查井的预留支管应随砌随安,预留管的直径、方向以及标高应符合设计要求,管与井壁衔接处应严密不得漏水,预留支管管口宜用低强度等级砂浆砌筑封口抹平。

排水检查井接入圆管的管口应与井内壁平齐,当接入管的管径大于 300 mm 时,应砌砖圈加固。

排水检查井闭水合格后回填,井室周围回填土不得含有砖、石等有损井壁的杂物,施工机具不得碰撞井壁,如井壁出现破损应进行修复或更换。

预制塑料检查井底座、井室、预留管等部位应连接严密,连接方式及踏步安装符合其产品安装手册要求。

4. 雨水口施工

雨水口位置及深度应符合设计要求,不得外扭。雨水支管的管口应与井墙平齐。雨水口基础施工时,应符合:开挖雨水口槽及雨水管支管槽,每侧宜留出 300～500 mm 的施工宽度;槽底应夯实并及时浇筑混凝土基础;采用预制雨水口时,基础顶面宜铺设 20～30 mm 厚的砂垫层。

雨水口砌筑应符合:管端面在雨水口内的露出长度,不得大于 20 mm,管端面应完整无破损;砌筑时,灰浆应饱满,随砌、随勾缝,抹面应压实;雨水口底部应用水泥砂浆抹出雨水口泛水坡;砌筑完成后雨水口内应保持清洁,及时加盖,保证安全。

预制雨水口安装应牢固,位置平正。井框、井箅应完整无损,安装平稳、牢固。井周回填土应符合设计要求及土方回填的有关规定。

位于道路下的雨水口、雨水支、连管应根据设计要求浇筑混凝土基础。坐落于道路基层内的雨水支连管应作 C25 级混凝土全包封,且包封混凝土达到 75% 设计强度前,不得放行交通。

雨水口与检查井的连管应直顺、无错口,坡度应符合设计规定。雨水口底座及连管应设在坚实土质上。连管埋设深度较小时,应对埋管进行负荷校核,超过破坏荷载时,对连管应采取必要的加固措施。

5. 质量要求

井壁同管道连接处应填嵌密实,不得漏水。闸阀的启闭杆中心应与井口对中。

雨水口井圈的高程应比周围路面低 0～5 mm。井圈与井墙应吻合，允许偏差应在 －10～＋10 mm 范围内。井圈与道路边线相邻边的距离应相等，其允许偏差应为 －10～ ＋10 mm。

井室的允许偏差应符合表 6-20 的规定。

表 6-20　井室的允许偏差(mm)

	检查项目		允许偏差
1	平面轴线位置(轴向、垂直轴向)		15
2	结构断面尺寸		＋10.0
3	井室尺寸	长、宽	±20
		直径	
4	井口高程	农田或绿地	＋20
		路面	与道路规定一致
5	井底高程	管内径 D_i≤1000	±10
		管内径 D_i＞1000	±15
6	踏步安装	水平及垂直间距、外露长度	±10
7	脚窝	高、宽、深	±10
8	流槽宽度		＋10

6.5.2　进出水口构筑物施工

进出水口一般分为一字式翼墙和八字式翼墙两种。一字式用于与渠道顺连，八字式用于与渠道呈 90°～135°交错相接。进出水口若采用石砌时，可采用片石、料石、块石等。有冰冻情况下不可采用砖砌。

1. 施工要求

进出水口构筑物宜在枯水期施工。构筑物的基础应建在原状土上，当地基土松软或被扰动时，可采用砂石回填、块石砌筑或浇筑混凝土等方法来保证地基符合设计要求。

进出水口的泄水孔必须通畅，不得倒流。

翼墙变形缝应位置准确，安设顺直、上下贯通，其宽度允许偏差为 0～5 mm。翼墙背后填土应分层夯实，其压实度不得小于 95%；填土时墙后不得有积水；填土应与反滤层铺设同时进行。

管道出水口防潮门井的混凝土浇筑前，应将防潮闸门框架的预埋件固定，预埋件中心位置允许偏差应为 3 mm。

护坡干砌时，嵌缝应严密，不得松动；浆砌时灰缝砂浆应饱满，缝宽均匀，无裂缝、无鼓起，表面平整。干砌护坡应使砌体边沿封砌整齐、坚固、不被掏空，必要时应加强护坡。

护坡砌筑的施工顺序应自下而上，石块间相互交错，使砌体缝隙严密，砌块稳定，坡面平整，并不得有通缝、叠砌和架空现象。

2. 质量要求

砌筑护坡坡度不应陡于设计规定;坡面及坡底应平整;坡脚顶面高程允许偏差应在±20 mm范围内;砌体厚度不应小于设计规定。

6.5.3 管道支墩施工

压力管道为防止管道内水压通过弯头、三通、堵头和叉管等处产生拉力,以至接头产生松动脱节现象,为保护管道不受破坏,应根据管径大小、转角、管内压力、土质情况以及设计要求设置支墩或锚定结构。

支墩及锚定结构所采用砖的标号应≥MU10,片石的标号应≥MU20,混凝土或钢筋混凝土的抗压强度应≥C15,砌筑用砂浆应≥M7.5。

管道及管道附件支墩和锚定结构的位置以及尺寸应准确,锚定必须牢固。钢制锚固件必须采取相应的防腐处理。

支墩应在坚固的地基上修筑。当无原状土做后背墙时,应采取措施保证支墩在受力情况下,不至破坏管道接口。当采用砌筑支墩时,原状土与支墩间应采用砂浆填塞。

管道支墩应在管道接口做完、管道位置固定后修筑。支墩施工前,应将支墩部位的管节、管件表面清理干净。管道安装过程中的临时固定支架,应在支墩的砌筑砂浆或混凝土达到规定强度后方可拆除。管道及管件支墩施工完毕,并达到强度要求后可进行水压试验。

管道支墩平面轴线位置(轴向、垂直轴向)允许偏差不大于15 mm,支撑面中心高程允许偏差−15～+15 mm以内,结构断面尺寸(长、宽、厚)允许偏差0～10 mm。

6.6 管道质量检查与验收

管道质量检查包括材料和施工检查。材料检查指管材、管件和设备的完好性检查,施工质量检查主要是管道安装质量是否符合规范要求。

1. 材料检查

给排水管道工程所用的原材料、半成品、成品等产品的品种、规格、性能必须符合国家有关标准的规定和设计要求;接触饮用水的产品必须符合有关卫生要求;严禁使用国家明令淘汰、禁用的产品。

工程所用的管材、管道附件、构(配)件和主要原材料等产品进入施工现场时必须进行进场验收并妥善保管。进场验收时应检查每批产品的订购合同、质量合格证书、性能检验报告、使用说明书、进口产品的商检报告及证书等,并按国家有关标准规定进行复检,验收合格后方可使用。(《城市给水工程项目规范》(GBGB 55026−2022),废止条文)

2. 施工质量检查

给排水管道工程施工质量控制应符合下列规定:①各分项工程应按照施工技术标准进行质量控制,每分项工程完成后,必须进行检验。②相关各分项工程之间,必须进行交接检验,所有隐蔽分项工程必须进行隐蔽验收,未经检验或验收不合格不得进行下道分项工程。

管道附属设备安装前应对有关的设备基础、预埋件、预留孔的位置、高程、尺寸等进行复核。施工单位应按照相应的施工技术标准对工程施工质量进行全过程控制,建设单位、勘察单位、设计单位、监理单位等各方应按有关规定对工程质量进行管理。

管道安装允许偏差与检验方法如下：

1）位置及高程

管道铺设的允许偏差应符合表6-21的规定

表6-21　管道铺设的允许偏差（mm）

检查项目		允许偏差		检查数据		检查方法
				范围	点数	
1	水平轴线	无压管道	15	每节管	1点	经纬仪测量或挂中线用钢尺量测
		压力管道	30			
2	管底高程	管内径 $D_i \leqslant 1000$ 无压管道	±10			水准仪测量
		压力管道	±30			
		管内径 $D_i > 1000$ 无压管道	±15			
		压力管道	±30			

2）其他尺度

检验方法：用水平尺、直尺、拉线、吊线和尺量检查。

允许偏差：见表6-22。

表6-22　其他尺度安装允许偏差

管材类别	项目		允许偏差/mm
铸铁管、球墨铸铁管	水平管纵横方向弯曲	直段（25 m以上）起点～终点	40
钢管、塑料类管道、复合管	水平管纵横方向弯曲	直段（25 m以上）起点～终点	30
钢管	立管垂直度	每米	3
		5 m以上	≤8
塑料类管、复合管	立管垂直度	每米	2
		5 m以上	≤8
铸铁管		每米	3
		5 m以上	≤10
成排管段和成排阀门	在同一平面上间距		3

第7章 室外地下管道非开槽施工

管道的非开槽施工是指在不开挖地表的条件下完成管线的铺设、更换、修复、检测和定位的工程施工技术。它具有不影响交通、不破坏环境、土方开挖量小等优点,同时,它能消除冬期和雨期对开槽施工的影响,有较好的经济效益和社会效益。在大多数情况下,尤其是在繁华市区和管线埋深较深时,非开槽施工是明挖施工的最佳替代方法;在特殊情况下,例如无破坏性地穿越公路、铁路、河流、建筑物等,非开槽施工是一种唯一经济可行的施工方法。

管道非开槽铺设施工的管材采用较多的是抗压强度高、刚度好的预制管道,如钢管、钢筋混凝土管,也可采用其他金属管、塑料管、玻璃钢管和各种复合管。非开槽施工管道的断面形状采用最多的是圆形,也可采用方形、矩形和其他形状的预制或现浇的钢筋混凝土管沟。

地下管道非开槽施工的方法很多,常用的有人工、机械或水力掘进顶管、不出土的挤压土层顶管、盾构掘进衬砌成型管道或浅埋暗挖法、定向钻法、夯管法等。

7.1 掘进顶管

7.1.1 基本工序

敷设管道前,在管线的一端先建造一个工作坑(井)。在坑内的顶进轴线后方布置后背墙、千斤顶,将敷设的管道放在千斤顶前面的导轨上,管道的最前端安装工具管。千斤顶顶进时,以工具管开路,顶推着前面的管道穿过坑壁上的穿墙管(孔)把管道压入土中。与此同时,进入工具管的泥土被不断挖掘排出管外。当千斤顶达到最大行程后缩回,放入顶铁,继续顶进。如此不断加入顶铁,管道不断向土中延伸。当坑内导轨上的管道几乎全部顶入土中后,缩回千斤顶,吊去全部顶铁,将下一节管段吊下坑,安装在管段的后面,接着继续顶进,如此循环施工,直至顶完全程(见图7-1)。

顶管的施工组织应包括以下主要内容:施工现场平面布置图;顶进方法的选用和顶管段单元长度的确定;工作坑位置的选择及其结构类型的设计;顶管机头选型及各类设备的规格、型号及数量;顶力计算和后背设计;洞口的封门设计;测量、纠偏的方法;垂直运输和水平运输布置;下管、挖土、运土或泥水排除的方法;减阻措施;控制地面隆起、沉降措施;地下水排除方法;注浆加固措施;安全技术措施等。

7.1.2 顶管施工工艺的选择

顶管法敷管的施工工艺类型很多,不同施工工艺都配有相应的工具管、出土工具等,形成了适用不同条件的、各具特色的成套顶管施工技术。

按照管前掘进方式不同,顶管施工分为普通掘进式(人工掘进)、挤压式、机械式、半机械式、水力掘进式等;按照前方防塌方式不同,顶管施工分为机械平衡、土压平衡、水压平衡、气压平衡等;按照前方工作面土质稳定性不同,顶管施工可以采用开放式或密闭式;按照出土方式不同,顶管施工可以采用干出土和泥水出土。

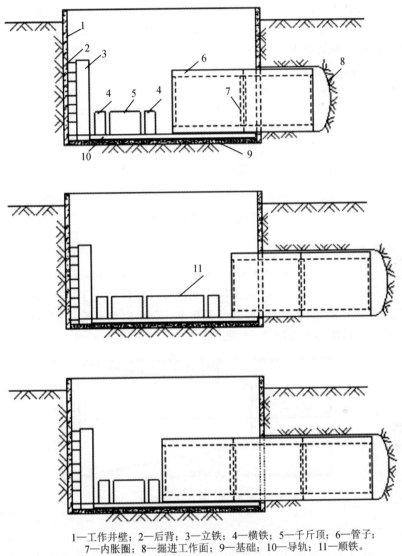

1—工作井壁;2—后背;3—立铁;4—横铁;5—千斤顶;6—管子;
7—内胀圈;8—掘进工作面;9—基础;10—导轨;11—顺铁。

图7-1　掘进顶管过程示意图

　　任何一种顶管施工方法都有其局限性。因此,对具体土层等条件,必须选择与之相适应的顶管施工工艺。

　　根据顶进管道的口径大小,将其分为小口径($D<800$ mm)、中口径(800 mm$\leqslant D<1800$ mm)、大口径($D\geqslant1800$ mm)。一般认为,从经济的角度看,顶管的管径上限是4 000 mm。顶管多为直线顶进,较少进行曲线顶进。

1. 开放式施工工艺

1)手掘式工具管

工人可以直接进入工作面挖掘,随时观察土层与工作面的稳定状态,遇有障碍物、偏差,易于采取应变措施及时处理,造价低廉,便于掌握。其缺点是效率低,必须将地下水水位降至管基以下 0.5 m,方可施工。

　　手掘式工具管有无纠偏装置和有纠偏装置两类(见图 7-2)。刃口又分有格栅和无格栅两种。有无格栅应根据管径的大小和土体稳定程度而定,一般管径较大的应有格栅,防止坍塌。在土质比较稳定的情况下,首节管不带前面的管帽,直接以首节管作为工具管进行顶管施工,也是常用的一种施工方法。

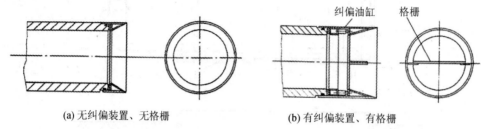

(a) 无纠偏装置、无格栅　　　　　(b) 有纠偏装置、有格栅

图 7-2　刃口工具管

　　2)挤压式工具管

　　在首节管道前安装喇叭口形的锥筒,当顶进时将土体挤入喇叭口内,土体被压缩后从锥筒后口吐出条形土柱,然后由运土工具将土吊运至地面。该法适用于大中口径的管道,对潮湿、可压缩的黏性土、砂性土比较适宜。该法设备简单、安全,避免了挖装土的工序,比人工挖掘提高效率 1~2 倍。其构造形式如图 7-3 所示。

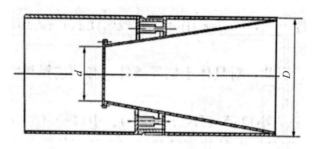

图 7-3　挤压式工具箱

　　3)机械式开挖工具管

　　在工具管的前方装有钻进式的刀盘,由电动机驱动,刀盘径向转动的为径向切削机头,纵向转动的为纵向切削机头,被挖下来的土体由皮带运输机运出。这种机头适用于无地下水干扰、土质稳定的黏性土或砂性土层。

　　4)挤密土层式工具管

　　工具管分为锥形和管帽形,工具管安装在被顶管道的前方,顶进时借助千斤顶的顶力,将管子直接挤入土层内,顶进时管周围的土层被挤密实。这种顶管方法引起地面变形较大,仅适用于潮湿的黏土、砂土、粉质黏土,顶距较短的小口径钢管、铸铁管,且对地面变形要求不甚严格的地段。工具管的结构如图 7-4 所示。

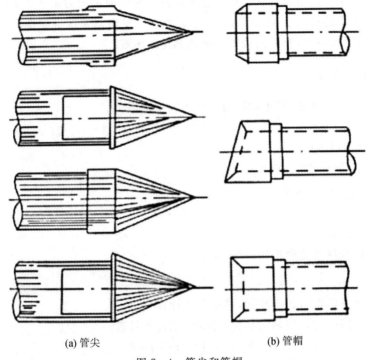

(a) 管尖　　　　　　　　　(b) 管帽

图 7 - 4　管尖和管帽

2. 密闭式施工工艺

1）水力切削式机头

机头由三段组成，首段位于机头的前方，该段设有一密封舱，舱内装有高压水枪、刃角、格栅、泥浆吸口、输泥管等。前段与中段之间设一对水平铰，通过上下纠偏油缸的伸缩，可使工具管上、下转动，中段与后段之间设一垂直铰，通过左右油缸的伸缩，可使工具管左右转动，因此该工具管使用时，上下纠偏与左右纠偏是分开的，彼此互不干扰。首段上的铰链可以拆卸，以更换不同类型的首段，以适应不同土层顶管的要求，可适用于管径 1200～3000 mm 饱和软土层的顶管施工。

2）土压平衡式机头

在工具管前方设有密封舱，舱内装有刀盘、压力传感器、螺旋输送器、观测孔等装置，工作人员在密封舱外，借助观测孔、压力传感器和仪表，操作电控开关控制刀盘切削和顶进速度。所谓土压平衡就是在刀盘切削下来的土、砂中注入具有流动性和不透水性的"作泥材料"，然后在刀盘强制转动、搅拌下，使切削下来的土变成流动性的、不透水的特殊土体，使之充满密封舱，并保持一定压力来平衡开挖面的土压力。螺旋输送器的出土量和顶进速度，要与刀盘的切削速度相配合，以保持密封舱内的土压力与开挖面的土压力始终处于平衡状态。这一过程，目前在较先进的设备上，是靠压力传感器提供的电信号自控完成的。该机头适用于含水量较高的黏性、砂性土以及地面隆陷值要求控制较严格的地区。

3）泥水平衡式机头

泥水平衡式顶管的基本原理是泥水护壁。这种机头和土压平衡式机头一样，在机头前设有密封仓、切削刀盘等设备。随着工具管的推进，刀盘在不断转动，进泥管不断进泥水，抛泥管不断将混有弃土的泥水抛出密封仓。密封仓要保持一定的泥水压力来平衡土压力和地下水压力。该机头适用于渗透系数小于 10^{-3} cm/s 的砂性土。其特点是挖掘面稳定,地面沉降小,可以连续出土,但因泥水量大,弃土的运输和堆放都比较困难。

7.1.3 顶力计算

顶管的总顶力分两部分,即正面阻力和四周的摩擦阻力。

$$F = F_1 + F_2 \tag{7-1}$$

式中　F——总顶力(kN);

　　　F_1——工具管正面阻力(kN);

　　　F_2——管道摩阻力(kN);

$$F_2 = f_2 \cdot L \tag{7-2}$$

　　　L——管道总长度(m);

　　　f_2——单位长度管道摩阻力(kN/m)。

1. 正面阻力

不同工具管的正面阻力各不相同,可按以下计算。

(1)挖掘式工具管(包括简易工具管、开敞挖掘式工具管):

$$F_1 = \pi(D-t) \cdot t \cdot R \tag{7-3}$$

当工具管顶部及两侧允许超挖时,$F_1 = 0$。

(2)挤压式工具管:

$$F_1 = \pi D^2(1-e) \cdot R/4 \tag{7-4}$$

(3)网格挤压工具管:

$$F_1 = \pi \alpha D^2 R/4 \tag{7-5}$$

(4)三段双铰型工具管:

$$F_1 = \pi D^2(\alpha R + P_n)/4 \tag{7-6}$$

(5)土压平衡式工具管和泥水平衡式工具管:

$$F_1 = \pi D^2 \gamma H/4 \tag{7-7}$$

式中　F_1——工具管正面阻力(kN);

　　　D——工具管外径(m);

　　　t——工具管刃脚厚度(m);

　　　R——挤压阻力(kN/m²),取 $R = 300 \sim 500$ kN/m²;

　　　α——网格截面参数,取 $\alpha = 0.6 \sim 1.0$;

　　　P_n——气压强度(kN/m²);

　　　γ——土的重度(kN/m³);

　　　H——管顶覆土高度(m);

　　　e——开口率。

2. 摩阻力计算

管道的摩擦阻力是指管壁与土之间的摩擦阻力。在正常情况下,管壁摩阻力可按以下公式计算(不包括曲线顶管以及管轴线偏差超差的顶管):

$$f_2 = \pi D \mu (P_1 + P_2)/2 + \mu W \tag{7-8}$$

式中　f_2——单位长度管壁摩阻力(kN/m);

　　　D——工具管外径(m);

　　　μ——摩擦系数,黏性土干湿条件下分别为 0.4~0.5 和 0.2~0.3,砂性土干湿条件下分别为 0.5~0.6 和 0.3~0.4;

　　　W——单位长度管道自重(kN/m);

　　　P_1——垂直土压力(kN/m²);

　　　P_2——管道水平土压力(kN/m²)。

无卸力拱时:

$$P_1 = \gamma H \tag{7-9}$$

$$P_2 = \gamma (H + D/2) \tan^2 (45° - \varphi/2) \tag{7-10}$$

有卸力拱时:

$$P_1 = \gamma h_0 \tag{7-11}$$

$$P_2 = \gamma (h_0 + D/2) \tan^2 (45° - \varphi/2) \tag{7-12}$$

其中,判别形成卸力拱的两个必要条件是:①土的坚固系数 $f_{kp} \geqslant 0.8$;②覆土深度 $H \geqslant 2.0h_0$。

$$h_0 = \frac{D[1 + \tan(45° - \dfrac{\varphi}{2})]}{2\tan\varphi} \tag{7-13}$$

式中　γ——土的重度(kN/m³);

　　　H——管顶覆土高度(m);

　　　h_0——管顶卸力拱高度(m);

　　　D——工具管外径(m);

　　　φ——土的内摩擦角(°)。

顶管施工,在计算施工顶力时,应综合考虑管节材质、顶进工作井后背结构允许最大荷载、顶进设备能力、施工技术等因素。施工最大顶力应大于顶进阻力,但不得超过管材或工作井后背墙的允许顶力。当施工最大顶力有可能超过允许顶力时,应采取减少顶进阻力、增设中继间等技术。一次顶进距离大于 100 m 时,应采用中继间技术。中继间的设置规定详见《给水排水管道工程施工及验收规范》(GB 50268—2008)。

7.1.4　工作坑

工作坑也称为竖井,是顶管施工起始点、终结点、转向点的临时设施。工作坑中除安装有顶进系统外,还设有导轨、后背及后座墙、密封门、排水坑等设备。

1. 位置的选择

工作坑位置应根据地形、管线设计、地面障碍物情况等因素确定。一般按下列条件进行选择:

(1)管道井室的位置;

(2)可利用坑壁土体作后背支承;

(3)便于排水、出土和运输;

（4）对地上与地下建筑物、构筑物易于采取保护和安全措施；

（5）距电源和水源较近，交通方便；

（6）单向顶进时宜设在下游一侧。

2.工作坑的种类与尺寸

由于工作坑的作用不同，其称谓也有所不同，如管道只向一个方向顶进的工作坑称单向坑。向一个方向顶进而又不会因顶力增大而导致管端压裂或后背墙或后座墙破坏所能达到的最大长度，称为一次顶进长度。一次顶进长度因管材、顶进土质、后背和后座墙种类及其强度、顶进技术、管子埋设深度不同而异。为了增加从一个工作坑顶进的管道有效长度，可以采用双向坑。根据不同功能，其他工作坑还有：转向坑、多向坑、交汇坑、接收坑等，如图 7-5 所示。工作坑一般为单管顶进，但有时两条或三条管道在同一工作坑内同时或先后顶进。

1—单向坑；2—双向坑；3—多向坑；4—转向坑；5—交汇坑。

图 7-5　工作坑种类

工作坑的尺寸要考虑管道下放、各种设备进出、人员上下、坑内操作等必要空间以及排弃土的位置等，其平面形状一般采用矩形。

矩形工作坑的底部应符合下列公式要求：

$$B = D_1 + S \tag{7-14}$$

$$L = L_1 + L_2 + L_3 + L_4 + L_5 \tag{7-15}$$

式中　B——矩形工作坑的底部宽度（m）；

D_1——管道外径（m）；

S——操作宽度，可取 2.4～3.2（m）；

L——矩形工作坑的底部长度（m）；

L_1——工具管长度（m）；当采用管道第一节管作为工具管时，钢筋混凝土管不宜小于 0.3 m；钢管不宜小于 0.6 m；

L_2——管节长度（m）；

L_3——运土工作间长度（m）；

L_4——千斤顶长度（m）；

L_5——后背墙的厚度（m）。

工作坑深度应符合下列公式要求：

$$H_1 = h_1 + h_2 + h_3 \tag{7-16}$$

$$H_2 = h_1 + h_3 \tag{7-17}$$

式中　H_1——顶进坑地面至坑底的深度（m）；

H_2——接受坑地面至坑底的深度（m）；

h_1——地面至管道底部外缘的深度（m）；

h_2——管道外缘底部至导轨底面的高度（m）；

h_3——基础及其垫层的厚度；但不应小于该处井室的基础及垫层厚度（m）。

3. 结构形式

工作坑的结构应具备足够的安全度,一般可采用钢板桩、灌注桩、工法桩、沉井或地下连续壁支撑形成封闭式框架。当采用永久性构筑物作工作坑时,亦可采用钢筋混凝土结构等。其结构应坚固、牢靠,能全方向地抵抗土压力、地下水压力及顶进时的顶力。矩形工作坑的四角应加斜撑。

4. 后背墙与后背土体

后背墙是将顶管的顶力传递至后背土体的墙体结构。根据施工经验,当顶力小于 400 t 时,后背墙后的原土厚度不小于 7.0 m 就不致发生大位移现象(墙后开槽宽度不大于 3.0 m)。

采用装配式后背墙时应符合下列规定:

(1)装配式后背墙宜采用方木、型钢或钢板等组装,组装后的后背墙应有足够的强度和刚度。

(2)后背墙壁面应平整,并与管道顶进方向垂直。

(3)装配式后背墙的底端宜在工作坑底以下,不宜小于 50 cm。

(4)后背墙壁面应与后背贴紧,有孔隙时应采用砂石料填塞密实。

(5)组装后背墙的构件在同层内的规格应一致。各层之间的接触应紧贴,并层层固定。

也可利用已顶进完毕的管道作后背。此时应使待顶管道的顶力应小于已顶管道的顶力,同时在后背钢板与管口之间衬垫缓冲材料,保护已顶入管道的接口不受损伤。

当土质条件差、顶距长、管径大时,可采用地下连续墙式后背墙、沉井式后背墙和钢板桩式后背墙。后背墙的厚度可根据主压千斤顶的布置,通过结构计算决定。一般在 0.5~1.6 m 范围内。

7.1.5　设备安装

1. 导轨

导轨不仅对管节在未顶进以前起稳定位置的作用,更重要的是它能导引管节沿着要求的中心线和坡度向土中推进。因此,导轨的安装是保证顶管工程质量的关键一环。导轨应选用钢质材料制作,两导轨应顺直、平行、等高,其纵坡应与管道设计坡度一致。导轨安装的允许偏差为:轴线位置;3 mm;顶面高程:0~3 mm;两轨内距:±2 mm。安装后的导轨应牢固,不得在使用中产生位移,并应经常检查校核。

2. 千斤顶与油泵

千斤顶宜固定在支架上,并与管道中心的垂线对称,其合力的作用点应在管道中心的垂直线上。千斤顶合力作用点除与管道中心的垂线对称外,其高提的位置,一般位于管子总高 1/4~1/5 处,若高提值过大则促使管节愈顶愈低。当千斤顶多于一台时,宜取偶数,且其规格宜相同;当规格不同时,其行程应同步,并应将同规格的千斤顶对称布置。千斤顶的油路应并联,每台千斤顶应有进油、退油的控制系统。

油泵宜设置在千斤顶附近,油管应顺直、转角少。油泵应与千斤顶相匹配,并应有备用油泵。油泵安装完毕,应进行试运转。顶进开始时,应缓慢进行,待各接触部位密合后,再按正常顶进速度顶进。顶进中若发现油压突然增高,应立即停止顶进,检查原因并经处理后方可继续顶进。千斤顶活塞退回时,油压不得过大、速度不过快。

3. 顶铁

顶铁是顶进管道时,千斤顶与管道端部之间临时设置的传力构件。其作用有二:一是将千斤顶的合力通过顶铁比较均匀地分布在管端;二是调节千斤顶与管端之间的距离,起到伸长千斤顶活塞的作用。因此,顶铁应有足够的强度和刚度,精度必须符合设计标准。

顶铁分为以下几种:

(1)横铁。此种顶铁使用时与顶力方向垂直,起梁的作用,一般长度为 1.2 m、1.5 m、1.8 m、2.0 m 等几种规格。

(2)顺铁。此种顶铁使用时与顶力方向一致,起柱的作用。

(3)弧形或环形顶铁。此种顶铁用于管端接口部位以避免接口损伤。

顶铁是用工字钢或槽钢拼焊而成的,其构造如图 7-6 所示。

4. 起重设备

起重设备主要作用是下管、提升坑内堆积的挖掘出土到地面。设备的选用应根据最大提升质量考虑。使用时应注意安全,严禁超负荷运行。

7.1.6 顶管施工的接口形式

钢管采用焊接接口。当顶进钢管采用钢丝网水泥砂浆和肋板保护层时,焊接后应补做焊口处的外防腐处理。

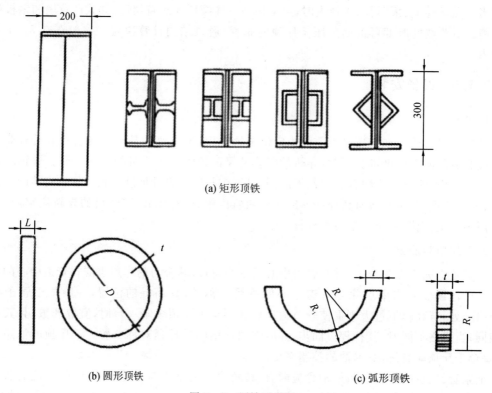

(a) 矩形顶铁

(b) 圆形顶铁   (c) 弧形顶铁

图 7-6　顶铁示意图

钢筋混凝土管常用钢胀圈接口、企口接口、"T"形接口、"F"形接口等几种方式进行连接。

1. 钢胀圈连接

钢胀圈连接常用于平口钢筋混凝土管连接。管节稳好后,在管内侧两管节对口处用钢胀圈连接起来,形成刚性口以避免顶进过程中产生错口。钢胀圈是用6~8 mm的钢板卷焊成圆环,宽度为300~400 mm。

环的外径小于管内径30~40 mm。连接时将钢胀圈放在两管节端部接触的中间,然后打入木楔,使钢胀圈下方的外径与管内壁直接接触,待管道顶进就位后,将钢胀圈拆除,管口处用油麻、石棉水泥填打密实,如图7-7所示。

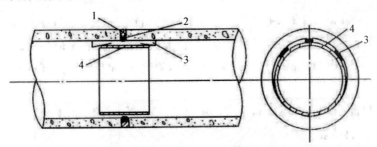

1—麻辫；2—石棉水泥；3—铁楔；4—钢圈。

图7-7　钢胀圈接口

2. 企口连接

企口连接可以是刚性接口,也可以是柔性接口,如图7-8、图7-9所示。企口连接的钢筋混凝土管不宜用于较长距离的顶管,特别是中长距离的顶管。

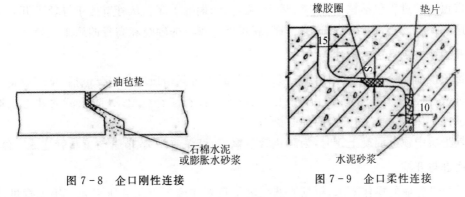

图7-8　企口刚性连接

图7-9　企口柔性连接

3. "T"形接口

"T"形接口是在两管段之间插入一钢套管,钢套管与两侧管段的插入部分均有橡胶密封圈,如图7-10所示。

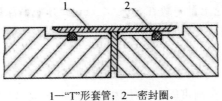

1—"T"形套管；2—密封圈。

图7-10　"T"形接口

4."F"形接口

"F"形接口是"T"形接头的发展。典型的"F"形接头密封和受力如图 7-11 所示。钢套管是一个钢筒,与管段的一端浇筑成一体,形成插口。管段的另一端混凝土做成插头,插头上有密封圈的凹槽。相邻管段连接时,先在插头上安装好密封圈,在插口上安装好木垫片,然后将插头插入插口就完成连接。这种接头在使用时一定要注意方向,插口始终是朝后的。

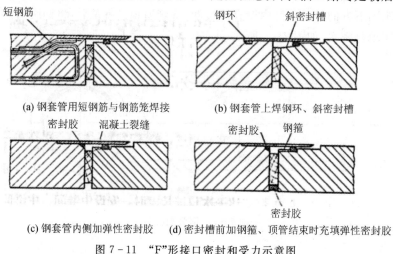

(a) 钢套管用短钢筋与钢筋笼焊接 (b) 钢套管上焊钢环、斜密封槽

(c) 钢套管内侧加弹性密封胶 (d) 密封槽前加钢箍、顶管结束时充填弹性密封胶

图 7-11 "F"形接口密封和受力示意图

7.1.7 顶进

管道顶进的过程包括挖土、顶进、运土、测量、纠偏等工序。从管节位于导轨上开始顶进起至完成这一顶管段止,始终控制这些工序,就可保证管道的轴线和高程的施工质量。

1.开始顶进应具备的条件

开始顶进前应检查准备工作,确认条件具备时方可开始顶进。主要包括:全部设备经过检查并经过试运转;工具管在导轨上的中心线、坡度和高程应符合要求;防止流动性土或地下水由洞口进入工作坑的措施;开启封门的措施。

在软土层中顶进混凝土管时,为防止管节飘移,可将前3~5节管与工具管连成一体。

2.顶进与开挖

管道顶进作业的操作要求,根据所选用的工具管和施工工艺有所不同。手工掘进顶管法是顶管施工中最简单而广泛采用的一种方法,下面仅介绍采用手工掘进顶管法的操作要点。

(1)挖土顺序。工具管接触或切入土层后,应能自上而下分层开挖。

(2)前方超挖量。工具管迎面的超空挖量应根据土质条件确定,并制定安全保护措施,施工过程中如土质良好,管前挖土量一般在 30~50 cm,如开挖纵深过大,开挖形状就不易控制,并引起管子位置偏差。长顶程千斤顶用于管前方人工挖土的情况,全顶程可分若干次顶进。地面有振动荷载时,要严格限制每次开挖纵深。

(3)管侧及管顶超挖量。采用手工挖土时如允许超挖,可减小顶力。为了纠偏,也常需要超挖。但管侧及管顶超挖过多则可能引起土体坍塌范围扩大,增大地面沉降及增大顶力。因此,顶管过程中必须保证开挖断面形状的正确。在允许超挖的稳定土层中正常顶进时,管下部

135°范围内不得超挖,管顶以上超挖量不得大于 1.5 cm。

（4）管道顶进应连续作业。管道顶进过程中,遇工具管前方遇到障碍、后背墙变形严重、顶铁发生扭曲现象、管位偏差过大且校正无效、顶力超过管端的允许顶力、油泵或油路发生异常现象、接缝中漏泥浆等情况时,应暂停顶进,并应及时处理。当管道停止顶进时,应采取防止管前塌方的措施。

（5）出土。前方挖出的土应及时运出管外。避免管端因堆土过多而下沉,并改善工作环境。可用卷扬机牵引或电动、内燃的运土小车在管内进行有轨或无轨运土,也可用皮带运输机运土。土运到工作坑后,由起重设备吊运到工作坑外。

3. 长距离顶进的措施

顶管施工的一次顶进长度取决于顶力大小、管材强度、后背墙强度、顶进操作技术水平等。通常情况下,一次顶进长度最大达 60～100 m。当顶进距离超过一次顶进长度时,可以采用中继间顶进、对向顶进、泥浆套顶进、蜡覆顶进等方法。提高在一个工作坑内的顶进长度,减少工作坑数目。

1）中继间顶进

中继间为一种可前移的顶进装置。外径与顶进管的外径相同,中继间千斤顶在管全周等距或对称非等距布置。中继间之前的管子用中继间千斤顶顶进,而工作坑内千斤顶将中继间及其后的管子顶进。中继间施工并不提高千斤顶一次顶进长度,只是减少工作坑数目,图 7-12 所示为一种中继间。施工结束时,拆除中继间千斤顶和中继间接力环。后中继间将前段管顶进,弥补前中继间千斤顶拆除后所留下的间隙。采用中继间的主要缺点是顶进速度降低。通常情况下,每安装一个中继间,实际延长顶进速度降慢一倍。但是,当安装多个中继间时,间隔的中继间可以同时工作,以提高顶进速度。

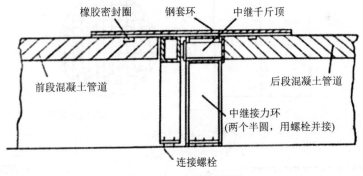

图 7-12　中继间顶进

2）泥浆套顶进

在管壁与坑壁间注入触变泥浆,形成泥浆套,减少管壁与土壁之间摩擦阻力,一次顶进长度可较非泥浆套顶进增加 2～3 倍。触变泥浆的主要成分是膨润土,加一定比例的碱（Na_2CO_3）、羧甲基纤维素钠（CMC）、高分子化合物和水拌合而成。长距离顶管时,经常采用中继间-泥浆套顶进。

3）蜡覆顶进

在管表面熔蜡覆盖,既可减少顶进摩擦力,又能提高管表面平整度。但是,当熔蜡散布不均匀时,会导致新的"粗糙"。

也有采用沥青混合料为润滑剂代替熔蜡,其材料配比为:石油沥青:石墨:汽油＝1:2:3或1:2:4(体积比)。配制时,先把沥青加热至熔化,加入汽油稀释,然后加入石墨搅拌成稠糊状。顶管时,涂于管外壁表面。

此外,为了减少工作坑数目,可同时采用对向顶和双向顶。

7.1.8　测量与纠偏

1. 测量

顶管施工中的测量,应建立地面与地下测量控制系统,控制点应设在不易扰动、视线清楚、方便校核、利于保护处。在管道顶进的全部过程中应控制工具管前进的方向,并应根据测量结果分析偏差产生的原因和发展趋势,确定纠偏的措施。测量工作应及时、准确,以使管节正确地就位于设计的管道轴线上。测量工作应频繁地进行,以便及时发现管道的偏移。当第一节管就位于导轨上以后即进行校测,符合要求后开始进行顶进。一般在工具管刚进入土层时,应加密测量次数。常规做法每顶进 30 cm,测量不少于 1 次,进入正常顶进作业后,每顶进 100 cm测量不少于 1 次,每次测量都以测量管子的前端位置为准。纠偏时应增加测量次数;全段顶完后,应在每个管节接口处测量其轴线位置和高程;有错口时,应测出相对高差。测量记录应完整、清晰,测量方法包括:高程测量,可用水准仪测量;轴线测量,可用经纬仪监测;转动测量,用垂球测量。

较先进的测量是采用激光经纬仪测量。测量时,在工作坑内安装激光发射器,按照管线设计的坡度和方向将发射器调整好。同时管内装上接收靶(见图 7-13),靶上刻有尺度线,当顶进的管道与设计位置一致时,激光点直射靶心,说明顶进质量良好、没有偏差,如图 7-14 所示。

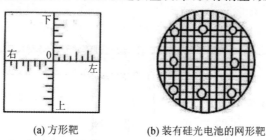

(a) 方形靶　　　　　　(b) 装有硅光电池的网形靶

图 7-13　接收靶

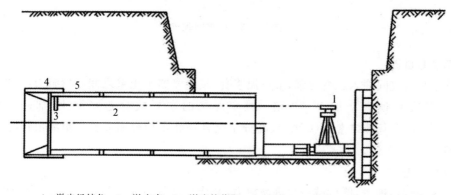

1—激光经纬仪;2—激光束;3—激光接收靶;4—刃角;5—管节。

图 7-14　激光测量

2. 纠偏

为了保证管道的施工质量,必须及时纠偏,做到"勤顶、勤挖、勤测、勤纠",尤其是在开始顶进阶段,更应及时纠偏。

纠偏时应首先分析产生偏差的原因,再采取相应的纠正措施才是比较有效的。

1)挖土校正法

采用在不同部位增减挖土量的办法,以达到校正的目的。校正误差范围一般不要大于10~20 mm。该法多用于黏土或地下水位以上的砂土中,如图7-15所示。具体纠偏方法如下:

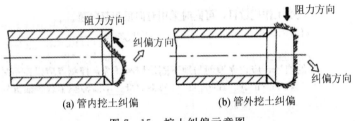

(a) 管内挖土纠偏　　　　　(b) 管外挖土纠偏

图7-15　挖土纠偏示意图

(1)管内挖土纠偏。开挖面的一侧保留土体,另一侧被开挖,顶进时土体的正面阻力移向保留土体的一侧,管道向该侧纠偏。

(2)管外挖土纠偏。管内的土被挖净,并挖出刃口,管外形成洞穴。洞穴的边缘,一边在刃口内侧,一边在刃口外侧,顶进时管道顺着洞穴方向移动。

2)工具管纠偏

有纠偏装置的工具管,可以依靠纠偏千斤顶改变刃口的方向,实现纠偏。

3)强制纠偏法

当偏差大于20 mm时,用挖土法已不易校正,可用圆木或方木顶在管子偏离中心的一侧管壁上,另一端装在垫有钢板或木板的管前土壤上,支架稳固后,利用千斤顶给管子施力,使管子得到校正。

7.1.9　顶管施工的质量标准

顶进管道的施工质量应符合下列规定:

(1)管内清洁,管节无破损;

(2)允许偏差应符合表7-1的规定;

(3)有严密性要求的管道应按相关规定进行检验;

(4)钢筋混凝土管道的接口应填料饱满、密实,且与管节接口内侧表面齐平,接口套环对正管缝,贴紧,不脱落;

(5)顶管时地面沉降或隆起的允许量应符合施工设计的规定。

表 7-1　顶管施工贯通后管道的允许偏差

检查项目			允许偏差/mm	检查数量		检查方法
				范围	点数	
1	直线顶管水平轴线	顶进长度＜300 m	50	每管节	1点	用经纬仪测量或挂中线用尺量测
		300 m≤顶进长度＜1000 m	100			
		顶进长度≥1000 m	$L/10$			
2	直线顶管内底高程	顶进长度＜300 m　$D_i<1500$	＋30，−40			用水准仪或水平仪测量
		$D_i≥1500$	＋40，−50			
		300 m≤顶进长度＜1000 m	＋60，−80			用水准仪测量
		顶进长度≥1000 m	＋80，−100			
3	曲线顶管水平轴线	$R≤150D_i$　水平曲线	150			用经纬仪测量
		竖曲线	150			
		复合曲线	200			
		$R>150D_i$　水平曲线	150			
		竖曲线	150			
		复合曲线	150			
4	曲线顶管内底高程	$R≤150D_i$　水平曲线	＋100，−150			用水准仪测量
		竖曲线	＋150，−200			
		复合曲线	±200			
		$R>150D_i$　水平曲线	＋100，−150			
		竖曲线	＋100，−150			
		复合曲线	±200			
5	相邻管间错口	钢管、玻璃钢管	≤2			用钢尺量测
		钢筋混凝土管	15%壁厚，且≤20			
6	钢筋混凝土管曲线顶管相邻管间接口的最大间隙与最小间隙之差		≤ΔS			
7	钢管、玻璃钢管道竖向变形		≤0.03D_i			
8	对顶时两端错口		50			

注：D_i 为管道内径（mm）；L 为顶进长度（mm）；ΔS 为曲线顶管相邻管节接口允许的最大间隙与最小间隙之差（mm）；R 为曲线顶管的设计曲率半径（mm）。

7.2　盾构法施工

盾构是集地下掘进和衬砌为一体的施工设备，广泛应用于地下给水排水管沟、地下隧道、

224

水下隧道、水工隧洞、城市地下综合管廊等工程。

盾构为一钢制壳体,称盾构壳体,主要由三部分组成,按掘进方向依次分为:前部的切削环、中部的支承环、尾部的衬砌环。切削环作为保护罩,在环内安装挖土设备,或工人在切削环内挖土和出土。切削环还可对工作面起支撑作用。切削环前沿为挖土工作面。在支承环内安装液压千斤顶等推进机构。在衬砌坑内衬砌砌块,设有衬砌机构。当砌完一环砌块后,以已砌好的砌块作后背,由支承环内的千斤顶顶进盾构本身,开始下一循环的挖土和衬砌,如图7-16所示。

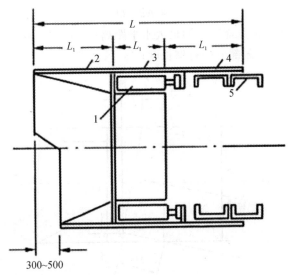

1—千斤顶;2—切削环;3—支承环;4—衬砌环;5—砌块。

图7-16　盾构构造简图

盾构法与顶管法相比有下列特点:顶管法中被顶管道既起掘进空间的支护作用,又是构筑物的本身。顶管法与盾构法在这一双重功能上是相同的,所不同的是顶管法顶入土中的是管段,而盾构法接长的是以管片拼装而成的管环,拼装处是在盾构的后部。两者相比,顶管法适合于较小的管径,管道的整体性好、刚度大。盾构适合于较大的管径,管径越大越显示其优越性。

盾构施工时,由盾构千斤顶将盾构推进。在同一土层内所需施工顶力为一常值,向一个方向掘进长度不受顶力大小的限制,铺设单位长度管道(隧洞)所需要的顶力较掘进顶管要少。盾构施工不需要坚实的后背,长距离掘进也不需要泥浆套、中继间等附加设施。

盾构断面可以做成任何形状,包括圆形、矩形、方形、多边形、椭圆形、马蹄形等,采用最多的为圆形断面。

安装不同的掘进机构,盾构可在岩层、砂卵石层、密实砂层、黏土层、流砂层和淤泥层中掘进。

由于盾构的机动性,盾构法施工可以实现曲线顶进。

7.2.1　盾构的尺寸确定

盾构外壳厚度按弹性圆环设计。

盾构外径 D 可由下式确定：

$$D = d + 2(h + x + t) \tag{7-18}$$

式中　d——管端竣工内径；

　　　h——一次衬砌和二次衬砌的总厚度；

　　　x——衬砌块与盾壳间的空隙量；

　　　t——盾构的外壳厚度。

衬砌块与盾壳间的空隙量 x（见图 7-17）为

$$x = Ml / D_0 \tag{7-19}$$

式中　l——砌块环上顶点能转动的最大水平距离；

　　　M——衬砌环遮盖部分的衬砌长度；

　　　D_0——砌块环外径。

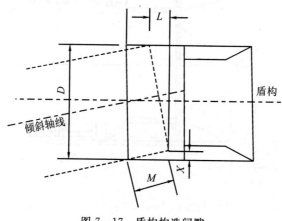

图 7-17　盾构构造间隙

空隙量 x 是在盾构曲线顶进时，或者是掘进过程中校正盾构位置所必需的。实际制作时，x 值常取 $(0.008-0.010)D_0$，盾构外径可为

$$D = (1.008-1.010)D_0 + 2t \tag{7-20}$$

盾构全长 L（见图 7-16）为

$$L = L_1 + L_2 + L_3 \tag{7-21}$$

式中　L_1——切削环长度；

　　　L_2——支承环长度；

　　　L_3——衬砌环长度。

切削环长度，主要取决于工作面开挖时，为了保证土方按其自然倾斜角坍塌而使操作安全所需的长度，即

$$L_1 = D/\tan\theta \tag{7-22}$$

式中　θ——土坡与地面所成的夹角，一般取 45°。

大直径手挖盾构（棚式盾构）一般设有水平隔板（见图 7-18），切削环长度为

$$L_1 = H/\tan\theta \tag{7-23}$$

式中　H——平台高度，即工人工作需要的高度，一般 $H \leqslant 2000$ mm。

支承环长度为

$$L_2 = W_1 + C_1 \tag{7-24}$$

式中　W_1——千斤顶长；

　　　C_1——余量，取 $200\sim300$ mm。

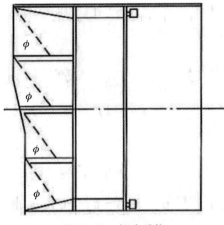

图 7-18　棚式盾构

衬砌环长度应保证在其内组装衬砌块的需要，还要考虑到损坏砌块的更换、修理千斤顶以及顶进时所需的长度，按下式计算：

$$L_3 = KW + C_2 \tag{7-25}$$

式中　K——系数，取 1.5；

　　　W——砌块的宽度；

　　　C_2——余量，取 $100\sim200$ mm。

衬砌环处盾壳厚度可按经验公式计算确定：

$$t = 0.02 + 0.01(D-4) \tag{7-26}$$

式中　D——盾构外径(m)，当 $D<4$ m 时，式(7-26)第二项为零。

棚式盾构的机动性以机动系数 K 表示：

$$K = L/D \tag{7-27}$$

式中　D——盾构外径；

　　　L——盾构全长。

机动系数一般规定：大型盾构($D=12\sim6$ m)，$K=0.75$；中型盾构($D=6\sim3$ m)，$K=1.0$；小型盾构($D=3\sim2$ m)，$K=1.5$。

7.2.2　盾构千斤顶及其顶力计算

盾构千斤顶采用液压传动。为了避免压坏砌块，应将总顶力分散，每个千斤顶的顶力较小，而千斤顶数目较多。千斤顶的顶程略大于砌块的宽度。

盾构在顶进时的阻力，可根据盾构的形式和构造确定。顶进阻力 R 可由下式确定：

$$R = R_1 + R_2 + R_3 + R_4 + R_5 \tag{7-28}$$

式中　R_1——盾构外壳与土的摩擦力；

　　　R_2——盾构内壁与砌块环的摩擦力；

　　　R_3——盾构切削环切入土层的切土阻力；

R_4——盾构自重产生的摩擦力；

R_5——开挖面支撑阻力或闭腔挤压盾构土层正面阻力。

开挖支撑面或闭腔挤压盾构正面阻力 R_5 可按下式计算：

开挖支撑面上的正面阻力为

$$R_5 = \pi(D^2/4) E_a \qquad (7-29)$$

式中 E_a——主动土压力。

闭腔挤压盾构的正面阻力为

$$R_5 = \pi(D^2/4) E_p \qquad (7-30)$$

式中 E_P——被动土压力。

盾构千斤顶的总顶力 P 为

$$P = KR \qquad (7-31)$$

式中 K——安全系数，一般取 1.5～2。

设每个千斤顶的顶力为 N，则共需千斤顶数目 n 为

$$n = P/N \qquad (7-32)$$

式中 N——单个千斤顶的顶力。

掘进时，盾构的水平轴上部顶力较大，下部顶力较小，千斤顶根据这种情况布置，称等分布置。不考虑受力情况，沿全圆周等间距布置，称不等分布置。

每个千斤顶的油管须安装阀门，以便单个控制。同时，还将全部千斤顶分成若干组，按组进行控制。

7.2.3 盾构的分类和构造

确定盾构形式时，要考虑到掘进地段的土质、施工段长度、地面情况、管廊形状、管廊用途、工期等因素。

根据挖掘形式，盾构可分为手工挖掘盾构、半机械化盾构和机械化盾构。根据切削环与工作面的关系，可分开放式或密闭式。当土质较差，应在工作面上进行全断面或部分断面的支撑。当土质为松散的粉砂、细砂、液化土等，为了保持工作面稳定，应采用密闭式盾构。当需要对工作面进行支撑时，可采用如气压盾构、泥水压力盾构、土压平衡盾构等方法。

1. 泥水平衡盾构

泥水平衡盾构机是以泥水来抵抗开挖面的水压力和土压力，以保持开挖面的稳定，控制开挖面变形和地基沉降；在开挖面形成弱透水性泥膜，保持水压力有效作用于开挖面。泥水平衡盾构一般不需辅以土层稳定措施，施工效率高，安全可靠，而且可提高施工质量，减少地表变形，是一种盾构新技术，参见图 7-19。泥水平衡盾构主要由盾壳、刀盘、刀具、隔板、送泥管、排泥管以及盾尾密封装置等构成。

泥水平衡盾构是通过加压泥水或泥浆（通常为膨润土悬浮液）来稳定开挖面，在机械式盾构的刀盘的后侧，有一个密封隔板，把水、黏土及其添加剂混合制成的泥水，经输送管道压入泥水仓，待泥水充满整个泥水仓，并具有一定压力，形成泥水压力室，开挖土料与泥浆混合由泥浆泵输送到洞外分离厂，经分离后泥浆重复使用。通过泥水的加压作用和压力保持机构，能够维持开挖工作面的稳定。盾构推进时，旋转刀盘切削下来的土砂经搅拌装置搅拌后形成高浓度泥水，用流体输送方式送到地面泥水分离系统，将渣土、水分离后重新送回泥水仓，这是泥水加

压平衡式盾构法的主要特征。因为是泥水压力使掘削面稳定平衡,故得名泥水加压平衡盾构,简称泥水盾构。

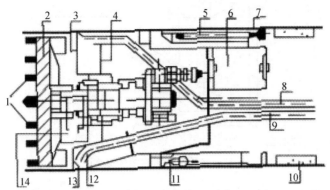

1—刀具；2—刀盘；3—半隔板(沉浸墙)；4—隔板；5—推进油缸；6—人仓；
7—盾壳；8—送泥管；9—排泥管；10—管片；11—铰接油缸；12—吸泥管；
13—拦石栅；14—破碎机。

图 7-19　泥水平衡盾构机构造示意

为防止盾构掘进后围岩受扰动而可能产生坍塌变形引起地表沉降,施工中采用同步注浆进行空隙的填充,必要时采用二次补强注浆、弥补同步注浆可能产生的缺陷。

1)泥水平衡盾构特点

(1)泥水平衡盾构施工过程连续性好、效率高,且刀具在泥水环境中工作,由于泥水的冷却与润滑作用,刀具磨损小,有利于长距离掘进;

(2)泥水平衡盾构在工作面根据要求添加泥水(浆),对工作面的地层进行了改良,泥水平衡盾构设置卵石破碎机,对孤石进行破碎处理,所以泥水平衡盾构对高水压和砂、黏性、含孤石等地层都能适应;

(3)泥水平衡盾构不设置螺旋输送机,盾构内部空间变大,在大直径隧道施工中具有一定技术优势。

2)施工注意事项

(1)注意提高盾尾密封性能,增加盾尾油脂压注量,紧急情况下可启动盾尾紧急止水装置。密切注意偏差流量、盾尾漏浆情况,如盾尾漏浆严重,必要时可以压注聚氨酯。

(2)有气层时,要在盾构掘进机内设置沼气、可燃气体浓度测试报警及通风排气装置,并保持良好的通风条件。

(3)注浆过程中应经常监测、检查,记录注浆压力、注浆量、凝胶时间、工作面及附近支护状况,并根据地质条件调整注浆参数。

2. 土压平衡盾构

土压平衡盾构主要由盾壳、刀盘、螺旋运输机、盾构千斤顶、管片拼装机以及盾尾密封装置等构成,如图 7-20 所示。它是在普通盾构基础上,在盾构中部增设一道密封隔板,把盾构开挖面与隧道分隔,使密封隔板与开挖面土层之间形成一密封泥土仓,刀盘在泥土仓中工作,另外通过密封隔板装有螺旋输送机。

1)土压平衡盾构优点

(1)可根据不同的施工条件和地质要求,采用不同的开挖面稳定装置和排土方式,设计成

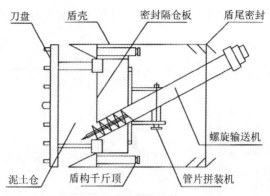

图 7-20　土压平衡盾构结构示意图

不同类型的土压平衡盾构,使其能适应从松软黏性土层到砂砾土层范围内的各种土层,能较好地稳定开挖面地层,减小和防止地面变形,提高隧道施工质量;

(2)在易发生流砂的地层中能稳定开挖面,可在正常大气压下施工作业,无需用气压法施工;

(3)刀具、刀盘磨损小,易于长距离盾构施工;

(4)刀盘所受扭矩小,更适合大直径隧道的施工。

2)适应条件

(1)土压平衡盾构适用于泥土地质条件。当土压平衡盾构在泥土地层下施工时,由于泥土的黏合性,泥土在输送机内输送连续性好,出渣速度就容易控制,工作面容易稳定,掘进效率高。另外,刀盘与工作面泥土摩擦力小,刀具磨损量小,利于长距离掘进。

(2)当地层中含有砂时,由于砂料在螺旋输送机上输送连续性差,土压平衡盾构就不易形成土塞效应,工作面就不易稳定。施工过程连续性差,效率低,刀盘与工作面土体摩擦力大,刀具磨损量大,不利于长距离掘进。

(3)在地层中富含水时,根据施工经验,土压平衡盾构对高水压(0.3 MPa 以上)的地层适应性差。由于水特性和压力的作用,螺旋输送机无法保证正常的压力梯降,不能形成有效的土塞效应,易产生渣土喷涌现象。

(4)在含有孤石地层中,土压平衡盾构易形成螺旋输送机的堵塞,刀具磨损加剧。从而对盾构刀盘开口率设计,刀具选型和布置,螺旋输送机出土能力均提出较高要求,加大了使用盾构的成本。

(5)在大埋深富水地段、粉土地层,采用土压平衡盾构,地层土质黏性较大,极易形成泥饼,必须要求有较强的渣土改良能力,比如聚合物的添加等,并有防止喷涌的能力。大比例的砂卵地层,螺旋输送机更难形成土塞,土压平衡盾构进行仓内压力控制较困难。

土压平衡盾构和泥水平衡盾构对比见表 7-2。

表 7-2　土压平衡盾构和泥水平衡盾构对比

项　　目	土压平衡盾构	泥水平衡盾构
稳定开挖面	保持土仓压力,维持开挖面土体稳定	有压泥水能保持开挖面地层稳定
地质条件适应性	在砂性土等透水性地层中要有土体改良的特殊措施	无须特殊土体改良措施,有循环的泥水(浆)即能适应各种地质条件

续表

项　目	土压平衡盾构	泥水平衡盾构
抵抗水土压力	靠泥土的不透水性在螺旋机内形成土塞效应抵抗水土压力	靠泥水在开挖面形成的泥膜抵抗水土压力,更能适应高水压地层
控制地表沉降	保持土仓压力、控制推进速度,维持切削量与出土量相平衡	控制泥浆质量、压力及推进速度,保持送排泥量的动态平衡
隧洞内的出渣	用机车牵引渣车进行运输,由门吊提升出渣,效率低	使用泥浆泵采用流体形式出渣,效率高,隧洞内施工环境良好,地面需要设置泥水处理系统
盾构推力	土层对盾壳的阻力大,盾构推进力比泥水平衡盾构大	由于泥浆的作用,土层对盾壳的阻力小,盾构推进力比土压平衡盾构小
刀盘转矩	刀盘与开挖面的摩擦力大,土仓中土渣与添加材料搅拌阻力也大,故其刀具、刀盘的寿命比泥水平衡盾构要短,刀盘驱动转矩比泥水平衡盾构大	切削面及土仓中充满泥水,对刀具、刀盘起到润滑冷却作用,摩擦阻力与土压平衡盾构相比要小,泥浆搅拌阻力小,相对土压平衡盾构而言,其刀具、刀盘的寿命要长,刀盘驱动转矩小
推进效率	开挖土的输送随着掘进距离的增加,其施工效率也降低,辅助工作多	掘削下来的渣土转换成泥水通过管道输送,并且施工性能良好,辅助工作少,故效率比土压平衡盾构高
隧洞内环境	需矿车运送渣土,渣土有可能撒落,相对而言,环境较差	采用流体输送方式出渣,不需要矿车,隧洞内施工环境良好
施工场地	渣土呈泥状,无须进行任何处理即可运送,所以占地面积较小	在施工地面需配置必要的泥水处理设备,占地面积较大
经济性	只需要出渣矿车和配套的门吊,整套设备购置费用低	需要泥水处理系统,整套设备购置费用高

7.2.4　盾构施工要点

给水排水管道或管廊采用盾构施工过程时应做好下列工作:盾构的选型、制作和安装;工作坑的设计;管片的制作、运输;现场勘察;盾构始顶;挖土与顶进;衬砌与注浆等。盾构施工要点简要介绍如下。

1. 下放和始顶

整体盾构可用起重设备下放到起点井,类似顶管施工时下管。大直径盾构难以进行整体搬运时,可在现场组装或在工作坑内装配。

盾构下放至工作坑导轨上后,自起点井开始至完全没入土中的这一段距离,称为盾构的始顶。盾构始顶需借另外的千斤顶顶进。

盾构从起点井进入土层时,起点井壁挖口土方很易坍塌,必要时可采用旋喷桩或混凝土连续墙对土层进行局部加固。

盾构千斤顶以已砌好的砌块环作为支撑结构而推进盾构。在一般情况下,砌块环长度约需 30～50 m 才足以支承盾构千斤顶。在此之前,应设立临时支撑结构。通常做法是:盾构没入土中后,在起点井后背与盾构衬砌环内,各设置一个其外径和内径均与砌块环的外径与内径相同的圆形木环。在两木环之间砌半圆形的砌块环,而在木环水平直径以上用圆木支撑,如图 7-21 所示,作为始顶段的盾构千斤顶的支撑结构。随着盾构的推进,第一圈永久性砌块环用粘接料紧贴木环砌筑。

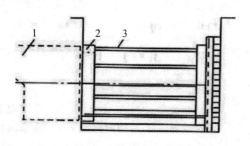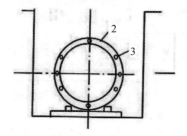

1—盾构;2—木环;3—撑杠。

图 7-21 始顶段盾构千斤顶支撑结构

2. 盾构掘进的挖土及顶进

盾构掘进的挖土方法取决于土的性质和地下水情况,手挖盾构适用于比较密实的土层。工人在切削环保护罩内挖土,工作面挖成锅底形,一次挖深一般等于砌块的宽度。为保证坑道形状正确,减少与砌块间的空隙,贴近盾壳的土应由切削环切下,厚度约 10～15 cm。在工作中不能直立的松散土层中掘进时,将盾构刃脚先切入工作面,然后工人在保护罩切削环内挖土。根据土质条件,进行局部挖土,局部挖出的工作面应支设支撑,再依次进行到全部挖掘面,如图 7-22 所示。局部挖掘从顶部开始,当盾构刃脚难于先切入工作面,如砂砾石层,可以先挖后顶,但必须严格控制每次掘进的纵深。

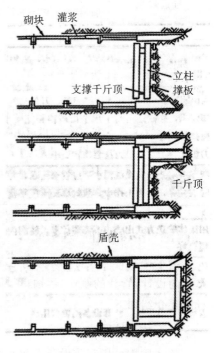

图 7-22 手挖盾构的工作

盾构推进时,应确保前方土体的稳定,在软土地层,应根据盾构类型采取不同的正面支护方法。盾构推进轴线应按设计要求控制质量,推进中每环测量一次。纠偏时应在推进中逐步进行。盾构顶进应在砌块衬砌后立即进行。

推进速度应根据地质、埋深、地面的建筑设施及地面的隆陷值等情况而确定,通常为 50 mm/min。

盾构推进中,遇有需要停止推进且间歇时间较长时,必须做好正面封闭、盾尾密封并及时处理。在拼装管片或盾构推进停歇时,应采取防止盾构后退的措施。当推进中盾构旋转时,采取纠正的措施。弯道、变坡掘进和校正误差时,应使用部分千斤顶。

根据盾构选型、施工现场环境,土方可以由斗车、矿车、皮带或泥浆等方式运出。

3. 管片安装与注浆

盾构顶进后应及时进行衬砌工作,衬砌的目的是:砌块作为盾构千斤顶的后背,随受顶力;掘进施工过程作为支撑;盾构施工结束后作为永久性承载结构。

通常采用钢筋混凝土或预应力钢筋混凝土砌块。砌块形状有矩形、梯形、中缺形等。矩形砌块如图7-23所示,根据施工条件和盾构直径,确定每环的分割数。矩形砌块形状简单,容易砌筑,产生误差时容易纠正,但整体性差。梯形砌块的衬砌环的整体性较矩形砌块为好。为了提高砌块环的整体性,可采用图7-24所示的中缺形砌块,但安装技术水平要求高,而且产生误差后不易调整。砌块的连接有平口和企口两种。企口接缝防水性好,但拼装不易。

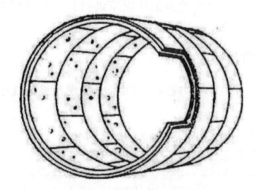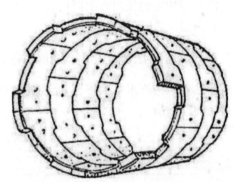

图7-23 矩形砌块 图7-24 中缺形砌块

上述砌块用胶粘剂连接,常用胶粘剂有沥青胶或环氧胶泥等。胶粘剂连接易产生偏斜。为了提高砌块的整圆度和强度,可采用如图7-25所示的彼此间有螺栓连接的砌块。

砌块拼装的工具常用由举重臂与动力部分组成的杠杆式拼装器,举重臂的作用是夹住砌块,并将其举到安装的位置。另一种是弧形拼装器,它是由卷扬机操纵,砌块沿导向弧形构件由导向滑轮运到安装位置,再由千斤顶使其就位,进行拼装。

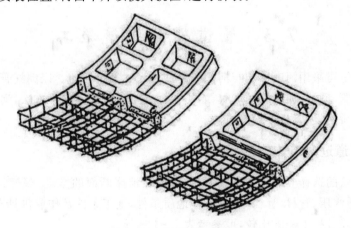

图7-25 螺栓连接的砌块

为了在衬砌后用水泥砂浆灌入砌块外壁与土壁间留有的盾壳厚度的空隙,一部分砌块应有灌注孔。通常,每隔 3～5 环应砌一灌注孔环,此环上设有 4～10 个灌注孔。灌注孔直径不小于 36 mm,这种填充空隙的作业称为缝隙填灌。

砌块砌筑和缝隙填灌合称为盾构的一次衬砌。填灌的材料有水泥砂浆、细石混凝土、水泥净浆等。灌浆材料不应产生离析、不丧失流动性、灌入后体积不减少,早期强度不低于承受压力。灌浆作业应该在盾尾土方未坍以前进行。灌入顺序是自下而上、左右对称地进行,以防止砌块环周的孔隙宽度不均匀。浆料灌入量应为计算孔隙量的 130%～150%。灌浆时应防止料浆漏入盾构内,为此,在盾尾与砌块外皮间应做止水。

螺栓连接砌块的轴向与环向螺栓孔也应灌浆。为此,在砌块上也应留设螺栓孔的浆液灌注孔。

二次衬砌按隧洞使用要求而定,在一次衬砌质量完全合格的情况下进行。二次衬砌采用浇灌细石混凝土,或采用喷射混凝土。

7.2.5 盾构法施工的给水排水管道质量验收标准

盾构法施工的给水排水管道,允许偏差应符合表 7-3 规定。同时,应按现行规范规定进行管道功能性试验。

表 7-3 盾构法施工的给水排水管道允许偏差

项目		允许偏差
高程	排水管道	+15～-150 (mm)
	套管或管廊	每环±100 (mm)
轴线位移		150 (mm)
圆环变形		8‰
初期衬砌相邻环高差		≤20 (mm)

注:圆环变形等于圆环水平及垂直直径差值与标准内径的比值。

7.3 管道穿越河流施工

给水排水管道可采用河底穿越与河面跨越两种形式通过河流。以倒虹管作河底穿越的施工方法可采用顶管、围堰、河底开挖埋置、水下挖泥、拖运、沉管铺筑等方法,河面跨越的施工方法可采用沿公路桥附设、管桥架设等方法。

7.3.1 管道过河方法的选择

管道过河方法的选择应综合考虑以下几个因素:河床断面的宽度、深度、水位、流量、地质等条件,过河管道水压、管材、管径,河岸工程地质条件,施工条件及作业机具布设的可能性等。

对上述因素经过技术经济比较,可参考表 7-4 选择。

表 7－4　管道穿越河流施工方法比较表

过河方法		优　点	缺　点	适用条件
虹管过河	顶管过河法	1.施工方便 2.节省人力、物力	安全度尚差,易由顶管口流水	河底较高,河底土质较好,过河管管径较小
	围堰过河法	1.施工技术条件要求较高 2.钢管、铸铁管、预(自)应力钢筋混凝土管过河均可	1.需要考虑围堰被洪水冲击问题 2.工作量较大	河面不甚宽,水流不急且不通航的条件下
	沉浮法过河	1.适用面较宽,一般河流均可采用 2.不会影响通航与河水正常流动	1.水下挖沟与装管难度较大 2.具有一定机械施工技术	河床不受水流影响的任何条件下均可
管道架空过河	沿公路桥过河	1.简便易行 2.节省人力物力	露天敷管需考虑防冻问题	具有永久性公路跨越河流的条件
	管桥过河法	1.施工难度不大 2.能在无公路桥的条件下架设过河	与沿公路桥过河法比较要费人力物力	河流不太宽,两岸土质较好的条件下

7.3.2　水下铺设倒虹管

给水管道河底埋管,为保证不间断供水,过河段一般设置双线,其位置宜设在河床、河岸不受冲刷的地段,两端设置阀门井、排气阀与排水装置。为了防止河底冲刷而损坏管道,不通航河流管顶距河底高差不小于 0.5 m,通航河流其高差不小于 1.0 m。

倒虹管通常采用钢管、塑料类管道等。小管径、短距离的倒虹管也可采用铸铁管,但宜采用柔性接口,重力管线上的倒虹管也可采用钢筋混凝土管。当采用金属管道时,应对金属管加强防腐措施。选用管壁厚度须考虑腐蚀因素。

排水管道河底埋管的设施要求与施工方法和给水管道河底埋管基本相同。

1. 顶管法施工

将待穿越部位的河床断面尺寸与河底工程地质、水文地质资料实地勘测准确,然后采用直接顶进法将管道自河底顶过去。顶进中,管道埋深、防腐措施均应满足顶管施工要求。在河床两岸设置的顶管工作井,可作为倒虹管运行时的检修井。

2. 围堰法施工

管道埋设至河岸处,先拦截一半河宽的河流修筑围堰,再用水泵抽出堰中河水,在堰内开挖沟槽,铺筑管线,管线铺筑后,塞住管端管口,回填沟槽。再拆除第一道围堰,回填砂土,使水流在此河床上部通过。然后拦截另一半河宽的水流,建造第二道围堰,再用水泵抽去第二道围堰中的水,开挖沟槽并接管,完工后清除第二道围堰。

在小河流中,通常采用草袋黏土或草土围堰进行施工。对于水面宽且水深流急的河流,应考虑采用木板桩围堰,但仅能在泥沙河床的条件下采用;若河床由岩石构成,无法打桩,则不能采用木板桩围堰。

3. 浮运沉管施工

将在河岸上备好的管道采用拖船或浮筒将管道浮运到河中预定下管位置,再向管内充水沉河底。浮沉法施工应尽量减少水下作业,通常多用钢管,以减少管道接口数量。

施工前,首先应对管子进行内壁与外壁的防腐处理。向河中下管时,于管下垫方木,且用绞车通过绳子系住管子,通过浮船牵动使管子缓缓滑向河中。

1)水下沟槽开挖

按照测量好的管道在河底铺筑位置,于河两岸设置岸标,以此确定沟槽开挖方向。岸标设置为两对,分别示出挖沟的两条边线,并不时采用经纬仪校测沟位。设置在河道两岸的管道中线控制桩及临时水准点,每侧不应少于 2 个,且应设在稳固地段和便于观测的位置,并采取保护措施。控制沟槽开挖的测量系统目前多使用 GPS 和全站仪。

对于通航的河流,可采用挖泥船、吸泥泵开挖沟槽,挖泥船上装置抓斗挖泥机、高压水枪、螺旋输泥机及泥浆泵等不同的挖泥设施。对于松散土质的河底,则可采用水力冲射法开挖沟槽。

2)浮运与沉管

当河面较狭窄时,可于放管对岸使用绞车或拖拉机用钢丝绳将管拖运至水面,安放绞车于对面河岸,使用绳索校正管子于河中的下管位置。当河岸无足够场地作垂直排列管子时,亦可沿河岸平行排管,采用浮筒法浮运管子,两对浮筒中间吊管浮运时采用拖船将管子与浮筒一并浮运至下管位置,抛锚固定浮筒后下管。

管子于河岸上接口之后,在两端要安装法兰堵板,一端堵板上安装附阀门的排气管,另一端安装附阀门的进水管。沉管时可先向管内充水并排气。管子沉下接近沟槽时,潜水员可由定位桩控制下管位置。

3)管道接口

管道接口一般采用图 7-26 所示伸缩法兰接口,2 号活动法兰用来挤紧麻辫或石棉绳等填料,3 号活动法兰用来连接插口管段。1 号、3 号法兰之间采用长螺栓连接起来;1 号、2 号法兰之间采用短螺栓连接。

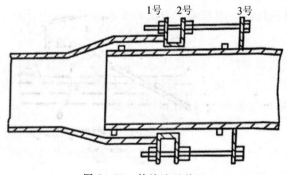

图 7-26　伸缩法兰接口

4)水下回填

潜水员于水下使用水枪进行回填。为防管道损坏,管顶以上填一层土,再填一层块石予以保护,块石上再填砂土。

沉管施工应对管顶回填土严格把关,力求恢复河床断面要求。

7.3.3 河面修建架空管

跨越河道的架空管通常采用钢管,有时亦可采用铸铁管或预应力钢筋混凝土管。管距较长时,应设置伸缩节,于管线高处设自动排气阀。为了防止冰冻与震害,管道应采取保温措施,设置抗震柔口。在管道转弯等应力集中处应设置镇墩。

1. 管道附设于桥梁上

管道跨河应尽量利用原建或拟建的桥梁铺设,可采用吊环法、托架法、桥台法或管沟法架设。

1)吊环法安装要点

(1)过河管管材宜采用钢管或铸铁管(铅接口)。

(2)安装在现有公路桥一侧,采用吊环将管道固定于桥旁,但此方法仅在桥旁有吊装位置或公路桥设计已预留敷管位置条件下,方可使用。

(3)管子外围设置隔热材料,予以保温。

(4)吊环装置的外防腐作业时,应关注管道充水后钢制吊架的形变,对预埋钢筋出混凝土处进行强化防腐处理。

吊环法安装如图 7-27 所示。

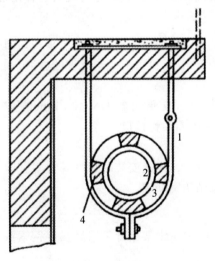

1—吊环;2—水管;3—隔热层;4—块木。

图 7-27 吊环法安装示意图

2)托架法安装要点

(1)过河管管材可采用钢管或铸铁管(柔性接口)。

(2)将过河管架起、在原建桥旁焊出的钢支架上通过。

钢管过河管托架设置间距参见表 7-5。

表 7-5　钢管过河管托架设置间距

DN/mm		15	20	25	32	40	50	70	80	100	125	150	200	250	300
间距 /m	保温	1.5	2.0	2.0	2.5	3.0	3.0	4.0	4.0	4.5	5.0	6.0	7.0	8.0	8.5
	不保温	2.5	3.0	3.5	4.0	4.5	5.0	6.0	6.0	6.5	7.0	8.0	9.5	11.0	11.5

3)桥台法安装要点

(1)过河管管材采用钢管。

(2)将过河管架设在现有桥旁的桥墩端部,桥墩间距不得大于钢管管道托架要求改道的间距。

4)管沟法安装要点

(1)过河管材可用钢管、铸铁管或钢筋混凝土管。

(2)将过河管铺筑于桥梁人行道下的管沟中,管沟应在设计中预留。

2. 支柱式架空管

设置管道支柱时,应事前征得有关航运部门、航道管理部门及农田水利规划部门的同意,并协商确定管底标高、支柱断面、支柱跨距等。管道宜选择于河宽较窄、两岸地质条件较好的老土地段,支柱可采用钢筋混凝土桩架式或预制支柱。

连接架空管和地下管之间的桥台部位,通常采用 S 弯部件,弯曲曲率为 45°~90°。若地质条件较差时,可于地下管道与弯头连接处安装波形伸缩节,以适应管道不均匀沉陷的需要。若处强震区地段,可在该处加设抗震柔口,以适应地震波引起管道沿轴向波动变形的需要。

3. 桁架式架空管

可避免水下操作,但应具备良好的吊装设施。施工地段应具有良好的地质条件及稳定的地形。修筑时,可于两岸先装置桁架,再由桁架支承管道过河。

1)双曲拱桁架

采用双曲拱桁架的预制构件,支承两条 DN 400 mm 自应力钢筋混凝土过河管,拱跨 30 m、拱宽 2 m,过河管采用橡胶圈柔性接口。

2)悬索桥架

悬索在使用过程中下垂会增大,因此安装时须将悬索按设计下垂度先予提高 1/300 跨长。凡金属外露构件、钢索等均应做防腐处理。

4. 斜拉索架空管

作为一种新型的过河方式,斜拉索架空管采用高强度钢索或粗钢筋及钢管本身作为承重构件,这样可节省钢材。

5. 拱管过河

拱管过河是利用钢管自身供作支承结构,起到了一管两用的作用。由于拱是受力结构,钢材强度较大,加上管壁较薄,造价经济,因此用于跨度较大河流尤为适宜。

7.4　其他非开槽管道施工方法

7.4.1　管道施工

除顶管法和盾构法以外,还有几种非开槽铺设管道的方法,包括浅埋暗挖法、夯管锤铺管法、定向钻铺管法。这几种方法在国内外应用较广,目前发展迅速。

1. 浅埋暗挖法

当地面与隧道顶部之间的岩土层厚度小于坍方平均高度的 2～2.5 倍时即为浅埋,暗挖则是指相对于明挖来讲的一种封闭式开挖方式。

浅埋暗挖法是在距离地表较近的地下进行各种类型地下洞室暗挖施工的一种方法。在城镇软弱围岩地层中,在浅埋条件下修建地下工程,以改造地质条件为前提,以控制地表沉降为重点,以格栅(或其他钢结构)和喷锚作为初期支护手段,按照"管超前、严注浆、短开挖、强支护、快封闭、勤量测"的十八字原则进行隧道施工,称之为浅埋暗挖法。

浅埋暗挖法施工技术主要适用于黏性土层、砂层、砂卵层等土质地,且地面不能开挖或拆迁困难的地段施工。

浅埋暗挖法施工步骤如下:

1)预支护预加固

开挖面土体稳定是采用浅埋暗挖的基本条件,当土体难以达到所需的稳定条件时,必须通过地层预加固和预处理来提高开挖面土体的自立性和稳定性,降低地下水位,这样一方面可达到无水施工,另一方面可以改善土体的物理力学特性。经常采用的预加固和预处理的措施有超前小导管注浆、工作面前方深孔注浆和大管棚超前支护。视具体情况可以单独使用,也可以配合使用。

2)土方开挖

浅埋暗挖法开挖原则强调"随开挖、随支护"。要利用土体有限的自立时间进行开挖和支护作业,使土体开挖后暴露的时间尽可能短,使初期支护尽早封闭成环。目前浅埋暗挖的土方开挖主要方法见表 7 - 6。

表 7 - 6　浅埋暗挖各土方开挖方法的比较

施工方法	适用条件	沉降	工期	防水	拆初支	造价
全断面法	地层好,跨度≤8 m	一般	最短	好	无	低
正台阶法	地层较差,跨度≤12 m	一般	短	好	无	低
上半断面临时封闭正台阶法	地层差,跨度≤12 m	一般	短	好	小	低
正台阶环形开挖法	地层差,跨度≤12 m	一般	短	好	无	低
单侧壁导坑正台阶法	地层差,跨度≤14 m	较大	较短	好	小	低
中隔壁法(CD法)	地层差,跨度≤18 m	较大	较短	好	小	偏高
交叉中隔壁法(CRD法)	地层差,跨度≤20 m	较小	长	好	大	高
双侧壁导坑法(眼镜法)	小跨度,可扩成大跨	大	长	差	大	高
中洞法	小跨度,可扩成大跨	小	长	差	大	较高
侧洞法	小跨度,可扩成大跨	大	长	差	大	高
柱洞法	多层多跨	大	长	差	大	高
盖挖逆筑法	多跨	小	短	好	小	低

3)初期支护

在二次衬砌施作之前,刚开挖之后立即进行的支护形式称之为初期支护,初期支护一般有喷射混凝土、喷射混凝土加锚杆、喷射混凝土锚杆与钢架联合支护等形式。隧道开挖后,为控制围岩应力适量释放和变形,增加结构安全度和方便施工,隧道开挖后立即施作刚度较小并作为永久承载结构一部分的结构层。

4)防水施工

在初期支护结构贯通、完成背后注浆、地面监测稳定时,可做防水施工。采用防水卷材及结构自防水相结合,完成后按设计及规范要求进行试水检查。在其他施工前,要对防水层进行保护。对于底层防水,应铺一层混凝土保护层。对于侧墙拱顶,在作业焊接时要隔挡,在二次衬砌时,要保护。

5)二次衬砌

二次衬砌是在初期支护内侧施作的模筑混凝土或钢筋混凝土衬砌,与初期支护共同组成复合式衬砌。

浅埋暗挖法沿用了新奥法的基本原理:采用复合衬砌,初期支护承担全部基本荷载,二衬作为安全储备;初支、二衬共同承担特殊荷载;采用多种辅助工法。超前支护,改善加固围岩,调动部分围岩自承能力。采用不同开挖方法及时支护封闭成环,使其与围岩共同作用形成联合支护体系,采用信息化设计与施工。

2. 夯管锤铺管法

夯管锤类似于卧放的双筒气锤,以压缩空气为动力。夯管锤铺管施工时夯管锤始终处于管道的末尾,且在工作坑内。工作时类似于水平打桩,其冲击力直接作用在钢管上(见图7-28),这种施工方法仅限于钢管施工。由于管道入土时,土不是被压密或挤向周边,而是将开口的管端直接切入土层,因此可以在覆盖层较浅的情况下施工。由于管道埋置较浅,工作井和接收井相应也较浅,因此可以节省工程投资。

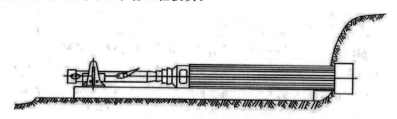

图7-28 夯管锤铺管示意图

夯管法施工相对比较简单,只需要在平行的工字钢上正确地校准夯管锤与第一节钢管轴线,使其一致,同时又与设计轴线符合就可以了,不需要牢固的混凝土基础和复杂的导轨。为了避免损坏第一根钢管的管口,并防止变形,可装配上一个加大了的钢质切削管头。这样可以减少土体对钢管内外表面的摩擦,同时也对管道的内外涂层起到保护作用。当夯管

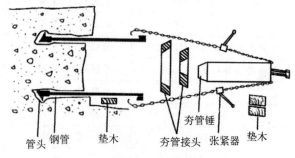

图7-29 夯管锤与管道联结示意图

锤与施工的管径不一致时,则在其结合部安装一组相互配套的夯管接头,最后一个夯管接头与钢管的内径相匹配(见图7-29)。这些夯管接头可保证将捶击力有效地传递到钢管上,防止

管口卷边。当前一节钢管夯入土体后,后一节钢管与其焊接接长,再夯后一节,如此重复直至夯入最后一节钢管。管内的土可用高压水枪将其冲成泥浆,自流出管道。对人可进入的管道,则可用手工或机械挖掘,然后运出管道。该方法施工效率高,每小时可夯管 10～30 m。施工精度较高,水平和高程偏差可控制在 2% 范围内。

夯管法适用于除有大量岩体或较大石块以外的几乎所有土层。夯管长度要根据夯管锤的功率、钢管管径、地质条件而定,一般在 80 m 以内,最长已达 150 m。

3. 定向钻铺管法

各种规格的水平定向钻机都是由钻机系统、动力系统、控向系统、泥浆系统、钻具及辅助机具组成,它们的结构及功能介绍如下:

(1)钻机系统是穿越设备钻进作业及回拖作业的主体,由钻机主机、转盘等组成,钻机主机放置在钻机架上,用以完成钻进作业和回拖作业。转盘装在钻机主机前端,连接钻杆,并通过改变转盘转向和输出转速及扭矩大小,达到不同作业状态的要求。

(2)动力系统由液压动力源和发电机组成,动力源是为钻机系统提供高压液压油作为钻机的动力,发电机为配套的电气设备及施工现场照明提供电力。

(3)控向系统是通过计算机监测和控制钻头在地下的具体位置和其他参数,引导钻头正确钻进的方向性工具,由于有该系统的控制,钻头才能按设计曲线钻进,现在经常采用手提无线式和有线式两种形式的控向系统。

(4)泥浆系统由泥浆混合搅拌罐和泥浆泵及泥浆管路组成,为钻机系统提供适合钻进工况的泥浆。

(5)钻具及辅助机具是钻机钻进中钻孔和扩孔时所使用的各种机具。钻具主要有适合各种地质的钻杆及钻头、泥浆马达、扩孔器、切割刀等机具,辅助机具包括卡环、旋转活接头和各种管径的拖拉头。

定向钻铺管时,在先导孔钻进过程中利用膨润土、水、气混合物来润滑、冷却和运载切削下来的土到地面。钻孔的长度就是钻杆总长度。先导孔施工完成后,一般采用回扩,即在拉回钻杆的同时将先导孔扩大,随后拉入需要铺设的管道。

导向钻头作为水平定向钻机的配套部件,是实现定向钻进功能的重要工具,目前使用最广泛的导向钻头主要有斜掌面导向钻头及牙轮钻头两种(见图 7-30)。

斜掌面导向钻头主要应用于土层施工,其导向原理为:①停止旋转并推进钻头时,倾斜的导向板与土体接触挤压而受到径向分力,从而改变前进方向;②旋转钻头时,导向板会对前端土体面产生破碎,消除径向力的影响,从而直线行进。

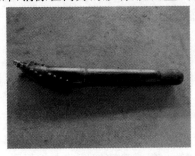

图 7-30　斜掌面导向钻头及牙轮钻头

牙轮钻头多用于岩层施工,并且使用泥浆马达提供动力,其导向原理为:①牙轮钻头在泥浆马达的带动下不停旋转并破碎岩层,当钻杆停止旋转并推进时,由于泥浆马达杆体带有一定的弯度,此时钻头便会向其弯曲的方向行进;②当钻杆转动时,泥浆马达的弯度的影响在转动过程中被相互抵消,从而直线行进。

利用以上的造斜原理,通过导向仪器监测钻头的位置和空间状态,并通过钻杆调整钻头的造斜方向,从而成功实现定向钻进。

定向钻施工时不需要工作坑,可以在地面直接钻斜孔,钻到需要深度后再转弯。钻头钻进的方向是可以控制的,钻杆可以转弯,但转弯半径是有限制的,不能太小,最小转弯半径应大于30～42 m。最小转弯半径取决于铺设管的管径和材料,一般管径较大或管道柔性较差时,转弯半径应加大,并且要有接收坑(兼下管坑),管道回拖时以平直状态为好。管径较小、管道柔性较好时,可不设接收坑,管道直接从地面拖入。

定向钻的整体断面示意图如图 7-31 所示。

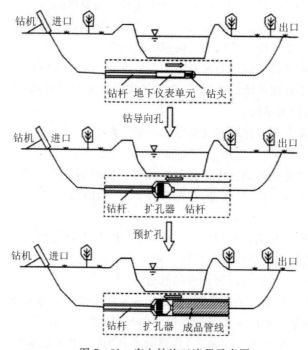

图 7-31　定向钻施工流程示意图

定向钻适应于软土到硬岩多种土壤条件,可用于直径 300～1200 mm 的钢管、PE 管的非开槽施工,最大铺管长度可达 1500 m,应用前景广阔。

7.4.2　管道更新

随着城市发展,原有管道口径太小不能满足需要或旧管道破损不能再使用且无新管位可用,就需要进行管道更新施工。

常用的管道更新是指以待更新的旧管道为导向,在将其破碎的同时,将新管拉入或顶入的管道更新技术。这种方法可用相同或稍大直径的新管更换旧管。考虑市区街道人来车往十分繁忙等因素,非开槽施工法更新旧管更显其优越性。根据破碎旧管的方式不同,常见的有破管外挤和破管顶进,另还有缠绕法管道更新技术。

1. 缠绕法

缠绕法是将带状聚氯乙烯(PVC)型材放在现有的入孔井底部,通过专用的缠绕机,在原有的管道内螺旋旋转缠绕成一条固定口径的新管。在新管和旧管之间的空隙灌入水泥砂浆。所用型材外表面布满 T 形肋,以增加其结构强度,而作为新管内壁的内表面则光滑平整。型材两边各有公母锁扣,型材边缘的锁扣在螺旋旋转中互锁,在原有管道内形成一条连续无缝的结构性防水新管。

2. 破碎管法

破碎管法也称爆管法或胀管法,是利用气动矛破碎旧管道的一种更新办法。气动矛类似于一只卧放的风镐,在压缩空气的驱动下,推动活塞不断打击气动矛的头部。气动矛前端系上一根钢丝绳,由地面绞车拖着前进,气动矛的作用是将旧管道破碎,并挤向四周,新管道随气动矛跟进。如果管道较长,还可以在工作时加顶力。

采用破碎管法施工有一定限制:①旧管道必须是混凝土管,无配筋;②周围主体必定是可以压缩的;③适用于同口径管道更新。

3. 破管顶进

如果管道处于较坚硬的土层,旧管破碎后外挤存在困难,此时可以考虑使用破管顶进法。该法是使用经改进的微型隧道施工设备或其他的水平钻机,以旧管为导向,将旧管连同周围的土层一起切削破碎,形成直径相同或更大直径的孔,同时将新管顶入,完成管线的更新,破碎后的旧管碎片和土由螺旋钻杆排出。

破管顶进法主要用于直径 100～900 mm、长度在 200 m 以内、埋深较大(一般大于 4 m)的旧陶土管、混凝土管或钢筋混凝土管,新管为球墨铸铁管、玻璃钢管、混凝土管或陶土管。该法的优点是对地表和土层无干扰;可在复杂的土层中施工,尤其是含水层;能够更换管线的走向和坡度已偏离的管道;基本不受地质条件限制。其缺点是需开挖两个工作坑,地表需有足够大的工作空间。

图 7-32 是采用一台遥控的碎石型泥水钻进机更新旧管道。泥水钻进机前面安装一台清

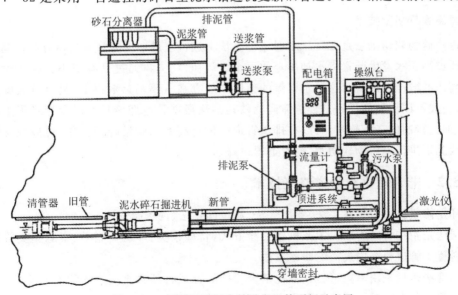

图 7-32　用碎石型泥水钻进机旧管更新示意图

管器,随着顶进将旧管道内的残留物和污水推着前移,不使其污染管道四周的土体。进入锥形碎石机的旧管道被破碎,连同泥土一起被泥浆通过管路排放到地面。连续边破碎、边顶进,直至将旧管道全部粉碎排出地层,用新管道代替。这种施工方法的工作井可以较小,最小可小到3 m,因此旧井如能满足,就不需要建新井,这样可以减少投资,同时还可以缩短工期。这是一种旧管更新的理想施工法。

7.5 排水管道非开挖修复技术

非开挖修复技术,即是在管道修复时采用特殊的方法和设备,不开挖或极少开挖沟渠,完成对管道的修复,基本不会对社会和环境造成影响,属于环境友好的施工技术,是目前市政排水管道运维的主流技术。管道非开挖修复分为半结构性修复和结构性修复。半结构性修复是指新的内衬管依赖于原有管道的结构,在设计寿命之内仅需要承受外部的静水压力,而外部土压力和动荷载仍由原有管道支撑的修复方法。而结构性修复是指新的内衬管具有不依赖于原有管道结构而独立承受外部静水压力、土压力和动荷载作用的修复方法。

管道修复的前提是开展完善的管道检测与评估,其目的就是为了及时发现排水管道存在的问题,为制定管道养护、修理计划和修理方案提供技术依据。目前排水管道电视和声呐检测技术已在我国推广使用,为排水管道的有效检查提供了技术支撑。通过管道检测可以了解管道内部状况,进而确认管道是否需要修复和修复应采用何种工法。

7.5.1 排水管道预处理

1.管道清洗技术

非开挖修复更新工程施工前应清除管内污物。管道清洗技术主要包括绞车清淤法、水冲刷清淤法、高压水射流清洗等,其中高压水射流清洗目前是国际上工业及民用管道清洗的主导设备,使用比例约占80%~90%,国内该项技术也有较多应用。

2.障碍物软切割技术

管道障碍物软切割法是在高压水射流冲淤法上进行改进形成的管道疏通方法。高压水射流是指通过高压水发生装置将水加压至数百个大气压以上,再通过具有细小孔径的喷射装置转换为高速的微细水射流。这种水射流的速度一般都在1倍马赫数以上,具有巨大的打击能量,可以完成不同种类的任务。管道障碍物软切割法根据管道拥堵状况以及管径配上不同喷射铣头,加上特制的高压软管,可以在排水管道中进行高效的管道疏通工作,可以在保证管道安全的状况下进行障碍物软切割,使管道得以疏通。

7.5.2 非开挖排水管道修复技术

非开挖修复技术包括涂层法、穿插管法、原位固化法、现场制管法。

涂层法是指在管道内以人工或机械喷涂方式,将砂浆类、环氧树脂类、聚脲脂类等防水或防腐材料置于管道整个内表面的修复方法。

穿插管法是指采用牵拉、顶推、牵拉结合顶推的方式将新管直接置入原有管道空间,并对新的内衬管和原有管道之间的间隙进行处理的管道修复方法。

原位固化法是指采用翻转或牵拉方式将浸渍树脂的内衬软管置入原有管道内,经常温、热水(汽)加热或紫外照射等方式固化后形成管道内衬的修复方法。

现场制管法是指在管道内、工作井内或地表将片状或板条状材料制作成新管道置入原有管道空间,必要时对新的内衬管和原有管道之间的间隙进行适当处理的管道修复方法。现场制管法包括螺旋缠绕法、不锈钢薄板内衬修复法、粘板(管片)法。

非开挖修复方法适用范围和使用条件见表7-7。

表7-7　非开挖修复方法适用范围和使用条件

非开挖修复		适用范围和使用条件						
		原管道内径/mm	内衬管材质	内衬管SDR	是否需要工作坑	是否需要注浆	最大允许转角	可修复原有管道界面形状
穿插法		≥200	PVC、PE、玻璃钢、金属管等	根据要求设计	需要	根据要求设计	0°	圆形
原位固化法		翻转法:200～2700 拉入法:200～2400	玻璃纤维、针状毛毡、树脂等	根据要求设计,但不得大于100	不需要	不需要	45°	圆形、蛋形、矩形等
碎(裂)管法①		200～1200	MDPE/HDPE	SDR≤21	需要	不需要	7°	圆形
折叠内衬法	工厂折叠	200～400	MDPE/HDPE	17.6≤SDR≤42	不需要或小量开挖	不需要	15°	圆形
	现场折叠	200～1400	MDPE/HDPE	17.6≤SDR≤42	需要	不需要	15°	圆形
缩径内衬法		200～700	MDPE/HDPE	根据要求设计	需要	不需要	15°	圆形
机械制螺旋缠绕法②		200～3000	PVC、PE材型	根据要求设计	不需要	根据要求设计	15°	圆形、矩形、马蹄形
管片内衬法		800～3000	PVC型材、填充材料	根据要求设计	不需要	需要	15°	圆形、矩形、马蹄形
不锈钢发泡筒法		200～1500	止水材料		不需要	不需要	—	圆形
点状原位固化法		200～1500	玻璃纤维、针状毛毡、树脂等	根据要求设计	不需要	不需要	—	圆形、蛋形、矩形等

注:①碎裂管法是唯一可进行管道扩容的非开挖管道更新技术;
　　②螺旋缠绕法和管片内衬法不宜修复有内压的管道。

1. 涂层法

涂层法是使用专业设备在管道内壁喷涂,形成一层保护膜,在原管内形成加固层的方法。常用的喷涂材料有水泥砂浆、环氧树脂等,由于喷涂层较薄,通常多用于管道防腐加强处理。根据喷涂材料的不同,可分为水泥砂浆喷涂和有机化学喷涂。用化学类浆液喷涂修复的方法属于非结构性的修复,而喷涂水泥砂浆的修复方法,依据喷层厚度的不同,一定程度上也可以认为是半结构性修复。

修复前,需要将管道封堵并清洗干净,并由携带 CCTV 监控系统的机器人进入管道,确保原管内壁干燥且无残留物。然后通过旋转喷头或人工方法,将水泥砂浆、环氧树脂、环氧玻璃鳞片等材料依照合理的顺序在原管内进行喷涂。

管道喷涂修复方法是非开挖修复技术中具有代表性的一种工艺技术,适用于直径 800 mm 以上的大管径的管道或渠箱的原位修复,能够提高管道的耐压、耐腐蚀及耐磨损性能,延长管道或渠箱寿命。

1)技术特点

(1)适用管径为 0.7~4.0 m;

(2)全自动旋转离心浇筑,内衬均匀、致密;

(3)内衬浆料与结构表面紧密黏合,对结构上的缺陷、孔洞、裂缝等具有填充和修复作用,充分发挥了原有结构的强度;

(4)一次性修复距离长、中间无接缝,不受管道弯曲段制约,内衬层厚度可根据需要灵活选择;

(5)对于超大断面管涵,可在喷内衬之前加筋(钢筋网、纤维网等),增加整体结构强度;

(6)修复结构防水、防腐蚀、不减少过流能力,设计使用寿命可达到 50 年;

(7)设备体积小,专用设备少,一次性投资成本低。

2)适用范围

对破损的混凝土、金属、砖砌、石砌及陶土类排水管道进行防渗防水、结构性修复或防腐处理。

3)工艺原理

修复时,将配制好的膏状修复浆料泵送到位于管道中轴线上由压缩空气驱动的高速旋转喷头上,材料在高速旋转离心力的作用下均匀甩向管道内壁,同时旋转浇筑设备在牵引绞车的带动下沿管道中轴线缓慢行驶,使修复材料在管壁形成连续致密的内衬层。当 1 个回次的浇筑完成后,适时进行第 2 次、第 3 次浇筑……,直到浇筑形成的内衬层达到设计厚度。

2. 穿插管法

穿插管法又称传统内衬法,是指采用牵拉或顶推的方式将新管直接放入旧管,然后在新旧管中间注浆稳固的方法。这种方法在国内外使用都较早,且是目前仍在应用的一种既方便又经济的管道修复方法。穿插法所用管材通常是 PE 管,但有时也用 PVC 管、陶土管、混凝土管或玻璃钢管等。

穿(插)管法工艺属于半结构性修复,多用于管段整体修复。可根据工程特点和要求,采用柔性连续长管(见图 7-33)或刚性短管(见图 7-34)施作。

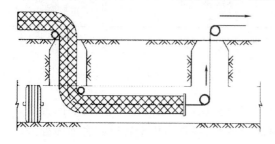

图 7-33 长管法内衬示意

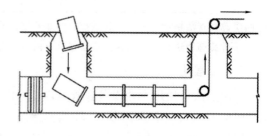

图 7-34 短管法内衬示意

穿插法的优点是：①施工工艺简单，易学易做，对工人的技能要求不高；②施工速度快，一次性修复距离长，分段施工时对交通和周边环境的影响轻微，穿插 HDPE 管速度可达 15～20 m/min，一次穿插距离可达 1～2 km；③成本低，寿命长，使用内插 HDPE 管道的方法，与原位更换法相比，通常可节约成本 50%；④可适应大曲率半径的弯管。

穿插法的缺点是：①一般内衬 PE 管道直径小于原有的管道直径，PE 管道介入后，管道摩擦系数减小，但其横截面积较小，如果 PE 管壁厚较大，就既浪费了材料又限制操作压力和输送能力，使管道的过流断面面积下降 5%～30%；②新旧管间的环形间隙要求注浆，但由于环状间隙较小，注浆较困难；③内衬管道不能弯曲，不能通过转向管件；④使用连续长管法修复旧管道时，需要在地面占一条狭长的导向槽；⑤分支管的连接点需要单独处理，要么开挖进行，要么进入打通连接支管；⑥原有管路中的所有阀门和弯头必须在施工前予以拆除，待施工完毕后再重新安装回新管道，因为旧阀门和新管道不能很好地结合，需要更换阀门。

穿插法适用于排水管道、供水能力有较大的设计余量的大口径供水管道、燃气管道、化学管道及工业管道等，新插管的外径不宜大于旧管内径的 90%。

3. 翻转式原位固化修复技术

翻转内衬修复技术在排水管道的修复方面发挥着非常重要的作用，系统组成见图 7-35。

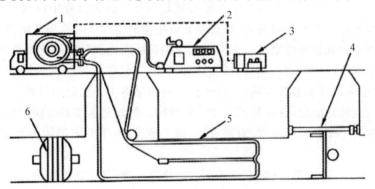

1—翻转设备；2—空压机；3—控制设备；4—管塞；5—软管；6—挡板。

图 7-35　翻转式原位固化法示意

1）技术特点

（1）现场固化内衬修复技术是一种排水管道非开挖现场固化内衬修理方法。将浸满热固性树脂的毡制软管利用注水翻转将其送入已清洗干净的被修管道中，并使其紧贴于管道内壁，通过热水加热使树脂在管道内部固化，形成高强度内衬树脂新管。

（2）现场固化内衬法根据固化工艺可分为热水、蒸汽、喷淋或紫外线加热固化，根据内衬加入办法可分为水翻、气翻与拉入，对应的主流工艺为水翻、气翻与拉入蒸汽固化等三种工艺。CIPP 纤维树脂翻转法采用水翻热水加热固化技术。

（3）内衬管耐久实用，具有耐腐蚀、耐磨损的优点。其可防地下水渗入，材料强度大，提高管道结构强度，使用寿命可按实际需求设计，最长可达 50 年。

（4）保护环境，节省资源。不开挖路面，不产生垃圾，不堵塞交通，施工周期短（约 1～2 d 时间），方便解决临时排水问题，满足文明施工要求，总体的社会效益和经济效益好，已成为排水管道非开挖整体修复的主流。

2)适用范围

(1)翻转法(含水翻、汽翻)是后固化成型,其适用于管道几何截面为圆形、方形、马蹄形等,管道材质为钢筋湿凝土管、水泥管、钢管以及各种塑料管的雨污排水管道。

(2)适用于管径为150~2200 mm的排水管道、检查井井壁和拱圈开裂的局部和整体修理。

(3)适用于管道结构性缺陷呈现为破裂、变形、错位、脱节、渗漏、腐蚀等,且接口错位小于等于直径的15%,管道基础结构基本稳定,管道线形没有明显变化,管道壁体坚实不酥化的应用场景。

(4)适用于对管道内壁局部沙眼、露石、剥落等病害的修补。

(5)适用于管道接口处在渗漏预兆期或临界状态时预防性修理。

(6)适用于各种材质检查井损坏修理。

(7)不适用于管道基础断裂、管道破裂、管道节脱呈倒栽式状、管道接口严重错位、管道线形严重变形等结构性缺陷严重损坏的修理。

(8)不适用于严重沉降、与管道接口严重错位损坏的检查井。

3)翻转固化工艺

翻转固化工艺一般采用热水或热蒸汽进行软管固化。固化过程中应对温度、压力进行实时检测。热水应从标高低的端口通入,以排除管道里面的空气。蒸汽应从标高高的端口通入,以便在标高低的端口处处理冷凝水。树脂固化分为初始固化和后续硬化两个阶段。

当软管内水或蒸汽的温度升高时,树脂开始固化,当暴露在外面的内衬管变得坚硬,且起点、终点的温度感应器显示温度存同一量级时,初始固化终止。之后均匀升高内衬管内水或蒸汽的温度直到后续硬化温度,并保持该温度一定时间。其固化温度和时间应咨询软管生产商。树脂固化时间取决于工作段的长度、管道直径、地下情况、使用的蒸汽锅炉功率以及空气压缩机的气量等。

(1)目前主流工艺为水翻、气翻与拉入蒸汽固化等三种,其工艺原理为:

①水翻所利用的翻转动力为水,翻转完成后直接利用锅炉将管道内的水加热至一定温度,并保持一定时间,使吸附在纤维织物上的树脂固化,形成内衬牢固紧贴被修复管道内壁的修复工艺,特点是施工设备投入较小,施工工艺要求较其他两套CIPP简单。

②气翻使用压缩空气作为动力,将CIPP衬管翻转入被修复管道内的工艺,使用蒸汽固化,特点是现场临时施工设施较少,施工风险较小,设备投入成本较高。因为施工过程压力较高,不适用重力管道。

③拉入采用机械牵引将双面膜的CIPP衬管拖入被修管道,使用蒸汽固化。特点是施工风险小,内衬强度高,现场设备多,准备工艺复杂。

(2)现场固化内衬修复工艺原理为:

①根据现场的实际情况,在工厂内按设计要求制造内衬软管,然后灌浸热硬化性树脂制成树脂软管,施工时将树脂软管和加热用温水输送管翻转插入辅助内衬管内。

②翻转完成之后,利用水和压缩空气使树脂软管膨胀并紧贴在旧管内,然后利用循环的方式通过温水循环加热,使具有热硬化性的树脂软管硬化成型,旧管内即形成一层高强度的内衬新管。

4.拉入式紫外光原位固化修复技术

紫外光固化技术是原位固化技术的一种,采用此工艺修复过程中,将渗透树脂的玻璃纤维,从检查井口通过专业人员、专用设备拉入所要修复的管道内部,封闭两端管口,在此玻璃纤维内衬管内充压缩空气,再采用紫外线自动化控制设备进行照射(见图7-36)。严格控制下仅用3~4 h,即可达到修复管道的目的,最终将玻璃纤维管两端切除,此管道便可正常排水。

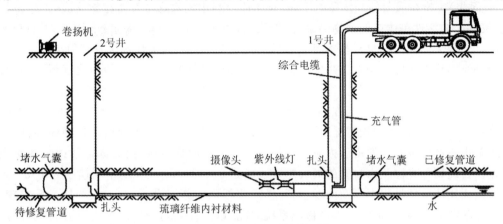

图7-36 紫外光固化修复示意图

1)技术特点

(1)适应于管径范围为直径150~1500 mm非圆形管道和弯曲管道的修复,一次修复最长可达200 m,可在一段内进行变径内衬施工。

(2)施工过程不需开挖,占地面积小,对周围环境及交通影响小,在不可开挖的地区或交通繁忙的街道修复排水管道具有明显优势。

(3)施工时间短,管道疏通冲洗后内衬管的固化速度平均可达到1 m/min,修复完成后的管道即可投入使用,极大减小了管道封堵的时间。

(4)工艺形成的内衬管强度高、壁厚小,与原有管道紧密贴合,加之内衬管表面光滑、没有接头、流动性好,极大减小了原有管道的过流断面损失。

(5)内衬管壁厚3~12 mm。

(6)修复后的使用年限最少可达到50年。

紫外光固化技术相对于传统的热固化工艺,其内衬管刚度大,相同荷载情况下所用内衬管壁厚较小。固化时间短,随着紫外线光源逐渐向前移动,内衬的冷却也随后连续发生,降低了固化收缩在内衬管内引起的内应力。紫外光固化设备上可以安装摄像头,以便实时检测内衬管固化情况。紫外光固化工艺中不考虑排水管道端口断面高低引起的固化起始端的问题。固化工艺中不产生废水。

2)适用范围

(1)紫外光固化内衬修复工艺对待修复管道的长度无限制,可在施工过程中根据待修复管道实际长度来进行灵活裁切。

(2)适用于管径在150~1600 mm的管道。如管道内径小于150 mm,则受管道内部空间限制,无法进行本工艺的施工;如管道内径大于1600 mm,受内衬材料设备生产能力限制。

(3)光固化内衬修复工艺适用于对多种类型的管道缺陷进行修复,包括管道坍塌、变形、脱节、渗漏、腐蚀等。如管道内部出现大量坍塌、变形等缺陷时,则需要在进行全内衬修复之前,先采用铣刀机器人、扩孔头、点位修复器等辅助设备进行点位辅助修复处理,因此施工进度相对会慢于直接进行全内衬修复的管段。

3)工艺原理

目前紫外光灯链主要采用水银蒸汽灯泡,其波长一般在 $200\sim400$ nm 范围内。紫外光固化(UV 固化)是指在强紫外光线照射下,固化树脂材料中光敏物质发生化学反应,产生活性碎片,引发其中的活性单体或低聚物的聚合、交联,从而使树脂由液态瞬间变成固态,形成稳定的内衬层。紫外光固化树脂材料基本组成包括光引发剂、低聚物、稀释剂以及其他组分。

紫外光固化树脂体系相对于热固性树脂体系具有明显的优点,包括:固化区域界限明确,仅在紫外光灯泡照射区域;固化时间短,随着紫外线光源逐渐地向前移动,内衬的冷却也随后连续发生,从而降低了固化收缩在内衬管内引起的内应力;紫外光固化设备上可以安装摄像头,以便实时检测内衬管固化情况;紫外光固化工艺中不用考虑排水管道端口断面高低问题;固化工艺中不产生废水。但由于内衬管外表面紫外光接收比较少,因此固化效果也相对内表面较差。目前紫外光固化内衬管的最大厚度一般是 $3\sim12$ mm,固化的平均速度为 1 m/min。

原位固化法应用过程中存在问题包括:①需要特殊的施工设备,对工人的技术要求较高;②需要详细的 CCTV(管道闭路电视检测系统)检查以及仔细的清理和干燥;③内衬管的翻转可能引起凹陷的形成;④若内衬管的部分不能与旧管道完全贴合,可能形成气泡。

5. 机械制螺旋管内衬修复技术

1)技术特点

(1)机械制螺旋管内衬修复技术是一种排水管道非开挖内衬整体修复方法,该技术是通过螺旋缠绕的方法在旧管道内部将带状型材通过压制卡口不断前进形成新的管道,新管道卷入旧管道后,通过扩张贴紧旧管壁或以固定口径在新旧管之间注浆形成新管。

(2)螺旋管分为独立结构管和复合管两种,独立结构管是指新管完全不依靠原有的管道,单独承担所有的荷载;复合管是指螺旋管承担部分荷载,另一部分荷载由新、旧管之间的结构注浆承担。螺旋管内衬修复工艺分为扩张法和固定口径法。

(3)该技术具有占地面积较小、组装便捷、移动速度快等优点,适合在复杂地理环境下施工,适合长距离的管道修复。一般情况下,由于型材的厚度的影响,原管道口径会缩小 5%~10%,但由于管道修复后内壁光滑,粗糙系数低,整体过水能力损失不大。

(4)管道可在通水的情况作业,水流 30% 通常可正常作业。新管道与原有管道之间可不注浆或注浆。

(5)在排水管道非开挖修复中,通常与土体注浆技术联合使用。

2)适用范围

(1)适用于母管管材为球墨铸铁管、钢筋混凝土管和其他合成材料的雨污排水管道的局部和整体修复。

(2)通用于大型的矩形箱涵和多种不规则排水管道的局部和整体修理。

(3)扩张法适用于管径为 $150\sim800$ mm 排水管道的整体修理,固定口径法适用于管径为 $450\sim3000$ mm 排水管道局部和整体修理。

(4)适用管道结构性缺陷呈现为破裂、变形、错位、脱节、渗漏、腐蚀且接口错位应小于等于 3 cm,管道基础结构基本稳定、管道线形没有明显变化。

（5）适用于对管道内壁局部沙眼、露石、剥落等病害的修补。

（6）适用于管道接口处在渗漏预兆期或临界状态时预防性修理。

（7）不适用于管道基础断裂、管道破裂、管道脱节呈倒栽状、管道接口严重错位、管道线形严重变形等结构性缺陷损坏的修理。

（8）不适用于严重沉降、与管道接口严重错位损坏的窨井。

3）工艺原理

（1）螺旋缠绕工艺。

螺旋缠绕工艺分为扩张法和固定口径法。

①扩张法。该工艺是将带状聚氯乙烯（PVC）型材放在现有的检查井底部，通过专用的缠绕机，在原有的管道内螺旋旋转缠绕成一条新管。所用型材外表面布满 T 形肋，以增加其结构强度，而作为新管内壁的内表面则光滑平缝。型材两边各有公母边，型材边缘的锁扣在螺旋旋转中互锁，在原有管道内形成一条连续无缝的结构性防水新管。当一段扩张管安装完毕后，通过拉动预置钢线，将二级扣拉断，使新管开始径向扩张，直到新管紧紧地贴在原有管道的内壁上。

②固定口径法。固定口径法按照施工工艺分为钢塑加强型技术和机头自行行走型技术。钢塑加强型技术的缠绕设备安装在检查井内，施工设备不动，新管在原管道内旋转缠绕前行，缠绕的过程中带状聚氯乙烯（PVC）或聚乙烯（PE）型材公母锁扣互锁，并将不锈钢带压在互锁处，直至新管到达下一检查井。机头自行走型技术是设备在管道内行走，新管成型后即固定在原管内，直至机头到达下一检查井。两者均需在新管和旧管之间的空隙灌入水泥浆。

（2）螺旋缠绕管类型。

螺旋缠绕管主要有独立结构管和复合结构管两种。

①独立结构管。PVC、PE 或带钢 PVC、PE 型材螺旋缠绕的新管能独立承受外部荷载。

②复合结构管。PVC、PE 型材螺旋缠绕的新管不能独立承受全部外部荷载，新旧管之间的空隙需要填充结构灌浆，形成一条新的复合结构管。

PVC 或 PE 的带状型材以螺旋缠绕的方式在原管内形成一条新的管道，带状型材螺旋缠绕的连接方式主要有公母锁扣互锁和 PE 热熔焊接两种。

6. 管道 SCL 软衬法修复技术

1）技术特点

（1）采用 SCL 软衬法对破损排水、供水管道或箱涵等进行修复，在不开挖路面、绿地、耕地的条件下实现管道功能的恢复。

（2）采用灌浆料对管道或涵洞空洞、破损部位进行填充修复，封闭渗漏点，又加固了周边基层。

（3）采用速格垫材料作为原管道或涵管内壁层，修复管道的渗漏，防止管道腐蚀。

（4）采用速格垫及配套灌浆料对管道或涵管等进行整体修复，恢复其正常使用功能，并保证其结构稳定。

（5）工程无须人员进入管道或涵管内，既能保证质量同时保证了施工人员安全。

2）适用范围

适用于管径为 250～2000 mm 的各种管道的衬砌，适用管道断面为圆形、卵形或特殊几何形状的管道非开挖修复，同时适用于混凝土管、波纹管、钢管、玻璃夹砂管等不开挖修复改造。

3）工艺原理

采用速格垫制作成内衬，加工成需要的规格、长度。通过卷扬机牵引安装进旧管道，通过内衬内充水支撑成型，然后进行灌浆（SG100 高徽浆），形成新的管壁结构，以提高管道抗压、耐蚀、耐磨等性能的新兴非开挖修复工程技术，如图 7-37。

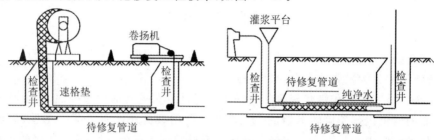

图 7-37 管道 SCL 软衬法修复示意

7. 不锈钢双胀环修复技术

1）技术特点

（1）不锈钢双胀环修复技术是一种管道非开挖局部套环修理方法。该技术采用的主要材料为环状橡胶止水密封带与不锈钢套环，在管道接口或局部损坏部位安装橡胶圈双胀环，橡胶带就位后用 2～3 道不锈钢胀环固定，达到止水目的。

（2）不锈钢双胀环施工速度快，质量稳定性较好，可承受一定接口错位，止水套环的抗内压效果比抗外压要好，但对水流形态和过水断面有一定影响。

（3）在排水管道非开挖修复中，通常与钻孔注浆法联合使用。

2）适用范围

（1）适用管材为球墨铸铁管、钢筋混凝土管和其他合成材料材质的雨污排水管道。

（2）适用于管径大于等于 800 mm 及特大型排水管道局部损坏修理。

（3）适用管道结构性缺陷呈现为变形、错位、脱节、渗漏且接口错位小于等于 3 cm，管道基础结构基本稳定、管道线形没有明显变化、管道壁体坚实不酥化。

（4）适用于对管道内壁局部沙眼、露石、剥落等病害的修补。

（5）适用于管道接口处在渗漏预兆期或临界状态时预防性修理。

（6）不适用于对塑料材质管道、窨井损坏修理。

（7）不适用于管道基础断裂、管道破裂、管道脱节呈倒栽式状、管道接口严重错位、管道线形严重变形等结构性缺陷损坏的修理。

3）工艺原理

（1）双胀圈分两层，一层为紧贴管壁的耐腐蚀特种橡胶，另外一层为两道不锈钢胀环（见图 7-38）。在管道接口或局部损坏部位安装环状橡胶止水密封带，橡胶带就位后用 2～3 道不锈钢胀环固定，安装时先将螺栓、楔形块、卡口等构件使套环连成整体，再紧贴母管内壁，利用专用液压设备，对不锈钢胀环施压固定，使安装压力符合管线运行要求，在接缝处建立长久性、密封性的软连接，使管道的承压能力大幅提高，能够保证

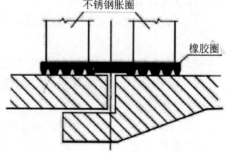

图 7-38 双胀圈内衬施工示意图

管线的正常运行。

（2）可承受一定接口错位,止水套环的抗内压效果比抗外压要好,但对水流形态和过水断面有一定影响。

（3）排水管道处于流沙或软土层,由于接口产生缝隙、管周流沙软土从缝隙渗入排水管道内,致使管道及检查井周围土体流失,土路基失稳,管道及检查井下沉,路面沉陷。因此,不锈钢双胀环修理时,必须进行钻孔注浆,对管道及检查井外土体进行注浆加固,形成隔水帷幕防止渗漏,固化管道和检查井周围土体,填充因水土流失造成的空洞,增加地基承载力。

8. 不锈钢发泡筒修复技术

1）技术特点

（1）不锈钢发泡筒修复技术是一种管道非开挖局部套环修理方法。该技术采用的主要材料为遇水膨胀化学浆与带状不锈钢片,在管道接口或局部损坏部位安装不锈钢套环,不锈钢薄板卷成筒状,与同样卷成筒状并涂满发泡胶的泡沫塑料板一同就位,然后用膨胀气囊使之紧贴管口,发泡胶固化后即可发挥止水作用。

（2）不锈钢发泡筒具有无须开挖路面、施工速度快、止水效果好、使用寿命长、可带水作业、对水流的影响小、质量稳定及造价低等特点。

（3）在排水管道非开挖修复中,通常与土体注浆技术联合使用。

2）适用范围

（1）适用管材为钢筋混凝土材质的雨污排水管道,同样适用于塑料管材、球墨铸铁管和其他合成材料的管材。

（2）适用于管径为 150～1350 mm 的排水管道局部损坏修理。

（3）适用于管道结构性缺陷呈现为脱节、渗漏,管道基础结构基本稳定,管道线形没有明显变化,管道壁体坚实不酥化。

（4）适用于管道接口处有渗漏或临界时预防性修理。

（5）不适用于窨井损坏修理。

（6）不适用于管道基础断裂、管道脱节口呈倒栽状、管道接口严重错位、管道线形严重变形等结构性缺陷损坏的修理。

3）工艺原理

（1）不锈钢发泡筒分两层,分别由不锈钢材质和含聚酯发泡胶的填充物组成。在管道渗漏点处安装一个外附海绵的不锈钢套筒,海绵吸附满聚酯发泡胶浆液,安装就位后,用膨胀气囊使之紧贴管壁,浆液在不锈钢筒与管道间膨胀从而达到止水目的。

（2）不锈钢卷筒的设计强度保证并恢复原管道的设计功能,修复后的管道结构强度提高,抗化学腐蚀能力增强,发泡胶填充物能提供结构性保护作用。

9. 点状原位固化修复技术

1）技术特点

（1）点状原位固化修复技术是一种排水管道非开挖局部内衬修理方法。利用毡筒气囊局部成型技术,将涂灌树脂的毡筒用气囊使之紧贴母管,然后用紫外线等方法加热固化。实际上是将整体现场固化成型法用于局部修理。

（2）点状原位固化主要分为人工玻璃钢接口和毡筒气囊局部成型两种技术,部分地区常用毡筒气囊局部成型技术,在损坏点固化树脂,增加管道强度达到修复目的,并可提供一定的结构强度。

(3)管径 800 mm 以上管道局部修理采用点状原位固化修复方法最具有经济性和可靠性,管径为 1500 mm 以上大型或特大型管道的修理采用点状原位固化修复方法具有较强的可靠性和可操作性。

(4)在排水管道非开挖修复中,通常与土体注浆技术联合使用。

(5)保护环境,节省资源。不开挖路面,不产生垃圾,不堵塞交通,便于实现文明施工,总体的社会效益和经济效益好。

2)适用范围

(1)适用管材为钢筋混凝土材质及其他材质雨污排水管道。

(2)适用于排水管道局部和整体修理。

(3)管径为 800 mm 以上及大型或特大型管道施工人员均可下井管内修理,管径为 800 mm 以下可以采用电视检测车探视位置,然后故入气囊固定位置。

(4)适用管道结构性缺陷呈现为破裂、变形、错位、脱节、渗漏且接口错位小于等于 5 cm,管道基础结构基本稳定、管道线形没有明显变化、管道壁体坚实不酥化。

(5)适用于管道接口处有渗漏或临界时预防性修理。

(6)不适用于检查井损坏修理。

(7)不适用于管道基础断裂、管道坍塌、管道脱节口呈倒栽状、管道接口严重错位、管道线形严重变形等结构性缺陷损坏的修理。

3)工艺原理

(1)点状原位固化采用聚酯树脂、环氧树脂或乙烯基树脂,可使用含钴化合物或有机过氧化物作为催化剂来加速树脂的固化,进行聚合反应成高分子化合物。该材料是单液性注浆材料,施工简单,设备清洗也十分方便。

(2)树脂与水具有良好的混溶性,浆液遇水后自行分散、乳化,立即进行聚合反应,诱导时间可通过配比进行调整。

(3)该材料对水质的适应较强,一般酸碱性及污水对其性能均无影响。

7.6 地下工程交叉施工

对任何一个城市而言,街道下都设置有各种地下工程,常出现相互跨穿的交叉情况。此时,应使交叉的管道与管道之间或管道与构筑物之间保持适宜的垂直净距及水平净距。各种地下工程在立面上重叠敷设是不允许的,这样不仅会给维修作业带来困难,而且极易因应力集中而发生爆管现象,以至产生灾害。

7.6.1 管道与管道交叉施工

管道交叉处理应符合下列规定:

(1)应满足管道间最小净距的要求,且按"有压管道避让无压管道、支管道避让干线管道、小口径管道避让大口径管道"的原则处理;

(2)新建给排水管道与其他管道交叉时,应按设计要求处理,施工过程中对既有管道进行

临时保护,所采取的措施应征求有关单位意见;

(3)新建给排水管道与既有管道交叉部位的回填压实度应符合设计要求,并应使回填材料与被支承管道贴紧密实。

给水管道从其他管道上方跨越时,若管间垂直净距≥0.40 m,一般不予处理;否则应在管间夯实黏土,若被跨越管回填土欠密实,尚需自其管侧底部设置墩柱支承给水管。

当其他管道从给水管下部穿越时,若两种管道同时安装,除其他管道做局部加固于四周填砂外,两管之间的沟槽可采用三七灰土夯实。当其他管道从原建给水管道下方穿越时,若管间垂直间距小于0.40 m,可于给水管管底以下包角135°范围内的全部沟槽浇筑混凝土,处理沟槽长度约为给水管管径加0.3 m;如遇管间垂直净距大于0.4 m时,可于给水管管底以下整个沟槽回填砂夹石或灰土,给水管道可铺筑135°混凝土或砂浆的带形管座,其处理沟槽长度同前。

当给水管与排水干管的过水断面交叉,若管道高程一致,在给水管道无法从排水干管跨越施工的条件下,亦可使排水干管保持管底坡度及过水断面面积不变的前提下,将圆管改为沟渠,以达到缩小高度目的。给水管道设置于盖板上,管底与盖板间所留0.05 m间隙中填置砂土,沟渠两侧填夯夹石,此即为排水管扁沟法穿越,如图7-39所示。

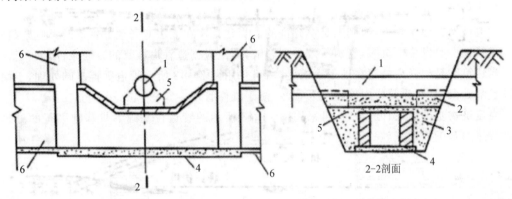

1—给水管;2—混凝土管座;3—砂夹石;4—排水沟渠;5—黏土层;6—检查井。

图7-39 排水管扁沟法穿越

7.6.2 管道与构筑物交叉施工

1. 给水管道与构筑物交叉施工

当地下构筑物埋深较大时,给水管道可从其上部穿越。施工时,应保证给水管底与构筑物顶之间高差不小于0.3 m;且使给水管顶与地面之间的覆土厚度不小于0.7 m,对冰冻深度较深的地区而言,还应按冰冻深度要求确定管道最小覆土厚度。此外,在给水管道最高处应安装排气阀并砌筑排气阀井,如图7-40所示。

当地下构筑物埋深较浅时,给水管道上跨构

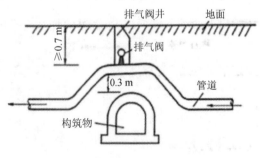

图7-40 给水管道从上部跨越构筑物

筑物不能满足覆土要求时,给水管道可以从构筑物下部穿越,施工时要求构筑物基础下面的给水管道应增设套管。当构筑物后施工时,须先将给水管及套管安装就绪之后再修构筑物。

2. 排水管道与构筑物交叉施工

排水管道为重力流,当与构筑物交叉时,仅能采用倒虹管从构筑物底部穿越,如图 7-41 所示。施工时,要求穿越部分增设套管,倒虹管上下游分别砌筑进水室与出水室。

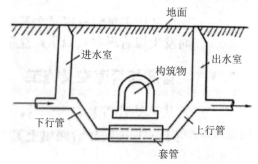

图 7-41 排水管道倒虹管穿越构筑物

3. 建筑物建在管道上施工

管道被压在建筑物下,原则上是不允许的。当建筑实在无法避开地下管道时,则应保证在地上建筑物一旦发生下沉时,管道不致受到影响,而且应创造管道维修的方便条件。

当建筑物基础尚未修建在地下管道上时,可采用图 7-42 所示管道垂直基础处理,于两外墙设置基础梁,且在建筑物内修建过人管沟,便于维修管理。

当建筑物基础建在管道上时,可采用图 7-43 所示的管道在基础下与基础平行的处理方法做特殊的基础处理。

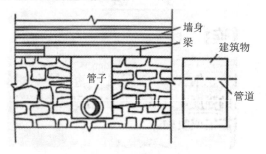

图 7-42 与管道垂直的基础处理方法图

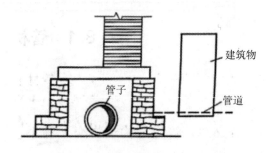

图 7-43 与管道平行的基础处理方法

以上两种条件下施工,管道的管材应采用钢管或铸铁管。

第8章 室内管道及常用设备安装

8.1 管材与管道连接

在室内给水排水工程中,常用的管材主要有塑料管、钢管、铸铁管等。管材、管件及连接方式的工作压力不得大于国家现行标准中公称压力或标称的允许工作压力。管材的选择应满足管内水压所需的强度、管线上覆土等荷载所需的强度、价格合理并保证管内水质等要求。管材及附件应具有出厂合格证明,否则应进行鉴定或复验。

8.1.1 化学建材管

化学建材管按材质可分为硬聚氯乙烯塑料管(UPVC 管)、聚乙烯塑料管(PE 管)、聚丙烯塑料管(PP 管)、聚丁烯塑料管(PB 管)、丙烯腈-丁二烯-苯乙烯塑料管(ABS 管)以及塑料-金属复合管等。所有塑料管均有各自的配套管件,应用时应正确选用。各种塑料管及管件的内壁应光滑,不得有裂纹、裂痕、扭动等缺点,管壁厚度均匀,承压管道及管件应做压力试验,选用时应满足输送介质的要求。

1. 管道加工

(1)塑料管切割。一般采用细齿木工手锯或木工圆锯切割,切割口的平面度偏差为:当 DN<50 mm 时,应不大于 0.5 mm;DN=50~160 mm 时,应不大于 1 mm;DN>160 mm 时,应不大于 2 mm。无毛刺、平整。对于聚丁烯管等还可用专用截管器切断。

(2)弯管加工。一般采用热煨弯管,弯曲半径为管子外径的 3.5~4 倍,弯管时,应将耐温、易变形材料(如无杂质的干细砂)填实管内以防止弯曲变形,然后将管子需弯曲段均匀加热到 110~150 ℃后迅速放入弯管胎模内弯曲,冷却后成型。

(3)塑料管管口扩胀。塑料管采用承插口连接或扩口松套法兰连接时,须将管子一端的管口扩胀成承口。先将需加工管子的管口用锉刀加工成 30°~45°角内坡口,然后将管子口扩胀端均匀加热,聚氯乙烯管、聚乙烯硬管为 120~150 ℃、聚乙烯软管为 90~100 ℃、聚丙烯管为 160~180 ℃。加热长度:作承插口用时为 1~1.5 倍外径;作扩口用时为 20~50 mm。取出后立即将带有 30°~45°角外坡口的插口管段(或扩口模具)插入变软的扩胀端口内,冷却后即成。

(4)塑料管翻边。塑料管采用卷边松套法兰连接或锁母连接时,必须预先进行管口翻边。先将管子需翻边的一端均匀加热,加热温度同管口扩胀,取出后立即套上法兰,并将预热后的塑料管翻边内胎模(见图 8-1)插入变软的管口,使管子翻成垂直于管子轴线的卷边,成型后退出翻边胎模,并用水冷却。翻成的卷边不得有裂缝和皱折等缺陷。

2. 管道连接

塑料管连接的方法主要有焊接连接、法兰连接、粘接连接、套接连接、承插连接、管件丝接、

管件紧固连接等。其工序为：划线→断管→预加工→
连接→检验。

1）焊接连接

焊接连接按焊接方法分为热风焊接和热熔压焊接
（又称对焊或接触焊接）；按焊口形式分有承插口焊接、
套管焊接、对接焊接。焊接连接适用于高、低压塑料管
连接。

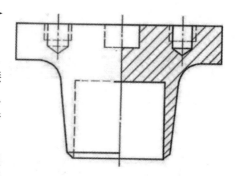

图 8-1　塑料管翻边内胎模

热风焊接是用过滤后的无油、无水压缩空气经塑
料焊接枪中的加热器加热到一定温度后，由焊枪喷嘴
喷出，使塑料焊条和焊件加热呈熔融状态而连接在
一起。

热熔压焊接是利用电加热元件所产生的高温，加热焊件的焊接面，直至熔稀翻浆，然后抽
去加热元件，将两焊件迅速压合，冷却后即可牢固地连接。施焊时环境温度不宜太低，应不小
于 10 ℃，作用于焊件的加热元件是各种形状的电加热盘（板），其工艺过程见图 8-2。平口焊
接时先将连接的塑料管放置在焊接工具的夹具上夹牢，清除管端的氧化层、油污等，将两根管
子对正，使管端间隙一般不超过 0.5 mm，然后用电加热盘加热两管口使之熔化 1～2 mm，去
掉电热盘后 1.5～3 min，以 0.1～0.25 MPa 的压力加压 3～10 min，熔融表面连接成一体，直
到接头自然冷却。

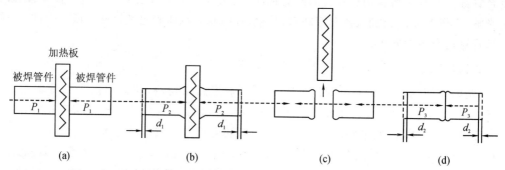

图 8-2　聚乙烯（PE）和耐热聚乙烯（PE-RT）管道热熔对接焊的工艺过程

承插口对接焊接采用的电加热零件是一承插模具（见图 8-3）。首先将一根塑料管扩胀
成承口状，承口的内径应稍小于管子外径，并将插口端开成 45°坡口。

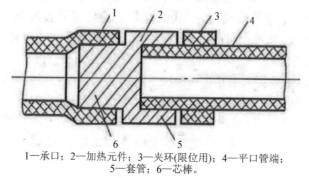

1—承口；2—加热元件；3—夹环（限位用）；4—平口管端；
5—套管；6—芯棒。

图 8-3　承插对接焊

用加热元件的芯棒软化承口端的内表面,套管软化插口端的外表面。焊接前加热元件的工作面上需涂上一层氟化物或类似材料,以防粘连熔融塑料。待加热面塑料呈热熔状态后,将管子迅速从加热元件中退出,并在2~3 s内将它们互相承插连接在一起,并施以轴向压力加压20~30 s,直到塑料管承插接口开始硬化为止。

2)法兰连接

法兰连接常用的有卷边松套法兰连接、扩口松套法兰连接和平焊法兰连接三种形式。适用于常压(≤2 MPa)或压力不高的管道连接以及塑料管与阀件、金属部件及非塑料管连接。扩口松套法兰连接,如图8-4(a)所示,是在塑料管上套上法兰后将塑料管口扩胀,然后管口加热插入内承圈(内承圈长度为15~20 mm),冷却后把管口和内衬圈焊接在一起,铲平焊缝,用螺栓连接紧固;卷边松套法兰连接,如图8-4(b)所示,是将塑料管口翻边套上法兰,用螺栓连接紧固;平焊法兰连接,如图8-4(c)所示,是把塑料法兰平焊在管子端部,然后用螺栓连接紧固。法兰连接时可使用软塑料垫圈。其他要求同钢管法兰连接。

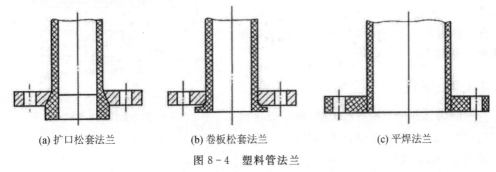

(a) 扩口松套法兰　　　　　(b) 卷板松套法兰　　　　　(c) 平焊法兰

图8-4　塑料管法兰

3)粘接连接

粘接连接常用承插口粘接,其接合强度较高。首先需将管子一端扩胀为承口,然后将管子粘接面污物去掉,用砂纸打磨粗糙,均匀地将胶粘剂涂到粘接面上,将插口插入承口内即可。管端插入承口深度应符合规范规定,承插口之间应紧密接合,间隙不得大于0.3 mm。必要时可在接口处再行焊接,以增加连接强度。应根据不同的材质选用胶粘剂,以保证粘接质量。

4)套接连接

套接连接是指先将塑料管端加热,使管子变软后,套入特制的管件(可由塑料管、钢管等做成,也可在这些管的端头上加工成螺纹状)上,并用12号镀锌铁丝扎紧。该方法常用在聚乙烯和聚丙烯管连接,最大承压<1.0 MPa,一般作塑料排水管连接。

5)承插连接

承插连接适用于管径大于50 mm的承插塑料管连接,一般采用橡胶密封圈来止水。施工时,承口内壁凹槽应清理干净,将橡胶圈捏成凹形,放入承口凹槽内,橡胶圈应平正合槽,再在插口端管子表面和承口内面涂上润滑剂,然后将两根管子对好,并垫在木墩上;用撬杠、手拉(或手摇)葫芦等工具使管道插口端进入承口端内,施工完毕后再将木墩拆除。若插口管是平口应用钢锉或电动砂轮将其磨成斜面,并使斜面与管子呈15°夹角,钝边为1/2管壁厚。插口端距承口底应保证一定的空隙,以接受热伸长量。接口应保证橡胶圈不扭曲、折叠、破损。橡胶圈材质、形状、尺寸等应符合规定。

6)管件丝接

管件丝接常用的有类似于钢管丝接的连接和塑料管锁母压接。前者应进行塑料管螺纹加工,后者不需进行塑料管螺纹加工。常用于小口径给水、排水塑料管。塑料管螺纹加工时应避免管子被管子压力钳夹破。不能一次套丝完成,而应采用多次套丝。接口用白铅油和麻丝、聚四氟乙烯生料带或用醇酸树脂填料。管道连接完毕,必须进行检查,凡有变硬、起泡、管材颜色失去光泽等疵病,均应截去重新套丝。锁母压接是塑料管连接方法中比较新的一种,它适用于给水、排水塑料管,并有特殊的管件与之配合,连接如图8-5所示。

7)管件紧固连接

管件紧固连接是利用特制的连接管件,采用锁母压接紧固方式或钳压变形紧固方式来达到管道连接的一种方法,常用于塑料-金属复合管的连接。

8)塑料管与其他管材连接

不同管材之间的连接一般采用承插连接、套接连接、法兰连接等方法。连接时应注意不同管材的热膨胀量的影响,对于软管或半硬管应在管内用硬管材料强制支承以防管口变形。

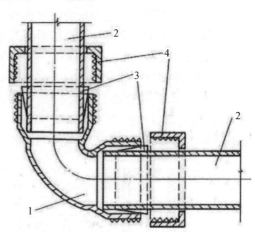

1—管件;2—管段;3—止水塞环;4—锁母压盖。

图8-5 排水塑料管锁母压接

8.1.2 钢管

建筑物内部常用的钢管有无缝钢管、焊接钢管、镀锌焊接钢管、钢板卷焊管等,钢管的公称直径常采用 15 mm<DN<450 mm。

1.管道加工

管道加工主要指钢管的切断、调直、弯管及制作异形管件等过程。

1)钢管切断

钢管切断即按管路安装的尺寸将管子切断成管段的过程,常称为"下料"。管子切口要平正,不影响管子连接,不产生断面收缩,管口内外要求无毛刺和铁渣。钢管切断的方法很多,应根据具体情况灵活选用。

对于管径50 mm以下的小管一般采用手工钢锯来锯切。手工钢锯在锯管时必须保证锯条平面始终与管子垂直,切口必须锯到底,不能采用未锯完而掰断的方法,以免切口残缺、不平整而影响管子连接。

对于管径40~150 mm的管子可以采用滚刀切管器又称管子割刀(见图8-6)切管,即用带刃口的圆盘形刀片垂直于管子,在压力作用下边进刀边沿管壁旋转,将管子切断。其切管速度较快、切口平正,但产生管口收缩,因此必须用绞刀刮平缩口部分。

砂轮切割机断管,是靠高速旋转的高强砂轮片与管壁摩擦切削,将管壁摩透切断。使用砂轮机时,被锯材料一定要夹紧,进刀不能太猛,用力不能太大,以免砂轮片破碎飞出伤人。它切管速度快、移动方便,适合于钢管、铸铁管及各种型钢的切断,但噪声大。

射吸式割炬又称气割枪,是利用氧气及乙炔气的混合气体作热源,将管子切割处加热呈熔融状态后,用高压氧气将熔渣吹开,使管子切断。切口往往不十分平整且带有铁渣,应用砂轮磨口机打磨平整和除去铁渣以利于焊接。

对于大直径管的切断除了气割外,还可利用切断机械来断管,如切断坡口机,它可同时完

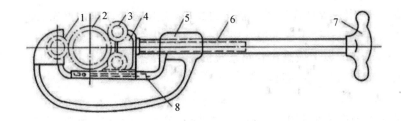

1—切割滚轮；2—被割管子；3—压紧滚轮；4—滑动支座；
5—螺母；6—螺杆；7—手把；8—滑道。

图 8 - 6　管子割刀

成切管和坡口加工,适用于切割壁厚 12～20 mm、直径 600 mm 以下的钢管。

2)钢管调直

钢管在运输装卸、堆放、安装的过程中易造成管子弯曲,所以应及时对弯曲的管段进行调直,调直的方法一般有冷调直和热调直两种。当管径较小且弯曲程度不大时可用冷调直法,当管子弯曲度较大或管径较大时常采用热调直法。

3)弯管加工

在管道安装工程中,需要大量各种角度的弯管。这些弯管的弯曲半径 R 根据管外径 D 和使用场所不同而定。通常情况下热撼弯 $R \geqslant 3.5D$;冷撼弯 $R \geqslant 4D$;冲压弯头 $R \geqslant 1.0D$;焊接弯头 $R = 1.5D$。弯曲方法有钢管冷撼弯、热撼弯、模压弯管、焊接弯管等。

钢管冷撼弯是指在常温下进行钢管弯曲加工的方法,一般是借助于弯管器或液压弯管机来实现,适用于管径不大于 150 mm 的管道。

钢管热撼弯是指将钢管加热到 800～1000 ℃后,弯曲成所需的形状,采用的方法有管子灌砂热撼弯、机械热撼弯。加热长度为撼弯所需长度的 1.2 倍为宜。

模压弯管又称压制弯,是将加热后的钢板或管段放入模具中加压成型而成,这类弯管的弯曲半径小、壁厚度均匀、耐压强度高。用同样的方法可制作三通、变径管等管件,市场上有成品压制弯出售。

焊接弯管又称虾米腰弯头,根据弯管所需的弯曲度、弯曲半径、弯管组成节数下料,然后将各节焊接而成。

为了保证弯管的强度及断面形状符合规定,弯曲管段的管壁减薄时应均匀,减薄量不应超过原壁厚的 15%;断面的椭圆率(长短直径之差与长直径之比):当管径 DN≤100 mm 时不大于 10%,DN＞100 mm 时不大于 8%;折皱不平度:DN≤100 mm 时不超过 4 mm,DN＞100 mm时不超过 5 mm。管壁上不得产生裂纹、鼓包,弯度要均匀。

4)室内钢管管件的现场加工

在室内钢管安装现场施工中,还涉及诸如三通、变径管等个别非标管件的现场制作。近年来随着管材管件的标准化生产技术提高,管件现场制作的需求不断减小,这里不再赘述。

2. 钢管连接

对于钢管常采用焊接、螺纹连接、法兰连接、沟槽式卡箍连接等连接方法。

1)钢管焊接

钢管焊接适用于各种口径的非镀锌钢管。钢管焊接是将管子接口处及焊条加热使金属呈熔化的状态后,把两个被焊件连接成一整体的过程,它具有接口牢固严密、速度快、维修量少、节约管件等优点。一般管道工程上最常用的是电弧焊及氧-乙炔气焊两种,前者常用于管径大于65 mm和壁厚4 mm以上或高压管路系统的管子,后者常用于管径在50 mm以下和壁厚在3.5 mm以内的管路。详见本书第6章。

　　2)螺纹连接

　　螺纹连接适用于管径在150 mm以下,尤其是DN≤80 mm的钢管,它是在管段端部加工螺纹,然后拧上带内螺纹的管子配件或阀件等,再和其他管段连接起来构成管路系统的。

　　管子螺纹有圆锥形和圆柱形。圆锥形管子螺纹可用电动套丝机或手工管子绞板(又称带丝)加工而成,这种螺纹接口严密性较好,常常采用。圆柱形管子螺纹加工方便,接口严密性较差。

　　管子螺纹的规格应符合规范要求,加工螺纹时应避免产生螺纹不正、细丝螺纹、螺纹不光、断丝缺扣等缺陷。

　　加工好的螺纹管段在进行连接时,应在螺纹处加填充材料。常用的填料:当介质温度≤100 ℃时,用聚四氟乙烯胶带或麻丝沾白铅油(铅丹粉拌干性油);当介质温度>100 ℃时,可采用黑铅油(石墨粉拌干性油)和石棉绳,然后用管钳或活口板子将管子配件、丝扣阀件或管子拧紧,一般在管件外部露3~4扣丝为宜。

　　3)法兰连接

　　法兰连接具有接合强度高、严密性好、拆卸安装方便的优点,适用于阀件、管路附属设备与管子的连接,是设备房内广为采用的连接形式。它是依靠螺栓拉紧两管段、阀件等的法兰盘,并紧固在一起构成管路系统的。法兰盘按其材质分为钢板法兰、铸钢法兰、铸铁法兰等,按其形状分为圆形、方形、椭圆形法兰等,按其与管子的连接方式分平焊法兰、对焊法兰、翻边松套法兰、螺纹法兰等。法兰既可以成品采购,也可现场加工。法兰盘的尺寸、通用制造标准可参考有关技术手册。铸铁法兰与钢管连接,镀锌钢管与法兰连接,应采用螺纹连接;平焊法兰、对焊法兰及铸钢法兰与管子连接,采用焊接连接。管子与法兰连接应保证管子和法兰垂直,保证法兰间的连接面上无突出的管头、焊肉、焊渣、焊瘤等。管子翻边松套法兰适用于法兰材质与管子材质不同时连接,翻边要平正成直角、无裂口、无损伤、不挡螺栓孔。

　　为了使法兰盘与法兰盘之间的连接严密、不渗漏必须加垫圈,法兰垫圈厚度一般为3~5 mm,垫圈材质应根据液体介质、介质温度和介质压力值来选用。垫圈的内径不得小于法兰的内径,外径不得大于法兰相对应的两个螺栓孔内边缘的距离,使垫圈不遮挡螺栓孔,边宽应一致。一个接口中只能加一个垫圈,否则接口易渗漏。

　　法兰连接时,两个法兰盘的连接面应平正、互相平行,螺栓孔对正,法兰的密封面应符合标准,无损伤、无渣滓,先穿几根螺栓后插入垫圈,再穿好余下的螺栓,调整好垫圈,即可用扳手拧紧螺栓。拧螺栓时应对称拧紧,分2~3次紧到底,这样可使法兰受力均匀,严密性好,法兰也不易损坏。螺栓的材料和外径应符合技术要求,螺栓长度要适当。螺栓拧紧后,一般以露在外面的长度为螺栓直径的一半为宜。

　　4)沟槽式卡箍连接

　　沟槽式卡箍连接是在管段端部利用专用工具的压轮压出凹槽,通过专用卡箍,辅以橡胶密封圈止水,扣紧沟槽而连接管段的方法(见图8-7)。它具有接合强度及严密性好、有一定柔性、拆卸安装方便的优点,适用DN≥65 mm的镀锌钢管、内衬塑料复合钢管等管道的连接。

管段下料长度应保证每个接口之间有 3～4 mm 间隙。管端截面应垂直管轴心,允许偏差不得超过1～1.5 mm。连接前,管外壁端面应用机械加工成圆角,圆角半径为 1/2 管壁厚度。然后应用专用滚槽机压槽,压槽深度应符合规范要求。与橡胶密封圈接触的管外端应平整光滑,不得有伤害橡胶圈或影响密封的毛刺、凸瘤等。

连接时,应检查橡胶密封圈是否匹配,然后涂润滑剂,并将密封圈套在一根管段的末端,将对接的另一根管段套上后,调整密封圈位置保证居中,接着将卡箍套在胶圈外,保证卡箍边缘卡入沟槽中,最后用锁紧螺栓锁紧卡箍,锁紧时应对称交替旋紧螺母,防止胶圈起皱。

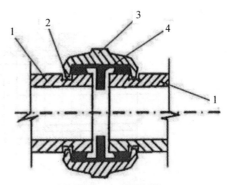

1—连接钢管;2—管道凹槽;
3—卡箍;4—橡胶密封圈。
图 8-7　连接部位示意图

8.1.3　铸铁管

1. 管道加工

铸铁管的加工主要是把一整根管子进行切断。由于铸铁管质硬而脆,切断方法与钢管不同,常用的方法有人力錾切断管、液压断管机断管、砂轮切割机断管、电弧切割断管等。

2. 管道连接

给水铸铁管连接方法见本书第 6 章。排水承插铸铁管常采用承插连接,排水平口铸铁管常采用不锈钢带套接。

1)承插连接

承插连接常用橡胶圈-法兰螺栓压盖组合的柔性连接形式;对于严密性和耐久性要求高的地方也有用麻-铅等填料接口方式的。

承插连接的操作顺序为:管子检查→管口清理→打填嵌缝填料→打填敛缝填料→养护→检验。

(1)管子检查:可用手锤轻轻敲击被支起的管子,如果发出清脆的声音,表示管子完好,破裂声则说明管子有裂缝,再通水检查有无砂眼等。

(2)管口清理:用钢丝刷刷去尘埃污垢,使直管口及承口的内外面均光洁、平滑。

(3)法兰连接:对于法兰螺栓压盖其操作同法兰连接。

(4)检验:外观上应保证敛缝材料饱满,与管壁黏结良好,无缝隙等,并进行通水试验。

2)不锈钢带套接

不锈钢带套接适用于与之配合的排水平口铸铁管,具有承插柔性接口抗振动性能好的优点,又克服了承插接口不易拆换的缺点,是目前比较先进的连接方法。

不锈钢带套接通过锁紧不锈钢带(见图 8-8)来达到止水的目的。操作时,必须将管口清理干净,管口平整无毛刺、泥沙等,然后将橡胶套分别套入两管子的管口,使管口靠近橡胶套的分隔墩处,调整连接管段使连接管中心线重合,用套筒小扳手平行拧紧不锈钢带上的螺栓。拧时应保证不锈钢带与橡胶套对齐、无偏差,并应防止螺栓滑丝。

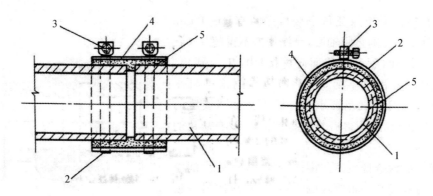

1—平口管；2—不锈钢锁紧带；3—锁紧螺栓；4—不锈钢带；5—橡胶圈。

图 8-8　锁紧不锈钢连接

8.1.4　不锈钢管

不锈钢管具有材料强度高、性能稳定、抗冲击力强、耐腐蚀性强、管内壁光滑以及管外观美观等优点，目前建筑用不锈钢管主要是薄壁焊缝管，其工作压力≤1.6 MPa、工作温度为−20～110 ℃，与它配合的管件种类较多，应用时应根据实际情况正确选用。同时，应根据使用环境的不同选用不同材质的不锈钢管及管件。

常用的不锈钢管道的连接形式有焊接、法兰连接、管件卡压式变形紧固连接、管件螺纹连接等。

8.2　阀门与仪表安装

8.2.1　阀门的安装

阀门的连接方式一般可分为法兰连接和螺纹连接，对于蝶阀一般采用法兰对夹连接。阀门连接时应使法兰与阀门对正并平行，特别是蝶阀，应防止阀门受力不均和受力过猛而损坏，应尽量避免操作手轮位于阀体下方。蝶阀往往带有衬垫，一般不需另加法兰垫圈。

安装闸阀、蝶阀、旋塞阀、球阀等阀门时不考虑安装方向，而对截止阀、止回阀、吸水底阀、减压阀、疏水阀等阀门，安装时必须使水流方向与阀门标注方向一致，切勿装反。

止回阀有升降式、旋启式、立式和梭式四种。升降式止回阀只能安装在水平管道上；旋启式止回阀宜安装在水平管道上，但小口径的旋启式止回阀亦可安装在垂直管道上；立式止回阀应安装在垂直管道上；梭式止回阀不受限制，而且密闭性较好。吸水底阀是立式止回阀的特殊形式，应安装在水泵的吸水管上。

安全阀一般分为弹簧式和杠杆式两种。安全阀安装在管道或设备留出的管头上。安全阀上必须安装介质排出管至设计规定的安全排放位置，且安全阀前不得设置其他阀门。安装连接完毕后，要用压力表参照设计压力值定压。

常用的减压阀有活塞式、波纹管式、薄膜式等几种，属可调式减压阀。另有一种叫活塞比例式减压阀，在建筑给水系统已得到广泛应用，它是阀前阀后压力呈比例设定、属不可调式减压阀。减压阀的进水端往往串接有检修隔离用阀门和过滤器,出水端也接有隔离用阀门,且都设有压力显示装置。安装及运行时不得有任何杂质掉入阀内,以防止阻塞造成减压阀失灵。

排气阀分为自动排气阀和手动排气阀。安装时应伴装一个隔离用阀门,一定要安装在管道的顶部,以保证正常使用。

疏水阀安装在蒸汽管路中,排出蒸汽凝结水,防止蒸汽流失,属自动作用阀门,其种类有浮筒式、倒吊筒式、热动力式以及脉冲式等数种。安装时应伴装过滤器和管道伸缩器,并且整个装置不应高于蒸汽管。

螺纹连接安装的阀门一般应伴装一个活接头,法兰连接、对夹连接等安装的阀门宜伴装一个伸缩接头,以利于阀门的拆、装。阀门安装位置应符合设计要求。

阀门应在安装前做强度和严密性试验,在每一批(同牌号、同型号、同规格)数量中抽查10%,且不少于1个。主干管上起切断作用的闭路阀门应逐个试验。

8.2.2 仪表的安装

1. 水表

水表应安装在2 ℃以上的环境中,并应便于管理检修,不被曝晒、不受污染、不致冻结和损坏的地方,还应尽量避免被水淹没。水表的连接方式有螺纹连接($DN \leqslant 50$ mm)、法兰连接($DN \geqslant 80$ mm)。

安装水表时应注意水表上箭头所示方向应与水流方向相同,旋翼式和垂直螺翼式水表应水平安装。水平螺翼式水表可按设计要求确定水平、倾斜或垂直安装,但水流方向必须由下而上。

安装水表时,应保证水表前后有一定长度的直管段,螺翼式水表的表上游侧应有8~10倍水表直径,其他水表的表前表后应不小于300 mm。对于不允许停水的建筑还应绕水表安装旁通管。当水表可能发生反转而影响计量和损坏水表时,应在水表下游侧安装止回阀。水表外壳距墙面净距为10~30 mm。水表进水口中心标高按设计要求,允许偏差为±10 mm。

2. 压力表

安装时压力表应符合设计要求,安装在便于吹洗和便于观察的地方,并应防止压力表受辐射热、冰冻和振动。如果管道是保温的,其保温厚度>100 mm 时,压力表安装尺寸L应相应加大;若压力表与旋塞阀的连接螺纹规格不同时,可在中间加配丝扣接头;旋塞阀宜采用三通旋塞阀;压力表存水弯又称为表弯,是保护压力表传动机构免受损坏、防止压力表指示值产生误差的装置,分蛇形、O形、U形、S形,它是由无缝钢管等管道热搣弯而成。

3. 温度计

温度计安装应符合设计要求,安装在检修、观察方便和不受机械损坏的位置,并能正确地代表被测介质的温度,避免外界物质或气体对温度标尺部分加热或冷却。安装时应保证温度计的敏感元件应处在被测介质的管道中心线上,并应迎着或垂直流束方向。在箱、槽、塔壁上和垂直管道上,一般应采用角式温度计。在管道上开孔和焊接时应防止金属渣掉入管内。当在$DN < 50$ mm 的管道上安装时,在安装温度计之处的管径要扩大加长。安装时应小心,不得损坏温度计,特别是压力式温度计的测温包、金属毛细管等。

8.3 建筑物内部给水系统安装

建筑物内部给水系统的组成如图 8-9 所示。此外,根据建筑物的性质、高度、消防设施和生产工艺上的要求及外网压力大小、外网水量多少等因素,建筑物内部室内给水系统还设有一些其他设备。如水泵等升压设备,水池、水箱、水塔等贮水设备,消火栓、水泵接合器等消防设备,防结露措施等。

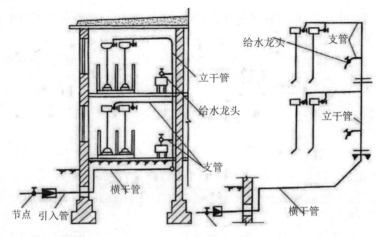

图 8-9 给水系统的组成

8.3.1 建筑物内部给水管道系统安装

1. 引入管安装

引入管的位置及埋深应满足设计要求。引入管穿越承重墙或基础时应预留孔洞,孔洞大小为管径加 200 mm,敷设时应保证管顶上部距洞壁净空不得小于建筑物的最大沉降量,且不小于 100 mm。引入管与孔洞之间的空隙用黏土填实。引入管穿越地下室或地下构筑物外墙时,应采取防水措施,一般可用刚性防水套管,对于有严格防水要求或可能出现沉降时,应用柔性防水套管。引入管的敷设应有不小于 0.003 mm 的坡度,坡向室外给水管网或阀门井、水表井,以便检修时排放存水,井内应设管道泄水龙头。

2. 建筑内部管道安装

建筑物内部给水管道的敷设,根据建筑对卫生、美观方面的要求,一般可分为明装和暗装两种方式。明装管道就是在建筑物内部沿墙、梁、柱、天花板下、地板上等明露敷设,暗装管道就是把管道敷设在管井、管槽、管沟中或墙内、板内、吊顶内等隐蔽地方。

建筑物内部给水管道的安装位置、高程应符合设计要求,管道变径要在分支管后进行,距分支管不应小于大管直径且不应小于 100 mm。

管道安装时若遇到多种管道交叉,应按照"小管道让大管道,压力流管道让重力流管道,冷水管让热水管,生活用水管道让工业,消防用水管道,气管让水管,阀件少的管道让阀件多的管道,压力流管道让电缆等"原则进行避让。在连接有 3 个或 3 个以上配水点的支管始端应安装可拆卸接头,当阀门或可拆卸接头安装在墙内时,应在阀门或可拆卸接头安装处设活动门检修孔。

给水管道不宜穿过伸缩缝、沉降缝和抗震缝,若必须穿过时应使管道不受拉伸与挤压,常用的有效措施包括螺纹弯头法(或丝扣弯头法)、软性接头法及活动支架法。管道穿过墙、梁、板时应加套管,并应在土建施工时预留套管,根据管材情况安装阻火圈。

1)横管安装

给水横管安装时应有 0.002~0.005 的坡度坡向泄水装置。冷、热水管并行安装时,热水横管应在冷水横管的上面,暗装在墙内的横管应在土建施工时预留管槽。

当管道成排安装时,直线部分应相互平行。当管道水平平行或垂直平行时,曲线部分的管子间间距应与直线部分保持一致;当管道水平上下并行安装时,曲率半径应相等。管中心与管中心之间、管中心与墙面之间有一定的间距,以便安装及维修方便,其具体尺寸可参考有关手册。

水平管道沿纵横方向弯曲的允许偏差为:钢管每米应不超过 1 mm,塑料管及复合管每米应不超过 1.5 mm,铸铁管每米应不超过 2 mm。所有管道全长在 25 m 以上,其横向弯曲允许偏差应不超过 25 mm,成排横管段和成排阀门在同一平面上间距的允许偏差应不超过 3 mm。

2)立管安装

明装给水立管一般设在房间的墙角或沿墙、柱垂直敷设。立管应不穿过污水池壁,不得靠近小便槽、大便槽敷设。立管一般在始端应设阀门,阀门设置高度距楼(地)面 150 mm 为宜,并应安装可拆卸接头。冷、热水立管并行安装时,宜将热水管敷设在冷水管左侧。

立管安装应垂直。垂直度允许偏差为:钢管每米不应超过 3 mm、5 m 以上的垂直度允许偏差不应超过 8 mm;塑料管及复合管每米不应超过 2 mm、5 m 以上的垂直度允许偏差不应超过 8 mm;铸铁管每米应不超过 3 mm、5 m 以上应不超过 10 mm。成排立管段和成排阀门在同一平面上间距的允许偏差应不超过 3 mm。

3)连接卫生器具、设备的管道安装

凡连接卫生器具或设备的管道,安装时要求平正、美观。应按照卫生器具或设备的位置预留好管口,不得错位,并应加临时管堵。

4)热水管道及附件安装

热水管道应按设计要求安装管道伸缩器,以弥补管道的热胀冷缩。

方形伸缩器水平安装应与管道坡度一致,垂直安装时应在方形伸缩器附近安装有排气装置。方形伸缩器宜用整根管道弯制,弯曲半径应等于管子外径的 4 倍,其他应符合设计要求或标准图规定。

安装前应对伸缩器进行预拉,预拉长度应符合设计要求或按规范要求进行。预拉长度允许偏差为:套管式伸缩器为 +5 mm;方形伸缩器为 +10 mm。

5)采暖管道及附件安装

采暖管道应按设计要求安装管道补偿装置,以弥补管道的热胀冷缩。

当设计未注明时,管道安装坡度为:气(汽)、水和凝结水管道,坡度应为 3‰,不得小于 2‰;气(汽)、水逆向流动的热水采暖管、蒸汽管道,坡度不应小于 5‰;散热器支管的坡度应为 1‰,坡向应利于排气和泄水。

散热器支管长度超过 1.5 m 时,应在支管上安装管卡。上供下回式系统的热水干管变径时,应采用顶平偏心连接;上供下回式系统的蒸汽干管变径时,应采用底平偏心连接。膨胀水箱的膨胀管及循环管上不得安装阀门。管道转弯一般情况下应采用摵弯弯头或管道直接弯曲。

3. 水压试验、冲洗及消毒

1)试验压力

建筑物内部给水管道安装完毕后,并在未隐蔽之前进行管道水压试验。各种材质管道试验压力应为工作压力的 1.5 倍,且不应小于 0.6 MPa。

建筑物内部热水供应系统安装完毕后,并在管道保温之前进行水压试验。热水供应系统水压试验压力应为系统顶点的工作压力加 0.1 MPa,同时在系统顶点的试验压力不小于0.31 MPa。

建筑物内部采暖系统安装完毕后,并在管道保温之前进行水压试验。水压试验压力:蒸汽、热水采暖系统应为系统顶点的工作压力加 0.1 MPa,同时在系统顶点的试验压力不小于0.3 MPa;高温热水采暖系统应为系统顶点的工作压力加 0.4 MPa;使用塑料管及复合管的热水采暖系统应为系统顶点的工作压力加 0.2 MPa,同时在系统顶点的试验压力不小于0.4 MPa。

2)试验要求

金属及复合管道系统水压试验:试验压力下观察 10 min,压力降不大于 0.02 MPa,然后将试验压力降至工作压力作外观检查,以不渗不漏为合格。

塑料管道系统水压试验:试验压力下稳压 1 h,压力降不大于 0.05 MPa,然后将试验压力降至工作压力的 1.15 倍状态下稳压 2 h,压力降不大于 0.03 MPa,同时检查各连接处不得渗漏为合格。

3)冲洗及消毒

建筑物内部冷、热水供应系统及采暖系统试压后必须进行冲洗。

建筑物内部生活给水管道系统在使用前,应使用含 20~30 mg/L 游离氯的含氯水灌满管道进行消毒,含氯水在管道中应留置 24 h 以上。消毒完后,再用饮用水冲洗,并经有关部门取样检验水质未被污染,方可使用。

8.3.2 消防设施安装

1. 室内消火栓箱

室内消火栓的组成及安装如图 8-10 所示。消火栓一般采用丝扣连接在消防管道上,并将消火栓装入消防箱内,安装时栓口应朝外,并不应安装在门轴侧。栓口中心距地面为1.1 m,允许偏差±20 mm。阀门中心距箱侧面、后面的允许偏差±5 mm。有时消防箱内还安装有 DN25 mm 的消防软管卷盘或轻便水龙。消防箱由铝合金、碳钢或木质材料制作,其尺寸应符合国家标准图要求。安装应牢固、平正,箱体安装的垂直度允许偏差为 3 mm。

2. 室外消火栓

室外消火栓安装分地上式和地下式安装,其连接方式一般为承插连接或法兰连接。消火栓规格及位置应符合设计要求。在室外消火栓来水端应安装一个阀门,阀门距消火栓不小于700 mm,且不大于 2200 mm,阀门应设阀门井保护。地下消火栓的顶部出水口与井盖底面距

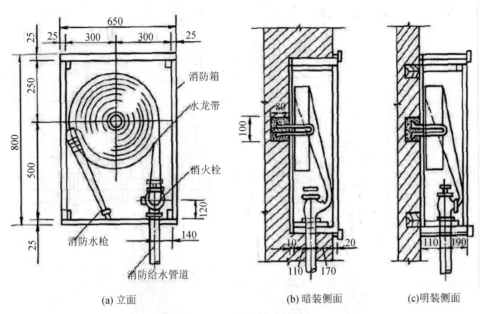

(a) 立面　　　　　　(b) 暗装侧面　　　　　(c)明装侧面

图 8-10　室内消火栓箱

离不得大于 400 mm,如超过应加短管。地下消火栓及阀门井盖应与其他井盖有明显区别,重型与轻型井盖不得混用。地上式消火栓应垂直于地面安装,顶部距地面高应为 640 mm。消火栓底部应用混凝土支墩固定牢固。连接管道埋深应符合设计要求,并在冰冻线以下。

3. 水泵接合器

　　水泵接合器分地上式、地下式和墙壁式三种安装形式,一般采用法兰连接,如图 8-11 所示。地上式水泵接合器应垂直于地面安装,其消防接口距地面高度 H_1 一般为 600 mm 或 900 mm;地下式水泵接合器顶部距地面 H_1 一般应为 200 mm;墙壁式水泵接合器消防接口距地面高度 H_1 一般为 900 mm。水泵接合器井盖或阀门井盖应与其他井盖有明显区别,重型与轻型井盖不得混用。

4. 自动喷水灭火设施安装

　　自动喷水灭火设施(见图 8-12)配水管道应采用内外壁热镀锌钢管,其连接应符合设计要求,若设计无要求则可采用螺纹连接、沟槽式卡箍连接或法兰连接。

　　自动喷水灭火设施管道安装应有一定的坡度坡向立管或泄水装置,充水系统坡度应不小于 0.002,充气系统和分支管的坡度应不小于 0.004。

　　自动喷水灭火系统的报警阀、水流指示器等前应安装阀门,阀门应有明显的启闭显示。连接报警阀进出口的控制阀应采用信号阀,当不采用信号阀时,控制阀应设锁定阀位的锁具。当水流指示器入口前设置控制阀时,应采用信号阀。在报警阀后的自动喷水管道上不应安装其他用水设备(如消火栓、水龙头等)。

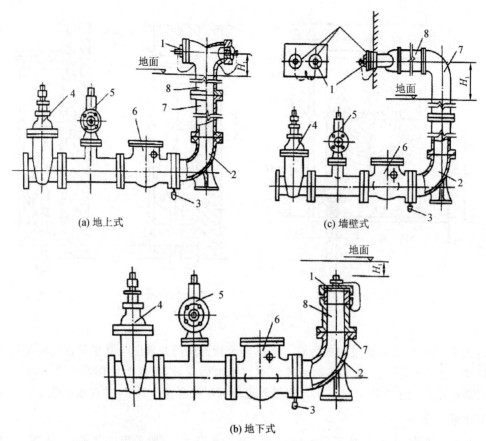

(a) 地上式

(c) 墙壁式

(b) 地下式

1—消防接口；2—弯管；3—放水阀；4—闸阀；5—安全阀；6—止回阀；7—法兰接管；8—本体。

图 8-11 水泵接合器

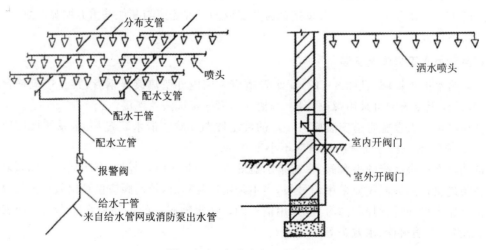

图 8-12 自动喷水灭火设施

8.3.3 管架制作安装

管架分活动管架和固定管架两大类,按支承方式又分支架(座)、托架(座)、吊架三种形式。活动管架支承的管道不允许横向位移,但可以纵向或竖向位移,以接受管道的伸缩或管道位移,一般用于水温高、管径大或穿过变形缝的管道敷设;固定管架支承的管道不允许横向、纵向及竖向位移,用于室内一般管道的敷设。安装有伸缩器管道,在靠近伸缩器两侧的管道应安装导向管架,使管道在伸缩时不至于偏移中心线。

安装时位置应正确、埋设应平整牢固。水平管道安装的管架最大间距应符合有关规定。给水立管管卡安装,层高小于或等于 5 m 时,每层应安装 1 个;层高大于 5 m 每层不得少于 2个。管卡安装高度距地面 1.5~1.8 mm,2 个以上管卡可匀称安装。自动喷水消防系统中吊架与喷头的距离应不小于 300 mm,距末端喷头的距离不大于 750 mm,以防止吊架距喷头太近影响喷水的效果。相邻喷头间距不大于 3.6 m 时,可在相邻喷头间的管段上设 1 个吊架;当小于 1.8 m 时,允许隔段设置。

固定管架安装应保证管架与管道接触面紧密、固定应牢固。滑动支架应灵活,滑托与滑槽两侧应留有 3~5 mm 的间隙,并留有一定偏移量。无热伸长的管道的吊架上的吊杆应垂直安装。有热伸长的管道,其吊架上的吊杆应向热膨胀的反向偏移。

管架固定在板、梁、柱上时可用膨胀螺栓固定或采用预埋,预埋深度不小于 150 mm。埋部端头应开为燕尾形式或其他锚固形式。打洞埋设时,在埋设前洞内先用水浇湿,再用 1∶2水泥砂浆填塞固定,严禁用木块填洞固定。对于管架上的孔应用电钻或冲床加工,孔径应比螺栓或吊杆直径大 1~2 mm。管道大于 100 mm 的悬臂支架,其下部应焊横向金属构件或斜撑。管架受力部件如横梁、吊杆及螺栓等的规格应符合设计或有关标准图的规定。固定在建筑物结构上的管架,不得影响建筑物的结构安全。

8.3.4 防腐及保温

1. 防腐

埋地管道的防腐方法可参见第 6 章。室内明设管道通常采用油漆防腐,靠漆膜将空气、水分、腐蚀介质等隔离起来,以保护金属材料表面不受腐蚀。

油漆的品种繁多,性能各不相同,按施工顺序主要分为底层漆和面层漆。底层漆打底,应采用附着力强并且有良好防腐性能的油漆,如红丹油性防锈漆、锌酯胶防锈漆等。面层漆罩面用来保护底层漆不受损伤,并使金属材料表面颜色符合设计和规范规定,如铁黑、锌灰油性防锈漆、铅红、硼钡酚醛防锈漆等。一般情况下选择油漆材料应考虑被涂物周围腐蚀介质的种类、温度和浓度,被涂物表面的材料性质以及经济效果。

金属材料表面除污。油漆防腐施工首先应对金属材料表面除污,常用的除污方法有人工除污、喷砂除污。

金属材料表面涂油漆。涂刷底层漆或面层漆应根据需要决定每层涂膜厚度。一般可涂刷一遍或多遍。多遍涂刷时必须在前一遍油漆干燥后进行。油漆涂刷的厚度应均匀,不得有脱皮、起泡、流淌和漏涂现象。涂刷的方法有手工涂刷、喷枪喷涂、滚涂、浸涂、高压喷涂等。不管采用什么方法均要求被涂物表面清洁干燥,并避免在低温和潮湿环境下工作,才能保证涂刷质量。

2. 保温

保温又称绝热，是减少系统热量向外传递和外部热量传入系统而采取的一种工艺措施。在建筑物内部给水排水系统中常常涉及保温。

保温结构一般由防锈层、保温层、防潮层（对保冷结构而言）、保护层、防腐层及识别标志等构成。对于保温结构的组成，防锈层、保温层、保护层施工等方法可参见第 6 章。

对于保冷结构和敷设于室外的保温管道，需设置防潮层。常用的材料有沥青类防潮材料（如沥青油毡）、聚乙烯薄膜等。施工时应将防潮材料用胶粘剂粘贴在保温层面上，对于沥青类材料保证接缝处有不小于 30～50 mm 的搭接宽度，对于聚乙烯薄膜搭接宽度应不小于 10～20 mm。完成后应用镀锌铁丝绑扎紧。

管道、设备和容器的保温应在防锈层及水压试验合格后进行。如需先保温或预先做保温层，应将管道连接处和环形焊缝留出，等水压试验合格后，再将连接处保温。

8.4 建筑物内部排水系统安装

建筑物内部排水系统的组成如图 8-13 所示。

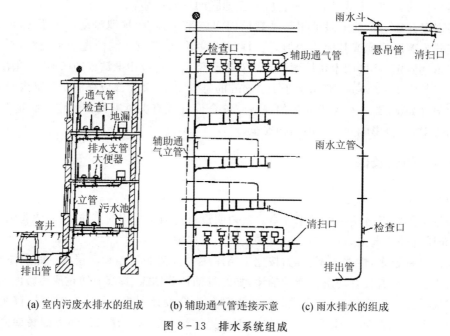

(a) 室内污废水排水的组成   (b) 辅助通气管连接示意   (c) 雨水排水的组成

图 8-13 排水系统组成

8.4.1 建筑物内部排水管道系统安装

建筑物内部排水管道系统安装的施工顺序一般是先做地下管线，即安装排出管，然后安装立管和支管或悬吊管，最后安装卫生器具或雨水斗。

建筑物内部排水管道一般采用塑料排水管承插粘结连接，也可采用机制铸铁排水管柔性承插连接、不锈钢带套连接等。而这些管道及管件多为较脆的定型产品，所以在连接前应进行质量检查，实物排列和核实尺寸、坡度，以便准确下料。

排水管道安装应使管道承口朝来水方向,坡度大小应符合设计要求或有关规定的要求,坡度均匀、不要产生突变现象。塑料排水应安装伸缩节,伸缩节宜靠近汇合配件处安装。塑料排水管穿越楼层、防火墙、管道井井壁时应安装阻火装置。

1. 排出管安装

排出管的埋深取决于室外排水管道标高并符合设计要求,排出管与室外排水管道一般采用管顶平接,其水流转角不大于 90°;采用排出管跌水连接且跌落差大于 0.3 m,其水流转角不受限制。

埋地管道的覆土厚度应保证管道不受破坏,排水管覆土厚度不得小于 0.3 m,且不得高于土壤冰冻线以上 0.15 m。在道路下的排水管覆土厚度不得小于 0.7 m。

排出管穿过房屋基础或地下室墙壁时应预留孔洞或防水套管,并应做好防水处理。管道埋地敷设时,应注意管道基础土情况,保证埋设后的管道不会因为局部沉陷而使管道断裂。排出管与立管的连接,宜采用两个 45°弯头或弯曲半径不小于 4 倍管径的 90°弯头。

2. 排水立管安装

排水立管的位置应符合设计要求。排水立管与排水横管的连接应采用 45°三通(Y 形三通)或 45°四通和 90°斜三通(TY 形三通)或 90°斜四通。

排水立管安装应用线锤找直,三通口应找正。现场施工时,可采用先预制,然后分层组装。立管穿过现浇楼板时,应预留孔洞。

排水立管应用卡箍固定,卡箍的间距不得大于 3 m,层高小于或等于 4 m 时,可安装一个卡箍,卡箍宜设在立管接头处。并在排水立管底部的弯管处应设支墩。

3. 排水支管安装

排水支管应按设计规定的位置安装,安装时不仅要满足设计要求的坡度,而且应保证坡度均匀。排水横管与横管的连接应采用 45°三通或 45°四通和 90°斜三通或 90°斜四通。排水横管与卫生器具排水管垂直连接应采用 90°斜三通。

排水横支管安装时,支架间距应根据管材情况确定,支架宜设在承口之后。

4. 卫生器具及生产设备排水管安装

卫生器具排水管应设不小于 50 mm 的水封装置,卫生器具本身有水封装置者除外。排水管管径应与卫生器具排水口相配合,安装位置应准确,以便与卫生器具连接。在进行卫生器具安装前,管口应临时封闭以免施工垃圾掉入堵塞管道。

生产设备排水一般不进入生活污水管道,若需接入,必须在接入前通过空气隔断,然后再进入设有水封装置的生活污水管道。

5. 通气管系安装

通气管穿出屋面时,应与屋面工程配合好,特别应处理好屋面和管道接触处的防水。通气管的支架安装间距同排水管。

伸顶通气管应高出屋面 0.30 m 以上,并且必须大于积雪厚度,管口应加风帽或铅丝球。在经常有人停留的屋面上,伸顶通气管应高出屋面 2 m,并根据防雷要求设防雷装置。通气管可采用塑料管、铸铁管、钢管及石棉水泥管。

辅助通气管和污水管的连接,应符合设计或有关规范的规定。

(1)器具通气管应设在存水弯出口端。环形通气管应在排水横支管上最始端的两个卫生器具之间接出,并应在排水支管中心线以上与排水支管呈垂直或45°连接。

(2)器具通气管及环形通气管的横通气管,应在卫生器具的上边缘以上不少于0.15 m处,按不小于0.01的上升坡度与通气立管相连。

(3)专用通气立管和主通气立管的上端可在最高层卫生器具上边缘或检查口以上、与伸顶通气立管以斜三通连接,下端应在最低污水横支管以下与污水立管以斜三通连接。

(4)结合通气管下端宜在污水横支管以下与污水立管以斜三通连接,上端可在卫生器具上边缘以上不小于0.15 m处与通气立管以斜三通连接。

6. 检查清堵装置安装

建筑物内排水管道的检查清堵装置主要有检查口和清扫口。检查口和清扫口的安装位置应符合设计要求,并应满足使用的需要。

(1)立管检查口安装高度由地面至检查口中心一般为1 m,允许偏差±20 mm,并应高于该层卫生器具上边缘0.15 m。安装检查口时其朝向应便于检修。暗装立管的检查口处,应设检修门。污水横管上安装检查口时应使盲板在排水管中心线以上部位。

(2)清扫口是连接在污水横管上做清堵或检查用的装置。一般将清扫口安装在地面上,并使清扫口与地面相平,这种清扫口叫地面清扫口。地面清扫口距与管道相垂的墙面,不得小于200 mm;当污水管在楼板下悬吊敷设时,也可在污水管起点的管端设置堵头代替清扫口,堵头距与管道相垂直的墙面距离不得小于400 mm。

7. 雨、雪水排水管道安装

(1)雨水斗安装。雨水斗规格、型号及位置应符合设计要求,雨水斗与屋面连接处必须做好防水。寒冷地区加融雪措施。

(2)悬吊管安装。悬吊管应沿墙、梁或柱悬吊安装,并应用管架固定牢,管架间距同排水管道。悬吊管敷设坡度应符合设计要求且不得小于0.005。悬吊管长度超过15 m应安装检查口,检查口间距不得大于15~20 m,位置宜靠近墙或柱。悬吊管与立管连接宜用两个45°弯头或90°斜三通。悬吊管一般为明装,若暗装在吊顶、阁楼内时应有防结露措施。

(3)立管安装。立管常沿墙、柱明装或暗装于墙槽、管井中。立管上应安装检查口,检查口距地面高度应为1.0 m。立管下端宜用两个45°弯头或大曲率半径的90°弯头接入排出管。管架间距同排水立管。

(4)排出管安装。雨水排出管上不能有其他任何排水管接入,排出管穿越基础,地下室外墙应预留孔洞或防水套管,安装要求同生活污水排出管。埋地管的覆土厚度同生活排水管,敷设坡度应符合设计要求或有关规范的要求。

8.4.2 质量检查

建筑内部排水管道安装完毕后必须进行质量检验,检查合格后可进行隐蔽或油漆等工作。质量检查包括外观检查、位置及坡度检查和灌水试验。

1. 外观检查

排水管道要求接口严密,接口填料密实饱满、均匀、平整。排水管道的管件、附件等选用恰当。排水管的防腐层应完整。管架安装应牢固、平正,间距应符合规范要求。塑料管伸缩节位置、数量应符合设计及规范要求,其间距不得大于 4 m。明设排水塑料管应按设计要求设置阻火圈或防火套管。

2. 位置、坡度检查

排水横管的坡度应均匀,并必须符合设计要求。建筑内部排水管道安装的允许偏差应符合表 8 - 1 的规定。

表 8 - 1　室内排水和雨水管道安装的允许偏差和检验方法

项次	项　　目				允许偏差/mm	检查方法
1	坐　标				15	用水准仪(水平仪)、直尺、拉线和尺量检查
2	标　高				±15	
3	横管纵横方向弯曲	铸铁管	每 1 m		≤1	
			全长(25 m 以上)		≤25	
		钢管	每 1 m	管径≤100 mm	1	
				管径>100 mm	1.5	
			全长(25 m 以上)	管径≤100 mm	≤25	
				管径>100 mm	≤38	
		塑料管	每 1 m		1.5	
			全长(25 m 以上)		≤38	
		钢筋混凝土管、混凝土土管	每 1 m		3	
			全长(25 m 以上)		≤75	
4	立管垂直度	铸铁管	每 1 m		3	吊线锤和尺量检查
			全长(5 m 以上)		≤15	
		钢管	每 1 m		3	
			全长(5 m 以上)		≤10	
		塑料管	每 1 m		3	
			全长(5 m 以上)		≤15	

3. 灌水试验

对于隐蔽或埋地的排水管道,在隐蔽以前必须做灌水试验。

埋地排水管道灌水试验的灌水高度不应低于底层卫生器具的上边缘或底层地面高度。在满水 15 min 水面下降后,再灌满观察 5 min,液面不降,管道及接口无渗漏为合格。

隐蔽排水管灌水试验的灌水高度不应低于服务层卫生器具的上边缘或该层地面高度。接口不渗不漏为合格。具体做法可打开立管上的检查口,用球胆充气作为塞子,分层进行灌水试验,以检查管道是否渗漏。

排水主立管及水平干管为保证畅通均应做通球试验。通球球径不小于排水管道管径的2/3,通球率必须达到100%才算合格。

对雨、雪水管道,其灌水高度必须到每根立管最上部的雨水斗,灌水完成后,观察 1 h,以不渗不漏为合格。

8.5 卫生器具安装

8.5.1 卫生器具安装的一般要求

卫生器具多采用陶瓷、搪瓷生铁、塑料、水磨石等不透水、无气孔材料制成,以保证其坚固、表面光滑、易于清洗、不透水、耐腐蚀、耐冷热等特性。

卫生器具安装的一般要求包括:

(1)卫生器具的安装一般应在室内装饰工程施工之后进行。在这以前应检查给水管和排水管的留口位置、留口形式是否正确,检查其他预埋件的位置、尺寸及数量是否符合卫生器具安装要求。

(2)根据被安装的卫生器具,按照施工图要求的尺寸划线定位。若采用木螺钉固定的话,应将做好防腐处理的木砖预埋入墙内,并应使木砖表面凹进墙面抹灰层3~5 mm。

(3)预装配卫生器具的铜活。预装时应按铜活配件组装要求连接好,并应保护铜活表面的光洁、不损伤铜活配件,预装完成后应根据需要进行试水。

(4)将卫生器具用木螺钉或膨胀螺栓稳固在墙上或地面上。木螺钉和膨胀螺栓上紧贴卫生器具的垫圈应用橡胶垫圈。若卫生器具采用支、托架安装时,其支、托架的固定须平整、牢固,与器具接触紧密。

(5)连接卫生器具的给水接口和排水接口。连接时应考虑美观和不影响使用,接口应紧密不得有渗漏现象出现。成排卫生器具连接管应均匀一致、弯曲形状相同,不得有凹凸等缺陷,连接管应统一。给水管应横平竖直,排水管应符合设计或规范规定的坡度和其他要求。

(6)卫生器具固定及连接完成后应进行试水。采用保护措施,防止卫生器具被损坏或脏物掉入造成堵塞等现象。交工前应做满水和通水试验,保证各连接件不渗漏,给水、排水畅通。

(7)固定卫生器具时应保证位置正确,单独卫生器具的允许偏差为 10 mm,成排卫生器具允许偏差为 5 mm;固定卫生器具时应保证安装高度符合设计要求或符合有关的规定,其允许偏差为:单独器具±15 mm,成排器具±10 mm。固定卫生器具时应平正、垂直,其水平度的允许偏差不得超过 2 mm,垂直度的允许偏差不得超过 3 mm。

8.5.2 常用卫生器具安装

1.洗脸盆安装

洗脸盆安装如图 8-14 所示,其中排水栓应加橡胶垫,用根母紧夹在脸盆的下水口上,注意排水栓的保险口应与脸盆的溢水口对正。存水弯的连接先将锁母卸开,上端拧缠上聚四氟乙烯密封带的排水栓上,下端套上护口盘插入预留的排水管管口内,封口,然后加垫锁紧锁母,找正存水弯后试水。

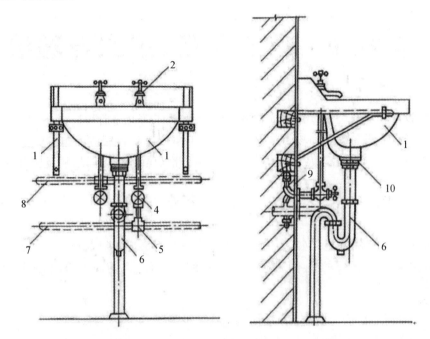

1—托架；2—龙头；3—洗脸盆；4—角式截止阀；5—三通；6—存水弯；
7—冷水管；8—热水管；9—弯头；10—排水栓。

图 8-14　洗脸盆安装

2.大便器的安装

冲洗水箱安装时,应固定牢固,水箱内排水塞阀安装应平正、不漏水、不堵塞、不损坏水箱,拉杆及扳手应灵活。浮球阀安装应牢固,防止堵塞,水箱水位应调整合适。

延时自闭式冲洗阀可与大便器冲洗管直接相连,安装时特别应防止堵塞和漏水,手柄应灵活、松紧合适,冲洗时间及冲洗水量应调整得合适。

蹲式大便器稳装时应将麻丝白灰(或油灰)抹在预留的大便器存水弯管的承口内壁,然后将大便器的排水口插入承口内。稳装应严密,找平摆正大便器后,抹光挤出的白灰(或油灰)。用胶皮碗将冲洗管与大便器进水口用 14 号铜丝绑扎牢固,然后将冲洗管另一端用锁母与水箱排水塞阀或延时自闭式冲洗阀锁紧。

坐式大便器稳装时,可采用膨胀螺栓或木螺钉固定,冲洗管与大便器进水口采用锁母连接,连接时应仔细、切不可损坏锁口。其他同蹲式大便器。

3.带淋浴器浴盆安装

浴盆安装时应用砖砌垛等材料将浴盆垫高垫牢,直到符合设计或标准图要求高度为止。将预装配好的浴盆排水配件固定在浴盆排水孔和溢流孔上,试水合格后连接到存水弯或存水盒中。安装冷、热水龙头及淋浴器配件。

4.地漏安装

安装时须使地漏箅子比地平面最低点低 5～10 mm。做好地漏与楼板间的防水,一般用1∶2水泥砂浆或细石混凝土分 2～3 次填实地漏四周,然后在混凝土面上浇灌热沥青。

第9章 施工准备、组织与验收

基本建设工程项目的全过程是按照规划、设计和施工等几个阶段进行,施工阶段又分为施工准备、土建施工、设备安装和竣工验收阶段。施工单位应具备相应的施工资质,施工人员应具有相应资格,施工质量控制应有相应的施工技术标准、质量管理体系、质量控制和检验制度。

9.1 施工前期准备

施工准备工作是指在施工前,为保证施工正常进行而事先必须做好的各项工作,其根本任务是为正式施工创造必要的技术、物质、人力、组织等条件,以使施工得以好、快、省、安全地进行。

9.1.1 施工准备工作的任务和内容

1. 施工准备工作的任务

施工准备工作的基本任务是:掌握工程特点、施工关键和进度要求,摸清施工的客观条件,合理部署施工力量,进行施工现场场地准备,从物质、人力、技术和组织等方面为工程施工创造条件。

施工准备工作不仅在开工前准备阶段要进行,它还贯穿在整个施工活动过程中。施工准备工作按其工作范围可分为:全工地性施工准备、单位工程施工准备、分部(项)工程作业条件准备。

2. 施工准备工作的内容

施工准备工作涉及的范围广、内容多,应视该工程本身及其具备的条件的不同而不同,但一般多涉及六个方面的内容,即:①原始资料的收集;②技术资料的准备;③施工现场准备;④生产资料准备;⑤施工现场人员准备;⑥冬雨季施工准备。

工程项目施工准备工作按其性质及内容通常包括技术准备、物资准备、劳动组织准备、施工现场准备和施工场外准备。

1)技术准备

技术准备工作包括:熟悉、审查施工图纸和有关的设计资料;进行拟建工程相关资料的调查分析;编制施工图预算和施工预算;编制施工组织设计。

施工前应熟悉和审查施工图纸,掌握设计意图与要求。实行自审、会审(交底)和签证制度;对施工图有疑问或发现差错时,应及时提出意见和建议。需变更设计时,应按照相应程序报审,经相关单位签证认定后实施。

施工组织设计是施工准备工作的重要组成部分,也是指导施工现场全部生产活动的技术经济文件。建筑施工生产活动的全过程是非常复杂的物质财富再创造的过程,为了正确处理人与物、主体与辅助、工艺与设备、专业与协作、供应与消耗、生产与储存、使用与维修以及它们在空间布置、时间排列之间的关系,必须根据拟建工程的规模、结构特点和建设单位的要求,在原始资料调查分析的基础上,编制出一份能切实指导该工程全部施工活动的科学方案(施工组织设计)。

2)物资准备

材料、构(配)件、制品、机具和设备是保证施工顺利进行的物资基础,这些物资的准备工作必须在工程开工之前完成。根据各种物资的需要量计划,分别落实货源,安排运输和储备,使其满足连续施工的要求。

3)劳动组织准备

劳动组织准备的范围既有整个建筑施工企业的劳动组织准备,又有大型综合的拟建建设项目的劳动组织准备,也有小型简单的拟建单位工程的劳动组织准备。劳动组织准备工作的内容包括:①建立拟建工程项目的领导机构;②建立精干的施工队组;③集结施工力量、组织劳动力进场;④向施工队组、工人进行施工组织设计、计划和技术交底;⑤建立健全各项管理制度。

4)施工现场准备

施工现场是施工的全体参加者为夺取优质、高速、低消耗的目标而有节奏、均衡连续地进行工程建设的活动空间。施工现场的准备工作,主要是为了给拟建工程的施工创造有利的施工条件和物资保证。其具体内容包括:做好施工场地的控制网测量;搞好"三通一平"("三通一平"是指路通、水通、电通和平整场地);做好施工现场的补充勘探;建造临时设施;安装、调试施工机具;做好建筑构(配)件、制品和材料的储存和堆放;及时提供建筑材料的试验申请计划;做好冬雨季施工安排;进行新技术项目的试制和试验;设置消防、保安设施。

5)施工的场外准备

施工准备除了施工现场内部的准备工作外,还有施工现场外部的准备工作。其具体内容包括:材料的加工和订货,做好分包工作和签订分包合同,向上级提交开工申请报告。

9.1.2 施工阶段的划分与执行机构

施工项目的组织和管理包括:投标签约阶段,施工准备阶段,现场施工(项目实施)阶段,竣工交验与结算阶段,用后服务阶段。施工项目的管理主体是承包单位(施工企业),并为实现其经营目标而进行工作。它既可以是建设项目的施工、单项工程或单位工程的施工,也可以是分部工程或分项工程的施工。施工项目管理各阶段的管理目标、主要工作及执行结构见表9-1。

表9-1 施工项目管理的5个阶段

管理阶段	管理目标	主要工作	执行结构
投标签约阶段	中标、签订工程承包合同	投标决策、编制标书、投标、中标谈判及签订工程承包合同	企业经营部
施工准备阶段	从组织机构、人力、物力、技术、施工条件等方面确保施工项目具备开工和连续施工的基本条件	组建项目经理部、编制施工组织设计、制定施工项目管理章程、编写开工申请报告并上报、开展施工现场准备工作	项目经理部

续表

管理阶段	管理目标	主要工作	执行结构
施工阶段	完成合同规定的全部施工任务，达到验收交工标准	施工、开展工程动态控制与各项管理工作	项目经理部
验收交工与结算阶段	对竣工工程验收交工，完成结算及工程移交	试运行，工程验收，整理移交竣工文件，结算，工程总结，办理工程交接手续	项目经理部
后期服务阶段	提供技术支持式建筑产品正常发挥功能	在合同约定期限内进行保修服务，进行必要的技术咨询与服务，工程回访及性能观测	工程管理部

9.1.3 施工现场调查

施工前应根据工程需要进行下列调查研究：现场地形、地貌、建（构）筑物、各种管线、其他设施及障碍物情况；工程地质和水文地质资料；气象资料；工程用地、交通运输、疏导及其环境条件；施工供水、排水、通信、供电和其他动力条件；工程材料、施工机械、主要设备和特种物资情况；在地表水水体中或岸边施工时，应掌握地表水的水文和航运资料；在寒冷地区施工时，尚应掌握地表水的冻结资料和土层冰冻资料；与施工有关的其他情况和资料。

现场调查为施工方法的选择及施工组织计划提供依据。

9.2 施工组织设计

施工组织设计是指导一个拟建工程进行施工准备和组织实施施工的基本技术经济文件。它的目标是要对具体的拟建工程（建筑群或单个建筑物）的施工准备工作和整个的施工过程，在人力和物力、时间和空间、技术和组织上，做出一个全面而合理，符合好、快、省、安全要求的计划安排。施工单位在熟悉审查设计施工图及相关的技术文件，并进行了施工原始资料调查分析之后，应及时组织力量编制施工组织设计。

施工组织设计的主要任务是：根据拟建工程的规模、特点和施工条件，规定最合理的施工程序，运用网络计划技术、流水作业原理正确制订工程进度计划，保证在合理的工期内建成工程及投产；采用技术上先进、经济上合理的施工方法和技术组织措施；选定最有效的施工机械和劳动组织，计算人力、物力需用量，确定先后使用顺序，尽量做到均衡施工；对施工现场的总平面和空间进行合理布置；拟订保证工程质量、降低成本、确保施工安全和防火的各项措施等。

施工组织计划的编制，应全面贯彻国家关于危大工程专项方案规定的相关要求，并符合各地出台的环保及城市管理的相关文件规定。

9.2.1 施工组织设计的分类

施工组织设计，通常根据设计阶段，拟建工程规模、特点及技术复杂程度，以及编制的广度、深度和具体作用等不同，分为施工组织总设计、单位工程组织设计及分部（项）工程施工方案三类。

1. 施工组织总设计

施工组织总设计是以一个建设项目或群体工程(如大型城市污水处理厂或给水处理厂等)作为施工组织对象而编制的,是对整个工程项目的总的战略部署,并作为修建全工地性大型暂设工程和编制施工企业年(季)度施工计划的依据。施工组织总设计是用以指导全工地的施工准备和组织施工的技术经济文件。

2. 单项(位)工程施工组织设计

单项(位)工程施工组织设计是以单项或其一个单位工程(如一座取水或净水构筑物等)作为施工组织对象编制的,它是合理组织单项(位)工程施工及加强管理的重要措施,也是编制季、月、旬施工计划的依据。

3. 分部(项)工程施工方案

对于规模大、技术复杂或施工难度大的工程项目,在编制单项(位)工程施工组织设计后,还需编制某些主要分部(项)的施工方案,如采用围堰法修建泵站;绕丝法修建预应力装配式水池;非开槽顶管法建造地下管道,以及工业装配式厂房预制构件吊装和设备安装工程等。分部(项)工程施工方案是直接指导现场施工及编制月、旬作业计划的依据。

在给水排水管道及构筑物工程施工组织设计中,关键的分项、分部工程应分别编制专项施工方案。施工组织设计和专项施工方案必须按规定程序审批后执行,有变更时应办理变更审批。

9.2.2　施工组织设计的基本内容

根据施工组织设计的任务,编制上述各类施工组织设计,其基本内容包括:

(1)工程概况和特点分析。主要有:对拟建工程的建设地点、内容、结构形式、建筑总面积、占地面积、地质概况、概(预)算价格等的说明,对拟建工程的总工期、分期分批交付使用或投产的期限、承建方式、建设单位要求、主要建筑材料供应和运输、施工条件等这些已定因素的分析。

(2)施工方案选择。根据上述分析,结合人力、机械、资金及施工方法等可变因素,在时间、空间上的安排,对拟建工程采用的几个施工方案进行技术经济评价,从中选定最适宜的施工方案。

(3)施工进度计划及各种资源需要量计划的编制。应用网络计划技术、流水作业原理,根据实际施工条件合理安排工程进度,按照进度计划及工程量,提出人力、材料、施工机具、构(配)件等的需用量计划,以及与之相关的施工准备工作计划。

(4)施工(总)平面图。依据上述安排,结合施工现场条件,设计全工地性施工总平面图或单位工程、分部(项)工程施工平面布置图。

(5)其他。主要包括:工程质量措施,降低工程成本措施,保证施工进度措施,安全技术措施,冬雨期施工措施以及文明施工措施等。

给水排水管道及构筑物工程施工组织设计应包括保证工程质量、安全、工期,保护环境、降低成本的措施,并应根据施工特点,采取下列特殊措施:① 地下、半地下构筑物应采取防止地表水流进基坑和地下水排水中断的措施;必要时应对构筑物采取抗浮的应急措施;② 特殊气候条件下应采取相应施工措施;③ 在地表水水体中或岸边施工时,应采取防汛、防冲刷、防漂浮物、防冰凌的措施以及对防洪堤的保护措施;④ 沉井和基坑施工降排水,应对其影响范围内的原有建(构)筑物进行沉降观测,必要时采取防护措施。

9.2.3 施工组织设计编制原则

在编制施工组织设计时,应遵循以下的原则:

(1)严格执行工程建设程序,采用合理的施工程序、施工顺序和施工工艺;

(2)采用流水施工方法和网络计划技术,组织有节奏、均衡和连续地施工;

(3)优先选用先进施工技术,推广应用新材料和新设备;认真编制各项实施计划,严格控制工程质量、工程进度、工程成本和安全施工;

(4)充分利用施工机械和设备,提高施工机械化、自动化程度,改善劳动条件,提高生产率;

(5)扩大预制装配范围,提高建筑工业化程度;科学安排冬期和雨期施工,保证全年施工均衡性和连续性;

(6)坚持"安全第一,预防为主"原则,确保安全生产和文明施工;认真做好生态环境和历史文物保护,严防建筑振动、噪声、粉尘和垃圾污染;

(7)尽可能利用永久性设施和组装式施工设施,努力减少施工暂设设施建造量;科学地规划施工平面,减少施工用地;

(8)优化现场物资储存量,合理确定物资储存方式,尽量减少库存量和物资损耗;

(9)采取技术和质量措施,推广建筑节能和绿色施工。

9.2.4 施工组织设计的贯彻、检查与调整

施工组织设计的编制,应由总工程师负责,先由领导、技术人员及参与组织施工的各有关部门提出总体设想,再与建设、设计和施工分包单位共同协商提出具体方案,编制出符合要求、深度和广度相宜的、切实可行的施工组织设计。在执行前,应召开各级生产、技术会议,逐级进行交底。由生产计划部门编制具体的实施计划,技术部门拟订实施的技术细则。同时,还须制订有关贯彻施工组织设计的规章制度,推行技术经济承包制。

施工活动是动态过程,且经常要受众多因素的影响,对施工组织设计,特别是施工进度计划的执行产生干扰。因此,施工过程的不平衡性是客观存在的,如不能及时纠正,最终将影响工程施工总目标的实现。在执行中,必须加强施工管理,采取系统检查和控制协调措施,分析影响施工组织设计贯彻的障碍。针对执行中存在的问题及其产生的原因,对其相关部分及其指标,逐项进行调整、修改及补充完善,使施工组织设计能不断适应变化的需要,在新的基础上实现新的平衡。

9.2.5 施工现场的暂设工程

在工程开工之前,须按照施工组织设计及施工准备工作计划的安排及时完成各项大型暂设工程,以保证工程施工顺利地展开。

大型暂设工程一般包括的主要内容有:生产性临时设施、仓库、行政和生活建筑、水电、通信临时设备和交通运输等。施工临时设施应根据工程特点合理设置,并有总体布置方案。对不宜间断施工的项目,应有备用动力和设备。暂设工程的实施组织可见土建施工类书籍及施工手册。

9.3　工程的质量控制

9.3.1　施工测量

施工测量应实行施工单位复核制、监理单位复测制，填写相关记录，并符合下列规定：

(1)施工前，建设单位应组织有关单位进行现场交桩，施工单位对所交桩进行复核测量：原测桩有遗失或变位时，应补钉桩校正，并应经相应的技术质量管理部门和人员认定；

(2)临时水准点和构筑物轴线控制桩的设置应便于观测且必须牢固，并应采取保护措施；临时水准点的数量不得少于2个；

(3)临时水准点、轴线桩及构筑物施工的定位桩、高程桩，必须经过复核方可使用，并应经常校核；

(4)与拟建工程衔接的已建构筑物平面位置和高程，开工前必须校测；

(5)给排水构筑物工程测量应满足当地规划部门的有关规定；

(6)施工测量的允许偏差应符合《给水排水构筑物工程施工及验收规范》(GB 50141)的规定，并应满足国家现行标准《工程测量规范》(GB 50026)和《城市测量规范》(CJJ 8)的有关规定。有特定要求的构筑物施工测量还应遵守其特殊规定。

9.3.2　施工过程的质量控制

1. 工程质量控制

工程所用主要原材料、半成品、构(配)件、设备等产品，进入施工现场时必须进行进场验收。

进场验收时应检查每批产品的订购合同、质量合格证书、性能检验报告、使用说明书、进口产品的商检报告及证件等，并按国家有关标准规定进行复验，验收合格后方可使用。

混凝土、砂浆、防水涂料等现场配制的材料应经检测合格后使用。

在质量检查、验收中使用的计量器具和检测设备，应经计量检定、校准合格后方可使用；承担材料和设备检测的单位，应具备相应的资质。

所用材料、半成品、构(配)件、设备等在运输、保管和施工过程中，必须采取有效措施防止损坏、锈蚀或变质。

构筑物的防渗、防腐、防冻层施工应符合国家有关标准的规定和设计要求。

施工单位应做好文明施工，遵守有关环境保护的法律、法规，采取有效措施控制施工现场的各种粉尘、废气、废弃物以及噪声、振动等对环境造成的污染和危害。

施工单位必须取得安全生产许可证，并应遵守有关施工安全、劳动保护、防火、防毒的法律、法规，建立安全管理体系和安全生产责任制，确保安全施工。对高空作业、井下作业、水上作业、水下作业、压力容器等特殊作业，制订专项施工方案。

工程施工质量控制应符合下列规定：

(1)各分项工程应按照施工技术标准进行质量控制，分项工程完成后，应进行检验；

(2)相关各分项工程之间，应进行交接检验；所有隐蔽分项工程应进行隐蔽验收；未经检验或验收不合格不得进行下道分项工程施工；

（3）设备安装前应对有关的设备基础、预埋件、预留孔的位置、高程、尺寸等进行复核。

工程应经过竣工验收合格后，方可投入使用。

2. 工程质量验收

给排水工程施工质量验收应在施工单位自检合格基础上，按分项工程（验收批）、分部（子分部）工程、单位（子单位）工程的顺序进行，并符合下列规定：

（1）工程施工质量应符合《给水排水构筑物工程施工及验收规范》《给水排水管道工程施工及验收规范》及其他相关专业验收规范的规定；

（2）工程施工应符合工程勘察、设计文件的要求；

（3）参加工程施工质量验收的各方人员应具备相应的资格；

（4）工程质量的验收应在施工单位自行检查、评定合格的基础上进行；

（5）隐蔽工程在隐蔽前应由施工单位通知监理单位进行验收，并形成验收文件；

（6）涉及结构安全和使用功能的试块、试件和现场检测项目应按规定进行平行检测或见证取样检测；

（7）分项工程（验收批）的质量应按主控项目和一般项目进行验收；每个检查项目的检查数量，在遵循相关规范有关条款的明确规定基础上，应全数检查；

（8）对涉及结构安全和使用功能的分部工程应进行试验或检测；

（9）承担试验检测的单位应具有相应资质；

（10）工程的外观质量应由质量验收人员通过现场检查共同确认。

给水排水工程施工中单位（子单位）工程、分部（子分部）工程、分项工程（验收批）的划分及质量合格标准见《给水排水构筑物工程施工及验收规范》和《给水排水管道工程施工及验收规范》中的相关条文。

工程质量验收不合格时，应按下列规定处理：

（1）经返工返修或更换材料、构件、设备等的分项工程，应重新进行验收；

（2）经有相应资质的检测单位检测鉴定能够达到设计要求的分项工程，应予以验收；

（3）经有相应资质的检测单位检测鉴定达不到设计要求，但经原设计单位核算认可能够满足结构安全和使用功能要求的分项工程，可予以验收；

（4）经返修或加固处理的分项工程、分部（子分部）工程，改变外形尺寸但仍能满足使用要求，可按技术处理方案和协商文件进行验收。

通过返修或加固处理仍不能满足结构安全和使用功能要求的分部（子分部）工程、单位（子单位）工程，严禁验收。（已废止）

分项工程（验收批）应由专业监理工程师组织施工项目质量负责人等进行验收。

分部工程（子分部）应由总监理工程师组织施工项目负责人及其技术、质量负责人等进行验收。对于涉及重要部位的地基基础、主体结构、主要设备及非开挖管道、桥管、沉管等分部（子分部）工程，设计和勘察单位工程项目负责人、施工单位技术质量部门负责人应参加验收。

单位工程经施工单位自行检验合格后，应向建设单位提出验收申请。单位工程有分包单位施工时，分包单位对所承包的工程应按本规范的规定进行验收，总承包单位应派人参加，并对分包单位进行管理；分包工程完成后，应及时地将有关资料移交总承包单位。

对符合竣工验收条件的单位（子单位）工程，应由建设单位按规定组织验收。施工、勘察、设计、监理等单位有关负责人应参加验收，该工程的管理或使用单位有关人员也应参加验收。参加验收各方对工程质量验收意见不一致时，可由工程所在地建设行政主管部门或工程质量监督机构协调解决。单位工程质量验收合格后，建设单位应按规定将单位工程竣工验收报告和有关文件，报送工程所在地建设行政主管部门备案。

9.4 工程竣工验收

给水排水工程竣工验收是给水排水工程建设程序的最后一个环节。通过工程验收，能够全面考核工程投资效益，检验设计和施工质量是否满足要求。竣工验收的顺利完成，标志着投资建设阶段的结束和生产使用阶段的开始。

9.4.1 工程竣工验收条件

1. 可申报竣工验收的情况

当承建的工程项目达到下列条件者，可报请竣工验收。

(1)生产性工程已按设计建成，能满足生产要求；主要工艺设备已安装配套，经联动负荷试车合格，安全生产和环境保护符合要求，已形成生产能力；职工宿舍和其他必要的生活福利设施以及生产准备工作能适应投产初期的需要；

(2)非生产性的建设项目，土建工程已完成，室外的各种管线已施工完毕，可以向用户供水，或已达到设计要求，具备正常的使用条件；

(3)工程项目符合上述的基本条件，但有少数非主要设备及某些特殊材料短期内不能解决，或工程虽未按设计规定的内容全部建成，但对投产使用影响不大，也可报请竣工验收。这类项目在验收时，要将所缺设备、材料和未完工程列出项目清单，注明原因，报建设单位，以确定解决办法。

当承建的工程项目具有下列情况之一者，不能报请竣工验收。

(1)工艺设备或工艺管道尚未安装，地面和主要装修未完成者；

(2)主体工程已经完成，但附属配套工程尚未完成，影响投产使用，如构筑物和泵房已经完成，配水井、控制室尚未完成；

(3)各类工程的最后一道喷浆、表面漆活未做；

(4)占用的房屋尚未完全腾出；

(5)施工场地内环境未清扫，仍有建筑垃圾。

2. 竣工验收准备

工程项目在竣工验收前，施工单位应做好下列竣工验收的准备工作：

(1)完成收尾工程。收尾工程的特点是零星、分散，工程量小，分布面广，如果不及时完成，将会直接影响工程项目的竣工验收及投产使用。

(2)竣工验收的资料准备。竣工验收资料和文件是工程项目竣工验收的重要依据，从施工开始就应完整地积累和保管，竣工验收时经编目建档。

(3)竣工项目自检自验。竣工项目自检自验是指工程项目完工后施工单位自行组织的内部模拟验收，自检自验是顺利通过正式验收的可靠保证。通过自检自验，可及时发现遗留问题，事先予以处理。

为了工作顺利进行，自检自验时宜请监理工程师参加。

9.4.2 工程项目竣工验收依据和验收标准

一个建设项目能否顺利通过竣工验收，主要取决于这个建设项目能否同时满足验收依据和验收标准两个条件。

1. 竣工验收依据

竣工验收依据一般包括设计任务书、扩初设计、设计概算、环境影响报告、施工图纸、技术设计、设计变更通知单、国家现行规定、标准等。

设计任务书是竣工验收的总依据，没有设计任务书，竣工验收工作就失去了方向。竣工验收应按设计任务书确定的目标和内容进行。

扩初设计是在设计书规定的范围内进行的设计，是设计任务书的具体化。因此，在竣工验收工作中，扩初设计是实际与计划进行对比和评价的基础，是竣工验收工作的评价尺度。

竣工验收工作除了设计任务书、扩初设计两个依据以外，还包括环境影响报告书、技术设计、施工图纸、各级各类工程建设标准规范、设计及施工变更和报批手续等，它们构成了建设项目竣工验收的依据体系。

2. 竣工验收标准

竣工验收的标准是多种多样的，按投资规模划分，可分为大中型和小型项目验收标准；按建设项目在国民经济中的用途划分，可分为生产性项目验收标准和非生产性项目验收标准；按建设项目验收标准的性质划分可分为一般验收标准和特殊验收标准；按验收工作程序划分，可分为交工验收标准和全部验收标准。

一般验收标准包括建设工程验收标准、安装工程验收标准、生产准备验收标准、档案验收标准。

特殊验收标准是与一般标准相对而言的，它是指以某一行业或某一特定的内容为对象的竣工验收标准。

特殊验收标准包括部门及行业验收标准、人防工程验收标准、铁路工程验收标准、管道工程验收标准、构筑物工程验收标准、桥梁工程验收标准、环保工程验收标准、消防设施验收标准、劳动保护设施验收标准。

9.4.3 工程竣工验收内容

工程项目竣工验收内容分为工程资料验收和工程内容验收两个部分，工程资料验收包括工程技术资料验收、工程综合资料验收和工程财务资料验收，工程内容验收分为建筑工程验收和安装工程验收。

1. 工程资料验收

工程资料是工程项目竣工验收的重要内容之一，施工单位应按合同要求提供全套竣工验收所必需的资料，并应经监理工程师审核同意。

1）工程技术资料

工程技术资料包括：工程地质、水文、气象、地震等资料；地形、地貌、控制点、控制物、构筑物、重要的设备安装测量定位、观测记录；设计文件及审查议定书；工程项目开工报告；工程项目竣工报告;分项、分部工程和单位工程施工技术人员名单;图纸会审和设计交底记录;设计变更通知单;技术变更核实单;工程质量事故发生后的调查和处理资料;材料、设备、构件的质量合格证明资料;试验、检验报告;水准点的位置、定位测量记录、沉降及位移观测记录;隐蔽工程验收记录及施工日志;竣工图;分项、分部、单位工程质量检验评定资料;电气、仪表安装工程竣工验收报告和竣工报告;设备试车、验收、运行、维护记录;谈判协议、议定书、谈判记录;国外设备、材料检验及设计联络、商检及索赔记录;国外技术人员现场提供的技术文件和有关资料等。

2)工程综合资料

工程综合资料包括:项目建议书及批件;可行性研究报告;项目评估报告;环境影响报告书;设计任务书;土地征用申报与批准文件及红线、拆迁补偿协议书;承包发包合同、协议书、招标与投标、租赁等文件资料;施工执照;整个建设项目竣工验收报告;验收批准文件、验收鉴定书;项目工程质量评审材料;工程现场声像材料;消防、环保、劳动卫生等设施验收单项材料。

3)工程财务资料

工程财务资料包括:历年建设资金拨(借)入和运用情况;历年批准的年度财务决算及竣工年度财务决算,历年主管部门批复文件;历年年度投资计划、财务收支计划及主管部门的批件;建设成本资料;交付使用财产资料;概算执行情况资料;设计概算、预算文件;竣工决算资料。

4)竣工图

工程项目竣工图是真实地记录各种地下、地上工程等详细情况的技术文件,是对工程进行交工验收、维护、扩建、改建的依据,也是使用单位长期保存的技术资料。

竣工图的形式和深度应满足如下规定:

(1)如果施工是按原设计图纸进行而没有变更的,则由施工单位(包括总包和分包施工单位)在原施工图上加盖"竣工图"标志后,即作为竣工图;

(2)凡在施工中,虽有一般性设计变更,且为数不多,但能将原施工图加以修改补充作为竣工图的,可不重新绘制,由施工单位负责在原施工图(必须是蓝图)上注明修改部分,并附以设计变更通知单和施工说明,加盖"竣工图"标志后,即作为竣工图;

(3)凡结构形式改变、工艺改变、平面布置改变、项目改变以及有其他重大改变,不宜再在原施工图上修改补充者,应重新绘制改变后的竣工图。由于设计原因造成的,由设计单位负责重新绘图;由于施工原因造成的,由施工单位负责重新绘图;由于其他原因造成的,由建设单位自行绘图或委托设计单位绘图,施工单位负责在新图上加盖"竣工图"标志附以有关记录和说明,作为竣工图;

(4)各项基本建设工程,特别是基础、地下建筑物、管线、结构以及设备安装等隐蔽工程等都要绘制竣工图;

(5)竣工图应完整,图面整洁,字迹清楚,不得用圆珠笔或易于褪色的墨水绘制。

2. 工程实物验收

工程实物验收包括建筑工程验收、安装工程验收和特殊工程验收三部分内容。建筑工程验收的内容包括土建工程、给水排水工程、暖通工程、电气照明工程、工业管道工程、特殊工程。安装工程验收内容主要包括建筑设备安装工程、工艺设备安装工程和动力设备安装工程。特殊工程验收内容主要是指有关消防、环保、劳动保护设施等工程的验收。

9.4.4　工程项目竣工验收的程序

1. 工程项目竣工验收的程序

工程项目的竣工验收程序主要有自检自验、提交正式验收报告、现场预验收、正式验收。

1）自检预验

自检预验可视工程重要程度和工程情况分层次进行。通常有基层施工单位自检、项目经理组织自检和公司三个层次。

基层施工单位自检，即由基层施工单位负责人组织有关职能人员，对拟报竣工工程，根据施工图纸要求、合同规定和验收标准，进行检查验收。主要内容有：工程质量是否符合标准，工程资料是否齐全，工程完成情况是否符合设计和使用要求。若有不足之处，及时组织力量，限期修理完成。

项目经理组织自检，即根据基层单位的报告，项目经理组织生产、技术、质量、预算等部门自检。

公司预验，指对于重要工程，可根据项目部的申请，由公司组织检查验收，并进行评价。

2）提交正式验收报告

当施工单位进行自检预验并及时做好相应的修正完善工作后，自认为工程已符合要求，具备交验条件时，即可向总监理工程师（或建设单位）发出正式验收申请报告，同时递交有关竣工图、分项技术资料和试车报告。

3）现场预验收

总监理工程师（或业主）初步审查工程实物和有关资料，认为符合验收条件时，组织预验收工作班子，进行工程预验收和技术资料审核。

4）正式验收

预验合格，向验收委员会递交"竣工验收申请表"（由监理单位填写），请求正式验收。

验收委员会收到"竣工验收申请表"后，确定验收日期，进行正式验收。验收合格，则由验收委员会签发竣工验收证书和验收工程鉴定书，而后转入工程交接收尾，投入使用。

2. 验收后的收尾与交接

竣工验收工作的顺利结束，标志着工程项目的投资建设已告完成。经验收委员会确认的工程项目即将担负起它的责任，投入生产或投入使用。此时，作为施工主体的承包方，应抓紧解决尚未完了的工程遗留问题，尽快将工程项目移交给业主，为业主的生产准备或投入使用提供方便。

9.4.5　工程移交

1. 工程移交

项目虽然通过了工程验收，还可能存在一些漏项、质量、清洁以及其他方面的问题。因此，施工单位应制定工程收尾的计划，以便确定工程正式办理移交的日期。工程交接结束后，施工单位应按合同规定的时间抓紧进行临建设施的拆除和人员、施工机械的撤离工作，在撤离前应做到工完场清，令业主满意。

2. 技术资料的移交

工程技术档案是需要移交的主要技术资料。正式竣工验收时就应提供完整的工程技术档案，由于工程技术档案要求高、内容多，且又不仅仅涉及施工单位一家，所以常常只要求施工单位先提供工程技术档案的核心部分及竣工验收必备的技术资料。而整个工程技术档案的归整、装订，则留在竣工验收结束后，由施工单位、业主和监理工程师共同完成。

工程技术档案归整并确认无误后，按当地主管部门的要求装订成册，送当地城建档案馆验收入库。在整理档案时，一定要注意按要求份数备足。对于业主和施工单位需要保存的份数也要一并考虑。

3. 其他移交工作

(1)各类使用说明书。各类使用说明书及有关的装配图纸是生产管理者必备的技术资料，施工单位应于竣工后及时收集列表汇编，于交工时移交给业主并办理相应交接手续。

(2)交接附属工具零配件及备用材料。很多设备配有一些专用的启动维修工具和附属零件，并对易损件及材料提供一定数量的备品。施工单位应注意妥善保管，并于交工时全部交还给业主。

4. 做好合同清算工作

随着工程交接的结束，双方所签工程承包合同即将完成使命。此时，对于合同中尚需兑现落实的条款，要核定落实。同时要做好债权、债务的清理和器材、物资的盘查工作。

5. 工程价款的竣工结算

在办理工程项目交接前，施工单位要编制竣工结算书，以此作为向建设单位结算最终拨付的工程价款。

参考文献

[1] 张勤,李俊奇. 水工程施工[M]. 北京:中国建筑工业出版社,2018.

[2] 尹士君. 水工程施工手册[M]. 北京:化学工业出版社,2009.

[3] 边喜龙. 给排水工程施工技术[M]. 北京:中国建筑工业出版社,2015.

[4] 安关峰. 城镇排水管道非开挖修复工程技术指南[M]. 北京:中国建筑工业出版社,2016.

[5] 北京市政建设集团有限责任公司等.给水排水构筑物工程施工及验收规范(GB 50141)[S].北京:中国建筑工业出版社,2008.

[6] 北京市政建设集团有限责任公司等.给水排水管道工程施工及验收规范(GB 50268)[S].北京:中国建筑工业出版社,2008.